大数据技术与应用

大数据治理与服务

张绍华　潘　蓉　宗宇伟
主编

上海科学技术出版社

图书在版编目(CIP)数据

大数据治理与服务 / 张绍华,潘蓉,宗宇伟主编.
—上海：上海科学技术出版社,2016.1
（大数据技术与应用）
ISBN 978－7－5478－2838－0

Ⅰ.①大… Ⅱ.①张… ②潘… ③宗… Ⅲ.①数据管
理-研究 Ⅳ.①TP274

中国版本图书馆 CIP 数据核字(2015)第 247648 号

大数据治理与服务

张绍华　潘　蓉　宗宇伟　主编

上海世纪出版股份有限公司
上海科学技术出版社　出版
（上海钦州南路 71 号　邮政编码 200235）

上海世纪出版股份有限公司发行中心发行
200001　上海福建中路 193 号　www.ewen.co
苏州望电印刷有限公司印刷
开本 787×1092　1/16　印张 16.25
字数 420 千字
2016 年 1 月第 1 版　2016 年 1 月第 1 次印刷
ISBN 978－7－5478－2838－0/TP·37
定价:65.00 元

内容提要

　　本书从大数据治理的基本概念和现状出发,提出了大数据治理的框架及治理的关键要素,分析了大数据环境下企业面临的挑战、战略转型、组织职能分配,创造性地提出大数据架构,介绍了大数据环境下的数据质量、数据安全特点和应对方案,以及基于数据生命周期的风险、特点和管理方案,最后给出了大数据治理实施的方法论和基于服务的大数据治理价值展现。

　　本书立足于大数据环境下的数据治理,既有治理视角的战略价值、风险合规,也有管理视角的数据资产、数据服务,模型与案例结合,条理清晰,易于使用,适合高校师生、企业 IT 人员、数据治理从业人员阅读,也可供高层决策人员参考。

大数据技术与应用

学术顾问

本书编委会

主　编

张绍华　潘　蓉　宗宇伟

编　委

范颖捷　薛君傲　郑大庆　湛家扬　宋俊典　杨　琳　刘　晨

李　鸣　张明英　郑晨光　车春雷　叶俊峰　杨泽明　俞文平

尹立庆　宋跃武　刘小茵　梁育刚

丛书序

我国各级政府非常重视大数据的科研和产业发展,2014年国务院政府工作报告中明确指出要"以创新支撑和引领经济结构优化升级",并提出"设立新兴产业创业创新平台,在新一代移动通信、集成电路、大数据、先进制造、新能源、新材料等方面赶超先进,引领未来产业发展"。2015年8月31日,国务院印发了《促进大数据发展行动纲要》,明确提出将全面推进我国大数据发展和应用,加快建设数据强国。前不久,党的十八届五中全会公报提出要实施"国家大数据战略",这是大数据第一次写入党的全会决议,标志着大数据战略正式上升为国家战略。

上海的大数据研究与发展在国内起步较早。上海市科学技术委员会于2012年开始布局,并组织力量开展大数据三年行动计划的调研和编制工作,于2013年7月12日率先发布了《上海推进大数据研究与发展三年行动计划(2013—2015年)》,又称"汇计划",寓意"汇数据、汇技术、汇人才"和"数据'汇'聚、百川入'海'"的文化内涵。

"汇计划"围绕"发展数据产业,服务智慧城市"的指导思想,对上海大数据研究与发展做了顶层设计,包括大数据理论研究、关键技术突破、重要产品开发、公共服务平台建设、行业应用、产业模式和模式创新等大数据研究与发展的各个方面。近两年来,"汇计划"针对城市交通、医疗健康、食品安全、公共安全等大型城市中的重大民生问题,逐步建立了大数据公共服务平台,惠及民生。一批新型大数据算法,特别是实时数据库、内存计算平台在国内独树一帜,有企业因此获得了数百万美元的投资。

为确保行动计划的实施,着力营造大数据创新生态,"上海大数据产业技术创新战略联盟"(以下简称"联盟")于2013年7月成立。截至2015年8月底,联盟共有108家成员单位,既有从事各类数据应用与服务的企业,也有行业协会和专业学会、高校和研究院所、大数据技术和产品装备研发企业,更有大数据领域投资机构、产业园区、非IT

领域的数据资源拥有单位，显现出强大的吸引力，勾勒出上海数据产业的良好生态。同时，依托复旦大学筹建成立了"上海市数据科学重点实验室"，开展数据科学和大数据理论基础研究、建设数据科学学科和开展人才培养、解决大数据发展中的基础科学问题和技术问题、开展大数据发展战略咨询等工作。

在"汇计划"引领下，由联盟、上海市数据科学重点实验室、上海产业技术研究院和上海科学技术出版社于2014年初共同策划了《大数据技术与应用》丛书。本丛书第一批已于2015年初上市，包括了《汇计划在行动》《大数据评测》《数据密集型计算和模型》《城市发展的数据逻辑》《智慧城市大数据》《金融大数据》《城市交通大数据》《医疗大数据》共八册，在业界取得了广泛的好评。今年进一步联合北京中关村大数据产业联盟共同策划本丛书第二批，包括《大数据挖掘》《制造业大数据》《航运大数据》《海洋大数据》《能源大数据》《大数据治理与服务》等。从大数据的共性技术概念、主要前沿技术研究和当前的成功应用领域等方面向读者做了阐述，作者希望把上海在大数据领域技术研究的成果和应用成功案例分享给大家，希望读者能从中获得有益启示并共同探讨。第三批的书目也已在策划、编写中，作者将与大家分享更多的技术与应用。

大数据对科学研究、经济建设、社会发展和文化生活等各个领域正在产生革命性的影响。上海希望通过"汇计划"的实施，同时也是本丛书希望带给大家一个理念：大数据所带来的变革，让公众能享受到更个性化的医疗服务、更便利的出行、更放心的食品，以及在互联网、金融等领域创造新型商业模式，让老百姓享受到科技带来的美好生活，促进经济结构调整和产业转型。

上海市科学技术委员会副主任

2015 年 11 月

序（一）

当前，随着以互联网、物联网为代表的信息技术的不断发展和应用，大数据如幽灵般来到了我们的身边。与一个组织相关的日常经营活动、客户/供应商等合作伙伴的行为和活动、消费者的行为轨迹和生活片段、外部自然环境、政治经济环境等无时无刻不在被数字化、被记录下来，形成了大量不断堆积的"数据面包屑"。这些"数据面包屑"被收集、整理、分析、加工处理，其结果可能会无限接近真实的世界。正如徐宗本院士所说："大数据是指反映真实世界的数据，其量已达到可以从一定程度上反映真实面貌的程度。"

展望大数据时代，数据必将成为除了人力、土地、财务、技术之外的另一种重要的资产。作为一种资产，企业利用大数据，可以更加敏锐地感知周边的变化，更加深邃地洞察客户/消费者以及合作伙伴们的行为和变化趋势，更加精准地优化企业的运营，更加和谐地和商业伙伴一起开展协同创新。大数据正在重塑企业，重新定义行业，正成为跨界的驱动力。当然，大数据更大的商业价值尚未得到体现，有待更多的企业去挖掘、去发现。数据作为一种资产，需要与其他的资产相互组合、相互补充，或此消彼长，或相得益彰。企业需要对数据资产进行管理，直面由此带来的数据治理这一重大课题。

半年以前，在一次有关大数据的行业论坛上，我提到了大数据治理的问题，当时就听说作者团队在编写《大数据治理与服务》一书，我一直期待着看到这本书。今天拿到全书的样稿，内心非常高兴。首先，这本书是国内实践者和学者在这个方面进行的第一次有意义的尝试。这本书的作者团队不但牵头参与国内、国际数据治理标准的研制，而且具有丰富的数据治理和大数据行业应用实践经验，融合了国内外在数据治理、IT治理、大数据应用等方面的最新实践成果，从梳理最基本的概念开始，建立起一个自洽的大数据治理框架，并且从三个方面——大数据治理关键域、大数据治理的实施和监督、大数据服务，全面阐述了大数据治理需要关注的问题。

其次，本书对当前大数据治理中的一些关键领域，如大数据组织、大数据架构、大数据安全、大数据环境下的隐私保护、大数据合规管理、大数据质量管理、大数据服务管理等均提出了作者们的看法。这些重大的问题，目前无论在理论上还是实践中，均有待深入研究和探索。尽管如此，本书这部分内容从具体操作的层面给读者带来一些思考和启示。

最后，整本书的逻辑结构合理，既包括了一般性的大数据治理工作的描述，也包括从项目实施层面讨论大数据治理涉及的实际问题，以及从大数据服务提交的角度阐述的重点问题。我相信这本书对于组织的高层管理人员，以及从事大数据治理的专业人员都具有一定的借鉴意义。也殷切地希望本书的作者团队能够再接再厉，在中国大数据治理的领域不断探索，走出一条符合中国特色的大数据治理之路，帮助企业尽快地把散乱在各处的"数据面包屑"加工成醇香可口、营养丰富的"数据面包"，真正从大数据中获取最大的利益。

复旦大学管理学院教授

国务院学位委员会管理科学与工程学科评议组成员

教育部电子商务教学指导委员会成员

黄丽华

2015 年 11 月 1 日

序（二）

　　推荐这本书给大家，我觉得是自己作为大数据行业一份子的责任。现在很多人都在谈大数据，其中有传统行业，有银行，也有医院。但我注意到大部分企业都在关注如何用数据进行创新，却很少听到大数据作为原材料应该怎么管理。你可能会说，银行业、通信业等不是早就在做数据管理了吗？的确数据管理并不新鲜，20年前就有人在做了。但大数据的含义不仅指数据的大小，还包括数据内容的广泛来源、非结构性及实时连接性等。大数据的定义其实在不断更新中。我们不禁会问，以往的数据管理思路能适应新形势的需求吗？我敢大胆地说，自上而下的管理方法已经过时了。大数据的本质就是来自开放的力量、频繁的数据更新、更丰富的数据种类、更快速的数据流动，但这些都对中央式的管理方式造成了极大的挑战。我们必须意识到，数据治理不等同于数据管理，绝非仅依靠自上而下的贯彻执行便可解决。相反，数据治理需要每个人的参与和协同，要求大家都有意识去治理好数据，做到"人人为我，我为人人"。今天不把数据管好，日后对数据的依赖愈深，便愈容易出现问题。数据治理的新思路，不仅是指组织结构上要从由上而下变成全体协同，而且要在技术上创新，用数据去助力大数据治理，帮助大家提高数据质量，保护数据安全，以及有效控制数据成本。

　　最后我想说，大数据时代的数据治理，一定是将无形的管理策略化成有形的工作流程，从一纸命令变成根植在每个人心中的信念和下意识的习惯。我们要用大数据的思维方式，用数据治理数据。还要感谢作者对数据治理的坚持，这本书得来不易。

阿里巴巴集团副总裁、数据委员会会长

车品觉

前 言

大数据是移动互联网、云计算和物联网等技术发展的必然趋势,是分析决策方式、科学研究范式和创新思维模式的重要突破,已经渗透到各行业和应用领域,成为组织发展的生产因素和未来竞争的核心要素,必将引领新一轮信息技术产业的发展和新一波生产率增长浪潮的到来。

从数据中发现问题到解决问题,从业务支撑到业务创新,从商业智能到指引决策,数据与业务相伴相生,数据带来的机遇与风险共存,大数据治理的需求应运而生。大数据治理不仅关注大数据相关的战略、组织和架构,也关注安全、隐私与合规以及业务过程中的数据质量,更关注大数据的价值和价值实现蓝图。

本书在中国 IT 治理标准和数据治理标准研制以及金融、电信和互联网等行业应用实践分析的基础上,融合了 ISO38500、COBIT、DAMA、DGI、IBM、CMMI 等国内外研究成果,针对大数据治理这一崭新的领域,构建了大数据治理模型和治理域,提出了面向大数据生命周期的治理实施方法,探讨了大数据治理审计、大数据服务与创新等,希望能从治理的角度在大数据的研究、应用和服务领域为读者呈现一个崭新的视角。

本书分为十章,从基本概念和模型框架的描述,到数据治理的通用要素和实施过程的分析,最后通过大数据服务实现大数据的价值创造。大数据战略章节通过数据支持到驱动的战略路径,结合案例分析了如何从战略层面帮助企业转型,并列举了常见的组织类型。大数据架构章节提出了不同视角下的参考模型,不仅涉及 IT 技术的架构,还包括流程化管理与工具等。大数据安全章节囊括了合规、风险、数据安全,并附上了大量安全趋势与工具介绍。大数据质量章节从大数据的特性出发,重新定义了质量的概念,并指出了大数据环境下的质量管理与小数据环境下的质量管理的异同,通过案例介绍了数据质量管理的方法。大数据生命周期章节根据不同阶段的管理特点,给出了具体的实践,如按照数据的热度规划大数据存储架构和方案,大数据的可视化、归档与销毁的技术等。大数据治理实施章节给出了一个完整的方法论,包括实施的阶段、各阶段解决的问题以及关键要素。大数据审计章节探讨了大数据环境下审计面临的挑战、审计的重点考虑因素。最后一章对数据服务带来的数据价值进行了分类和举例阐述。

各章的作者分别是:第 1 章,范颖捷、张绍华、宗宇伟;第 2 章,湛家扬、潘蓉、郑大庆;第 3 章,郑晨光、李鸣、刘晨;第 4 章,宋俊典、杨琳、戴炳荣;第 5 章,薛君傲、杨泽明、潘蓉;第 6 章,车春雷、杨泉、王庆磊;第 7 章,叶俊峰、张绍华;第 8 章,郑大庆、宗宇伟、张明英;第 9 章,俞文平、刘小茵、张绍华;第 10 章,尹立庆、宋跃武、梁育刚。

本书最终统稿经过了多次的讨论,张绍华、潘蓉、范颖捷、郑大庆、俞文平、宋俊典和杨琳在多个节假日和炎炎夏日中加班加点,一起逐章、逐页、逐行地讨论、推敲和完善,在此特别要感谢上述各位的家人给予的理解和强有力的支持。

本书的撰写过程中:邱兢和王小华留守加班,陪作者挑灯熬夜;刘文海提供了安静清幽的后海四合院,使得作者团队第一次南北会聚;高洪美在统稿过程中,进行认真细致的版本管理;闵娟、孙佩、侯觅等人也就本书的相关内容提供无私的帮助和支持。在此一并表示诚挚的谢意!

感谢本书重要参考文献《中国数据治理白皮书》的团队。

感谢华融资产、银联数据、神华集团、中国移动、建设银行等单位,以及腾讯刘志斌、百度喻友平,他们分享了国内领先的实践经验。

感谢校稿阶段邓宏先生广泛采集研究机构、产业界的反馈,对作者是极大的鼓励与支持。

大数据治理在国家大数据战略指导下,迎来了新的发展机遇。在本书的成稿过程中,作者们与理论界和产业界专家深入研讨,在持续不断的学习研究、实践分析过程中完成了书稿,甚至在最后定稿的时候,都还不断涌现出新想法。作者团队中,包括不少高校教师和企业高管,在"推进中国大数据治理研究和实践"的共同目标驱动下,花费大量的个人时间完成此书,希望在日新月异的大数据发展中,使读者能从另一个视角关注大数据的价值和应用。

　　本书付梓之际,作者诚惶诚恐,虽然大数据技术、应用与服务如火如荼,但大数据治理的研究刚刚拉开序幕,本书的理论模型、应用实践方面难免会有一些偏颇和问题。大数据治理是一个跨学科和跨界的领域,也是一个不断改进和优化的过程。欢迎读者对不足之处批评指正,希望读者分享体会经验,推进大数据治理研究和实践。

作者

目 录

第6章　大数据质量管理　　　　　　　117

第7章 大数据生命周期 141

第 1 章

大数据治理概述

在大数据与IT环境相互融合的大趋势下,数据治理的体系和方法发生了深刻的变化,数据治理的理论和实践正在向大数据治理聚焦。本章首先介绍了大数据治理的相关概念,以及概念间的相互关系;然后,在综述数据治理理论和实践进展的基础上,讨论了大数据治理这一发展新趋势;最后,阐述了大数据治理的意义和作用。

1.1 大数据治理相关概念

大数据治理包含很多相关概念,概念之间存在比较复杂的关系。厘清这些概念和关系对于理解后面章节中大数据治理的框架、关键域、实施等核心内容是十分必要和重要的。图1-1展示了大数据治理相关概念的逻辑关系和演化路径。本章将按自下而上、从左到右的顺序逐一对概念和概念组进行介绍、比较和分析。

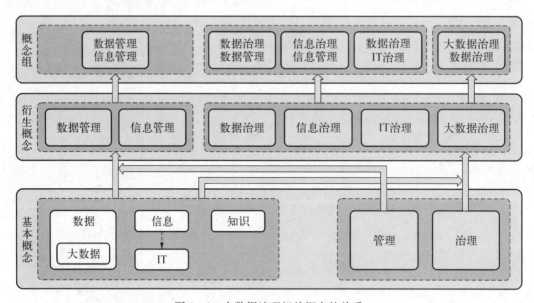

图1-1 大数据治理相关概念的关系

1.1.1 背景知识

1.1.1.1 数据、信息与知识

数据是客观事实经过获取、存储和表达后得到的结果,通常以文本、数字、图形、图像、

声音和视频等表现形式存在[1]。

信息（Information）是包含上下文语境的数据（Data with Context），没有上下文的数据是毫无意义的，人们通过解释上下文来创造有意义的信息。元数据（Metadata），即描述数据的数据（包括数据的各种属性和描述信息），可以帮助创建上下文，所以管理元数据对提高信息质量有直接帮助。上下文通常包括[2]：

（1）数据元素和相关术语的业务含义。

（2）数据表达的格式。

（3）数据所处的时间范围。

（4）数据与特定用法的相关性。

知识是对情境的理解、意识、认知和识别，以及对其复杂性的把握。知识的获取涉及许多复杂的过程：感知、交流、分析和推理等，它可能是关于理论的，也可能是关于实践的[3]。知识是构成人类智慧的最根本因素。

上面的概念比较抽象，下面举个小例子。例如，从超市买了一瓶15元的酸奶，瓶上标明了酸奶的价格、容量、成分和保质期等。单拿"15"来说，它是一个数值型数据，因为没有上下文语境，所以没有任何意义，但加上"一瓶酸奶的价格"这个上下文后，"15"就变成这瓶酸奶的价格，它就成为一个有意义的信息。接下来，发现酸奶的成分中标有双歧杆菌，同时知道它是肠道有益菌，这两个信息经过分析处理就得到一个知识：常吃酸奶有益于肠道健康。

数据、信息和知识的关系就蕴含在上面的概念表述中，总结如下：信息是一种特殊类型的数据，数据是信息的基本构成元素；知识是一种特殊类型的信息，信息是知识的基本构成元素；信息和知识本质上都是数据，数据是信息和知识的基本构成元素和基础，如图1-2所示。数据、信息与知识的概念与关系见表1-1。

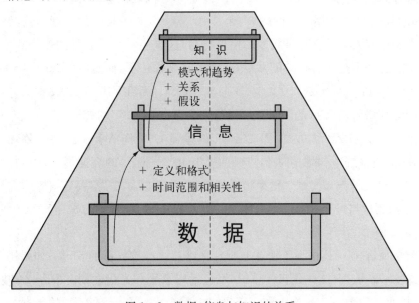

图1-2　数据、信息与知识的关系

表1-1 数据、信息与知识的概念与关系

类 别		要 点
概念	数据	(1) 数据是客观事实经过获取、存储和表达后得到的结果; (2) 数据可能以多种形式存在,如文本、数字、图形、图像、声音和视频等
	信息	(1) 信息是包含上下文语境的数据; (2) 人们通过解释上下文来创造有意义的信息; (3) 上下文包括数据元素的业务含义、格式、时间范围和相关性
	知识	(1) 知识是对情境的理解、意识、认知、识别,以及对其复杂性的把握; (2) 知识是构成人类智慧的最根本因素
关系	数据、信息 与知识	(1) 信息是一种特殊类型的数据,数据是信息的基本构成元素; (2) 知识是一种特殊类型的信息,信息是知识的基本构成元素; (3) 信息和知识本质上都是数据,数据是信息和知识的基本构成元素和基础

上述概念及其关系说明了数据对于人类社会发展的极端重要性,以及所起到的基础性作用。当今是信息经济时代,数据已成为一个企业、机构、政府乃至国家的宝贵资产。如果一个企业没有高质量的数据,并且不能理解"管理数据就像管理有形资产一样重要",那么它就很难做出正确、及时和有前瞻性的决策,效率和效益无从谈起,市场竞争力也必将受到严重削弱。

1.1.1.2 大数据

1) 大数据时代来了

近年来,随着以电子商务、社交网络、位置服务为代表的新型信息发布方式的不断涌现,以及移动互联网、物联网、三网融合、云计算、Web 2.0 等技术的兴起,各种终端设备每时每刻都在记录着人类社会复杂频繁的信息行为,这直接引发了数据的爆炸式增长。现在数据量的增长已经不是以所熟知的多少 GB 和 TB 来描述了,而是以 PB(1 PB=1 024 TB)、EB(1 EB=1 024 PB),甚至是以 ZB(1 ZB=1 024 EB)、YB(1 YB=1 024 ZB)为计量单位。

根据国际数据公司 IDC 的《数据世界》研究项目在 2012 年的统计[4],2005 年和 2008 年全球数据量只有 0.13 ZB 和 0.49 ZB,2010 年就达到 1.2 ZB,人类正式进入 ZB 时代。更为惊人的是,2020 年以前全球数据量仍将保持每年 40%～60% 的高速增长,大约每两年就翻一倍,这与 IT 界人尽皆知的摩尔定律极为相似,姑且可以称之为"大数据爆炸定律"。预计2015 年全球数据量将增至 8 ZB,2020 年将达到 40 ZB,是 2010 年的 33 倍、2008 年的 82 倍、2005 年的 307 倍。

单就数量而言,40 ZB 相当于地球上所有海滩上的沙粒数量的 57 倍;如果用蓝光 DVD保存所有这 40 ZB 数据,这些光盘的重量(不包括光盘套和光盘盒)相当于 424 艘尼米兹级航空母舰(排水量约 10 万 t);或者相当于世界上每个人拥有 5 247 GB 的数据[5]。无疑,人

类已经进入了大数据时代。总的来说,大数据主要有以下三个来源:

(1) 人们的日常生活,特别是互联网服务,这是最主要的来源。据 IDC 监测统计,2011 年全球数据总量达到 1.8 ZB,75% 来自个人(包括日志、图片、音视频和地理位置信息等),远远超过人类有史以来所有印刷材料的数据总量(200 PB)[6]。Google 通过大规模集群和 MapReduce 软件,每月处理的数据量超过 400 PB;百度每天大约处理几十 PB 数据;Facebook 注册用户超过 10 亿,每月上传的照片超过 10 亿张,每天生成 300 TB 以上的日志数据;淘宝网会员超过 3.7 亿,在线商品超过 8.8 亿,每天交易数千万笔,产生约 20 TB 数据[7]。

(2) 传感网和物联网的蓬勃发展是数据量飙升的又一推动力。RFID 标签在 2005 年的保有量仅有 13 亿个,但是到 2010 年这个数字超过了 300 亿[8];传感器的数量也正以每年 30% 的速度增长,成万上亿计的网络传感器嵌入在数量不断增长的智能电表、移动电话、汽车等物理设备中,不断感知、生成并传输超大规模的有关地理位置、振动、温度、湿度等新型数据。例如,劳斯莱斯公司对全世界数以万计的飞机引擎进行实时监控,每年传送 PB 量级的数据。

(3) 以数据为中心的传统学科(如基因组学、蛋白组学、天体物理学和脑科学等)的研究也产生了越来越多的数据。例如,用电子显微镜重建大脑中的突触网络,1 mm³ 大脑的图像数据就超过 1 PB。

由此可见,人、机、物三元世界的高度融合引发了数据规模的爆炸式增长和数据模式的高度复杂化,世界已进入网络化的大数据时代[9]。正如著名大数据专家维克托·迈尔·舍恩伯格所说:"大数据开启了一次重大的时代转型。就像望远镜让人们能够感受宇宙,显微镜让人们能够观测微生物一样,大数据正在改变我们的生活以及理解世界的方式,成为新发明和新服务的源泉,而更多的改变正蓄势待发……[10]"这些更多的改变,舍恩伯格认为表现在世界与生活的方方面面,从商业科技到医疗、政府、教育、经济、人文以及社会的其他各个领域。

2)"大数据"概念的提出

"大数据(Big Data)"这一概念最早出现在 20 世纪 80 年代著名未来学家阿尔文·托夫勒所著的《第三次浪潮》一书中,他将"大数据"热情地赞颂为"第三次浪潮的华彩乐章"[11],但受限于当时的信息技术条件,这种局面直至 21 世纪第一个十年的末期才逐渐出现。

随着移动互联网、物联网、Web 2.0、海量数据并行处理(MPP)以及 MapReduce 等技术的兴起与发展,采集、处理和分析海量数据已经成为可能。但是,对大数据进行采集和分析的设想其实并非源于实体企业,而是来自全球知名管理咨询公司麦肯锡[12]。该公司发现各种网络平台所记录的个人海量信息具备潜在的巨大商业价值,并在 2011 年 5 月发表的研究报告[13]中指出:数据已经渗透到每一个行业和业务职能领域,逐渐成为重要的生产因素,而人们对于海量数据的运用将预示着新一波生产率增长和消费者盈余浪潮的到来。这份报告首先受到金融界的高度关注，继而影响到 IT 巨头，之后才引起很多大型实体企业的重视，"大数据"这一概念才以相对清晰的面目逐渐浮现出来。

大数据最显著的特征就是"大"，而且大到超出常规计算机软硬件的处理能力，正如麦肯锡所说："大数据是指大小超出了典型数据库工具采集、存储、管理和分析能力的数据集，但并不是说一定要超过特定 TB 值的数据集才能算是大数据。"

在麦肯锡定义的基础上，维基百科给出了一个更为详细的定义："大数据是一个复杂而庞大的数据集，以至于很难用现有的数据库管理系统和其他数据处理技术来采集、存储、查找、共享、传送、分析和可视化[14]。"

上面两个定义只强调了数据规模这一特征，忽略了大数据的其他特征；同时，它们还都是未设定大数据数量标准的描述性定义，因为随着技术的不断发展，判定大数据的标准会逐渐提高，而且不同的行业也会有所变化。

IDC 在 2012 年 12 月发表的研究报告中给出了一个量化定义："大数据一般涉及 2 种或 2 种以上数据类型。它要采集超过 100 TB 的数据，并且是高速、实时数据流；或者是从小数据开始，但数据每年会增长 60% 以上。"虽然该定义给出的量化指标有待商榷，但却隐含地提出了大数据的另外两个特征，即数据类型多和生成速度快，这是一个进步。

虽然上述三个定义从不同的视角对大数据的特征进行了描述，但都不够准确和全面。IBM 则在 2012 年开创性地提出了大数据的三大基本特征（即 3V 特征），并获得业界的普遍认可。具体表述如下："可以结合三个特征来定义大数据，即 Volume（规模巨大）、Variety（类型多样）和 Velocity（生成和处理速度极快）。"

大数据之所以广受关注，最主要的原因就是它能够给企业的核心业务带来直接的价值。具体来讲，大数据能够帮助企业发现新的增长点，优化完善现有的收入和利润空间，获得超过其对手的竞争优势。所以，Gartner、EMC 和 IDC 在定义表述中都十分重视大数据的价值特征。

全球权威的 IT 研究与顾问咨询公司 Gartner 认为："大数据是指需要新处理模式才能具有更强的决策力、洞察发现力和流程优化能力的海量、高增长率和多样化的信息资产[15]。"这一定义揭示了大数据的价值所在，即依托新的处理模式实现以决策支持、知识发现为代表的增值服务。

EMC 对大数据给出了这样的定义："大数据并不是一个准确的术语；相反，它是对各种数据（其中大部分是非结构化的）持续快速积累的一种表征。它用以描述那些呈指数级增长，并且因太大、太原始或非结构化程度太高，而无法使用关系数据库方法进行分析的数据集。不论是 TB 还是 PB 量级，数据的精确数量都不如最终结果及数据如何使用重要。"可见，该定义更关注大数据中的价值，特别是商业价值。

IDC 则在 3V 特征的基础上，明确提出了第四个特征——Value（价值巨大但密度很低）。"大数据是一个貌似不知道从哪里冒出来的强大趋势，但实际上它并非新生事物。它确实正在走进入主流，并获得重大关注，这是有原因的。廉价的存储、传感器和数据采集技术的快速发展、通过云和虚拟化存储设施增加的信息链路，以及创新软件和分析工具正在驱动着大数据。大数据不是一个'事物'，而是一个跨多个信息技术领域的趋势或活动。大数据技术描述了新一代的技术和架构，其被设计用于：通过高速（Velocity）的采集、发现和分析，从超大容量（Volume）的多样（Variety）数据中经济地提取价值（Value）[16]。"

综上所述，"大数据"并非一个科学、严格的概念，它来自对数据规模爆炸性增长这一现象的归纳，而且比较抽象，正如信息领域大多数新兴概念一样，早期很难达成共识并形成一个确切一致的定义。但在"海量数据"、"大规模数据"等概念已经存在的前提下，之所以还要提出"大数据"这一新概念，就是因为已有概念只关注于数据规模本身，未能充分反映数据爆炸大背景下，各行业领域对海量数据进行快速深入的分析和挖掘，并提供不断创新的高质量增值服务的迫切现实需求。这就是"大数据"概念一经提出就能获得社会的普遍认同，并迅速成为发展热点和趋势的原因。

其实，在面对实际问题时，不必过分拘泥于定义的具体字眼，关键是要把握住"大数据"的基本特征，这样才能真正理解这一概念的精髓。

3）大数据的基本特征

当前，业界较为统一的认识是"大数据"具有四个基本特征：大量（Volume）、多样（Variety）、时效（Velocity）、价值（Value），即 4V 特征。

上述特征使"大数据"区别于"超大规模数据（Very Large Data）"、"海量数据（Massive Data）"等传统数据概念，后者只强调数据规模，而前者不仅用来描述大量的数据，还具有类型多样、速度极快、价值巨大等特征，以及通过数据分析、挖掘等专业化处理提供不断创新的应用服务并创造价值的能力。一般来说，超大规模数据是指 GB 级的数据，海量数据是指 TB 级的数据，而大数据则是指 PB 及其以上级（EB/ZB/YB）的数据[17]。大数据特征模型如图 1-3 所示。

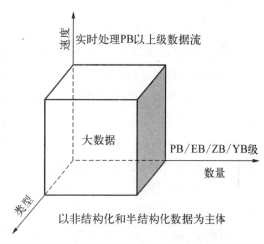

图 1-3 大数据特征模型

（1）大量（Volume）——规模巨大 "数据规模巨大"是大数据的最基本特征，数据量一般要达到 PB 及其以上级（EB/ZB/YB）才能称为大数据。导致近年来数据规模激增的因素有很多，但归纳起来，主要有三方面原因：

① 随着移动互联网的广泛应用，使用移动终端的个人、企业和机构越来越多，数据获取和分享变得异常便捷，用户在各种移动应用上有意无意的点击都会产生大量的数据。

② 随着传感器数据获取能力的大幅提高，以及三维扫描设备和以 Kinect 为代表的动作捕捉设备的普及，数据的描述能力不断增强，获取的数据越来越接近原始事物本身，而数据量也以几何级数增长。

③ 人们处理数据的理念和方法发生了根本的改变。以前人们对事物的认知受限于获取和处理数据的能力，所以一直利用采样的方法，以少量样本来近似地描述事物的全貌，采样数量可根据能力来设定。但近年来随着技术的飞速发展，样本数量逐渐逼近原始数据总量，而且在某些应用领域，为了不丢失大量重要细节，放弃采样，直接获取和处理原始数据，从而导致了数据规模的快速膨胀。

（2）多样（Variety）——类型多样　大数据的数据类型复杂多样，通常可分为三类：结构化数据（Structured Data）、半结构化数据（Semi-structured Data）和非结构化数据（Unstructured Data）。

结构化数据是指属性固定并能严格用二维表（关系模型）刻画的数据，一般存放在关系数据库中。它的每个属性一般不能再进一步分解，具有明确的定义[18]。例如，超市的商品可以被表示成（商品名称、商品价格、商品产地、保质期）。

半结构化数据就是介于完全结构化数据（如关系数据库中的数据）和完全无结构数据（如图像、声音文件等）之间的数据。它一般是自描述的，数据的结构和内容混合在一起，没有明显的区分[19]。HTML、XML 文档就是典型的半结构化数据。

相对于结构化数据和半结构化数据而言，不方便用二维表或自描述语言来表现的数据统称为非结构化数据[20]。它本质上是异构和可变的，可同时具有多种格式，主要包括办公文档、网页、微博、电子邮件、地理定位数据、网络日志、图像、音频和视频等。

目前，网络上流动的大部分是非结构化数据，人们上网不只是看新闻、发邮件，还会上传下载照片和视频、发微博、聊微信、地理定位；同时，遍及社会各个角落的传感器也时刻不停地产生着各种半结构化或非结构化数据。这些结构复杂、种类多样，同时规模庞大的半结构化、非结构化数据已成为大数据的主要组成部分。

（3）时效（Velocity）——生成和处理速度极快　在移动互联网、电子商务、物联网高速发展的今天，数据的采集和传输变得如此便捷，以至于网络中产生了大规模的传统软件无法实时处理的数据流。注意，该数据流不是 TB 级，而是 PB 级的，将来还可能是 ZB 级甚至更高，而且其价值会随时间的推移而迅速降低。

以淘宝、京东、1 号店等大型电子商务网站为例，大数据以数据流的形式产生、快速流动、迅速消失，而且流量通常是不平稳的，会在某些特定时段突然激增，而用户对系统的响应时间也非常敏感，容忍的最大极限一般为 3～5 s。这就要求系统必须在极短的时间内快速处理、分析并反馈给用户，否则处理结果就是过时和无效的。就像在高速路上开车要找正确的出口，如果发出请求后过了几分钟才得到结果，你能忍受吗？在大数据时代——除了上帝，任何人都必须用数据来说话。

可见，数据生成和处理速度快是大数据区别于传统海量数据的最显著特征，也是大数据处理技术与传统数据挖掘技术的本质不同。

（4）价值（Value）——价值巨大但密度很低　大数据之所以成为当前的热点和发展趋势，就在于其中蕴含着巨大的商业和社会价值。通过对大数据的分析和挖掘，能够提供以决策支持、知识发现为代表的不断创新的高质量增值服务,发现新的收入增长点,并为核心业务创造直接的价值。

目前,大数据领域已经产生了一大批成功的商业应用。例如,"阿里云"通过对云平台上的海量交易数据进行分析,从而知道哪些商户可能存在资金问题,随后"阿里云"贷款平台便出马同潜在的贷款对象进行沟通。Gartner 的一份分析报告指出,到 2015 年使用先进大数据管理系统的企业将比未使用的企业盈利能力高出 20%。

大数据虽然是无价之宝,但由于其规模巨大,而且绝大部分是非结构化和半结构化数据,所以其中的有价值数据就像散落在广袤沙滩中的金沙一样,分布广泛而分散。换句话说,大数据中有价值数据所占比重(即价值密度)是很低的。

以城市监控视频为例,在 24 h 不间断的监控过程中,对于某一特定应用,如获取犯罪嫌疑人的体貌特征,有效数据可能仅有几秒,但大量的无关视频被存储下来。因此,非结构化数据的价值密度是比较低的。

据 IDC 统计,现代互联网应用呈现出非结构化数据大幅增长的特点,至 2012 年末,非结构化数据占有比例达到整个数据量的 75% 以上。也就是说,大数据中大部分是通过社交网络、传感器、Web 2.0 等技术获取的非结构化数据。

随着数据规模的不断增长,非结构化数据所占比重必将越来越高,而大数据的价值密度会越来越低,即大数据价值密度的高低与数据总量的大小成反比。

1.1.1.3 治理与管理

治理和管理属于两个不同的范畴,COBIT 5① 对两者的差异做了清晰的阐述。

1) COBIT 5 给出的治理定义

治理(Governance)是指评估利益相关者的需求、条件和选择以达成平衡一致的企业目标,通过优先排序和决策机制来设定方向,然后根据方向和目标来监督绩效与合规[21]。

基于此定义,治理包含评估、指导和监督三个关键活动,并确保输出结果与设定的方向和预期目标相一致。

2) COBIT 5 给出的管理定义

管理(Management)是指按照治理机构设定的方向开展计划、建设、运营和监控活动,以实现企业目标。

基于此定义,管理包含计划、建设、运营和监控四个关键活动,并确保活动符合治理机构所设定的方向和目标。

从上述定义可以看出,治理和管理主要存在以下三方面的不同:

---

① COBIT(Control Objectives for Information and related Technology)是目前国际上通用的 IT 治理标准,由信息系统审计与控制协会在 1996 年公布。这是一个在国际上公认的、权威的 IT 治理标准,目前已经更新至 5.0 版。它在商业风险、控制需要和技术问题之间架起了一座桥梁,以满足管理的多方面需要。该标准体系已在世界 100 多个国家的重要组织与企业中运用,指导这些组织有效利用信息资源,有效地管理与信息相关的风险。

（1）治理和管理包含不同的活动　治理包含评估、指导和监督三个关键活动，而管理包含计划、建设、运营和监控四个关键活动。

（2）治理和管理包含不同的过程　从 COBIT 5 来看，治理包含以下五个过程：确保治理框架的设置和维护、确保收益交付、确保风险优化、确保资源优化、确保利益相关者透明。管理包含四个域：APO（调整、计划和组织）、BAI（建立、获取和实施）、DSS（交付、服务和支持）、MEA（监视、评价和评估），每个域都包含若干个流程。

（3）治理和管理拥有不同的责任主体　治理的责任主体是在董事会主席领导下的董事会，而管理的责任主体是 CEO 领导下的执行管理层。

为了形成有效的治理体系，治理和管理必须相互作用，尤其是在过程、信息、组织架构等方面。

1.1.1.4　数据管理与信息管理

虽然业界已经从不同视角提出了多种数据管理的定义，但目前还未达成共识。由于DMBOK① 给出的定义被广泛接受，所以采用它作为数据管理的标准表述。

1）DMBOK 关于数据管理的定义

数据管理（Data Management，DM）是指通过策划与实施相关的方针、活动和项目，以获取、控制、保护、交付和提高数据资产价值。

该定义可从以下三个视角来解读：

① 数据管理包含一系列职能，包括方针、活动和项目的策划和实施。

② 数据管理包含一套严格的管理规范和过程，用于确保职能得到有效履行。

③ 数据管理包含多个由业务领导和技术专家组成的管理团队，负责落实管理规范和过程。

同时，应重点把握好以下三个关键词：

（1）职能（Function）　职能是否得到有效履行对企业来说至关重要，企业绝不能忽略和轻视它们，因为目前已经出现了太多的因职能未能正确履行而导致资金、设备和人力资源严重浪费的反面案例。

（2）过程（Process）　数据管理不是一个项目，它没有明确的起点和终点，一旦启动，就必须严格按照过程持续不断地循环迭代下去，没有终点。

（3）规范（Discipline）　数据管理在某种程度上是一个具有较强约束性和强制性的过程，也就是说，数据管理必须遵守相关规则和规范，从而确保治理决策被顺利执行。

下面，分析和阐明数据管理与信息管理的逻辑关系。

---

① DMBOK 是《The DAMA Guide to the Data Management Body of Knowledge 1st Edition》（《DAMA 数据管理知识体系指南（第一版）》）的简称。该书在 DAMA DMBOK 编委会的指导下，由 DAMA 会员小组编著，2009 年 4 月出版。该书在数据管理与治理领域具有一定的权威性，得到业界的广泛认可。

首先,要明确数据管理与信息管理在概念上的区别。这里采用 COBIT 5 中给出的信息管理定义,因为该定义在业界具有较为广泛的代表性。

2) COBIT 5 关于信息管理的定义

信息管理(Information Management,IM)是指根据信息治理机构设定的方向,对与获取、控制、保护、交付和提升信息资产价值相关的实践、项目和功能等方面,进行全面的计划、建设、运营和监控[22]。

通过比较不难发现,虽然该定义重点强调了管理必须与治理设定的方向相一致,但是该定义与 DMBOK 的数据管理定义本质上是相同的。

然后,回顾一下数据与信息(即数据管理与信息管理的对象)的关系:信息是包含上下文的数据,数据是信息的基本构成元素。这意味着信息本质上也是数据,是一种特殊类型的数据,但数据要更底层和原始,范围更广泛,量也更大。数据管理与信息管理的概念与关系见表1-2。

表 1-2 数据管理与信息管理的概念与关系

类 别		要 点
概念	数据管理	(1) 数据管理是指按照治理机构设定的方向开展计划、建设、运营和监控等活动,以实现企业目标; (2) 数据管理应该与数据治理机构设定的方向相一致
	信息管理	(1) 信息管理是指通过计划、建设、运营和监控相关实践、项目和功能,以获取、控制、保护、交付和提高信息资产价值; (2) 信息管理应该与信息治理机构设定的方向相一致
关系	数据管理与 信息管理	(1) 信息管理与数据管理的定义本质上是相同的; (2) 数据管理与信息管理的管理对象(即数据与信息)本质上是相同的; (3) 数据管理与信息管理是同义词

因此,数据管理和信息管理在概念内涵、业务功能、管理流程和制度规范等方面都是相同或高度相似的。

从企业管理实践来看,数据管理与信息管理基本上是同义的,两者之间有差异,但非常小,基本可以忽略不计,因为这点差异对实际工作几乎没有影响。因此,本书同意 DMBOK 的观点:数据管理与信息管理是同义词。

除了信息管理,数据管理还有一些其他的常用同义术语,本书统一用数据管理来代替。

① 企业信息管理(Enterprise Information Management,EIM)。

② 企业数据管理(Enterprise Data Management,EDM)。

③ 数据资源管理(Data Resource Management,DRM)。

④ 信息资源管理(Information Resource Management,IRM)。

⑤ 信息资产管理(Information Asset Management,IAM)。

1.1.2 数据治理

1.1.2.1 数据治理的基本概念

虽然以规范的方式来管理数据资产的理念已经被广泛接受和认可,但是光有理念是不够的,还需要组织架构、原则、过程和规则,以确保数据管理的各项职能得到正确的履行。

以企业财务管理为例,会计负责管理企业的金融资产,并接受财务总监的领导和审计员的监督;财务总监负责管理企业的会计、报表和预算工作;审计员负责检查会计账目和报告。数据治理扮演的角色与财务总监、审计员类似,其作用就是确保企业的数据资产得到正确有效的管理。

由于切入视角和侧重点不同,业界给出的数据治理定义已有几十种,到目前为止还未形成一个统一标准的定义。其中,DMBOK、COBIT 5、DGI① 和 IBM 数据治理委员会等权威研究机构提出的定义最具代表性,并被广泛接受和认可。

需要特别说明的是,COBIT 5 中给出的不是数据治理定义,而是信息治理。因为这两个术语实际上是同义词,就像数据管理与信息管理一样(见 1.1.4 节),所以采用 COBIT 5 的信息治理定义作为数据治理定义。

1) DMBOK 给出的数据治理定义

数据治理(Data Governance,DG)是指对数据资产管理行使权力和控制的活动集合(计划、监督和执行)。

2) COBIT 5 给出的数据治理定义

信息治理(Information Governance,IG)包含以下三个方面的内容:

(1) 确保信息利益相关者的需求、条件和选择得到评估,以达成平衡一致的企业目标,这些目标通过信息资源的获取和管理来实现。

(2) 确保通过优先排序和决策机制为信息管理职能设定方向。

(3) 确保基于达成一致的方向和目标对信息资源的绩效和合规进行监督。

3) DGI 给出的数据治理定义

数据治理是指针对信息相关过程的决策权和职责体系,这些过程遵循"在什么时间和情况下、用什么方式、由谁、对哪些数据、采取哪些行动"的方法来执行[23]。

4) IBM 数据治理委员会给出的数据治理定义

数据治理是针对数据管理的质量控制规范,它将严密性和纪律性植入企业的数据管理、利用、优化和保护过程中[24]。

---

① DGI 是 Data Governance Institute(数据治理研究所)的缩写。该机构成立于 2003 年,是业界成立最早、知名度最高的数据治理研究机构,致力于为组织/企业提供深度的、独立于厂商的数据治理最佳实践和指导。它于 2004 年提出了著名的 DGI 数据治理框架,并进行不断地优化和更新,目前该框架已被全球数以百计的组织/企业采用。

上面的定义非常简洁和概括,但读起来会觉得有些抽象。为了方便理解,从以下四个方面来解释数据治理的概念内涵。

(1) 明确数据治理的目标　目标就是在管理数据资产的过程中,确保数据的相关决策始终是正确、及时和有前瞻性的,确保数据管理活动始终处于规范、有序和可控的状态,确保数据资产得到正确有效的管理,并最终实现数据资产价值的最大化。

(2) 理解数据治理的职能　应该从两个角度来理解:一是从决策的角度,数据治理的职能是"决定如何作决定(Decide How to Decide)",这意味着数据治理必须回答数据相关事务的决策过程中所遇到的问题,即为什么、什么时间、在哪些领域、由谁做决策,以及应该做哪些决策;二是从具体活动的角度,数据治理的职能是"评估、指导和监督(Evaluate, Direct and Monitor, EDM)",即评估数据利益相关者的需求、条件和选择以达成一致的数据资源获取和管理的目标,通过优先排序和决策机制来设定数据管理职能的发展方向,然后根据方向和目标来监督数据资源的绩效与合规。

(3) 把握数据治理的核心　虽然数据治理的定义很多很杂,但有一点在学术界已基本达成共识,即数据资产管理的决策权分配和职责分工是数据治理的核心[25]。数据治理并不涉及具体的管理活动,而是专注于通过什么机制才能确保做出正确的决策。决策权分配和职责分工就是确保决策正确有效的核心机制,自然也就成为数据治理的核心。

(4) 数据治理必须遵循过程和遵守规范
"过程和规范"在上面的定义中多次出现,说明它们对数据治理来说非常重要。过程主要用于描述治理的方法和步骤,它应该是正式、书面、可重复和可循环的。数据治理应该遵循标准的、成熟的、获得广泛认可的过程,并且严格遵守相关规范。在数据治理的生命周期里,过程和规范相伴而行,缺一不可,只有这样数据治理才会具有较强的约束性和纪律性,才会拥有源源不断的动力,并始终保持正确的方向。

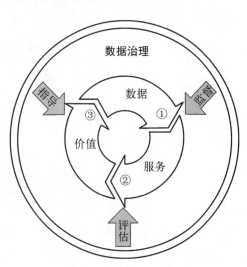

图 1-4　数据治理的本质

综上所述,数据治理本质上就是:对企业的数据管理和利用进行评估、指导和监督,通过提供不断创新的数据服务,为企业创造价值,如图 1-4 所示。

1.1.2.2　数据治理与数据管理

数据治理与数据管理的关系是建立在治理与管理的关系基础之上的。治理和管理是完全不同的活动:治理负责对管理活动进行评估、指导和监督,而管理根据治理所作的决策来具体计划、建设和运营。

由上可见,数据治理对数据管理具有领导职能,即指导如何正确履行数据管理职能。

数据治理负责评估需求以达成一致的数据管理目标,设定数据管理职能的发展方向,并根据方向和目标来监督数据资源的绩效与合规;数据管理则负责计划、建设、运营和监控相关方针、活动和项目,并与数据治理设定的目标和方向保持一致。

数据治理专注于通过什么机制才能确保做出正确的决策。换句话说,它负责回答决策过程中所遇到的问题,即为什么、什么时间、在哪些领域、由谁做决策,以及做哪些决策,但是不涉及具体的管理活动。因此,数据治理需要明确组织架构、控制、政策和过程,并制定相关规则和规范。数据管理则负责采取恰当的行动来实现这些决策,并向数据治理提供相应的反馈。

数据治理和数据管理拥有不同的领导团队。数据治理团队通常由企业的董事会成员及其代表,以及高级管理人员组成。数据治理应该明确指定由哪些决策者来做出数据相关的决策。数据管理团队通常由业务领导和技术专家组成,并按照数据治理的相关决策来领导数据管理工作。例如,创建数据模型、管理数据库、监控数据质量等具体的数据管理活动。数据治理与数据管理的概念与关系见表1-3。数据治理与数据管理的关系如图1-5所示。

表1-3 数据治理与数据管理的概念与关系

类 别		要 点
概念	数据治理	(1) 从决策的角度,数据治理是指"决定如何做决定",这意味着数据治理必须回答数据相关事务的决策过程中所遇到的问题,即为什么、什么时间、在哪些领域、由谁做决策,以及应该做哪些决策; (2) 从具体活动的角度,数据治理是指评估数据利益相关者的需求、条件和选择以达成一致的数据资源管理的目标,通过优先排序和决策机制来设定数据管理职能的发展方向,然后根据方向和目标来监督数据资源的绩效与合规; (3) 数据治理的业务职能是评估、指导和监督; (4) 数据治理的核心是数据资产管理的决策权分配和职责分工; (5) 数据治理需要明确组织架构、控制、政策和过程,并制定相关规则和规范; (6) 数据治理应遵循标准的、成熟的、获得广泛认可的过程,并且严格遵守相关规范
	数据管理	(1) 数据管理是指通过计划、建设、运营和监控相关方针、活动和项目,以获取、控制、保护、交付和提高数据资产价值; (2) 数据管理应该与数据治理设定的目标和方向相一致; (3) 数据管理的职能是计划、建设、运营和监控
关系	数据治理与数据管理	(1) 数据治理对数据管理具有领导职能,即指导如何正确履行数据管理职能; (2) 数据治理专注于通过什么机制才能确保做出正确的决策,但是不涉及具体的管理活动; (3) 数据管理负责采取恰当的行动来实现数据治理所做的决策,并向数据治理提供相应的反馈; (4) 数据治理和数据管理拥有不同的领导团队

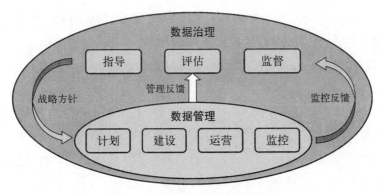

图 1-5 数据治理与数据管理的关系

1.1.2.3 数据治理与 IT 治理

首先,要明确数据与 IT 的关系,因为它们是数据治理与 IT 治理的治理对象。如果用供水系统作比喻,IT 就像供水系统中的管道、水泵和水箱,而数据就像管道中流动的水。

其次,要明确数据治理和 IT 治理在概念内涵上的区别。由于 ISO/IEC 38500 给出的"基于原则的 IT 治理框架"得到业界的广泛认可,所以采用该框架所包含的定义、原则和模型作为 IT 治理的标准表述。

1) ISO/IEC 38500 关于 IT 治理的定义

IT 治理(IT Governance, ITG)是指导和控制一个组织的当前和将来 IT 利用的体系。

显然,IT 治理的概念内涵与数据治理并不相同。IT 治理是评估、指导和监督企业 IT 资源利用的体系,并为企业的战略目标提供支持。IT 治理主要在 IT 战略、政策、投资、应用和项目等方面进行决策。数据治理聚焦数据相关事务的决策过程,评估数据利益相关者的需求、条件和选择以达成一致的数据资源管理目标,通过优先排序和决策机制来设定数据管理职能的发展方向,然后根据方向和目标来监督数据资源的绩效与合规。

2) 数据治理与 IT 治理的关系

对于两者的关系,目前存在以下两种观点:

(1) 观点 1:数据治理是 IT 治理的一个组成部分[26]。COBIT 是目前业界公认的 IT 治理框架。作为 IT 治理的一个关键促成因素(Key Enabler of ITG),数据和数据治理已成为 COBIT 5(最新版)提出的 IT 治理框架的一个重要组成部分。具体来讲,IT 治理框架提出了一个建立数据治理过程、规则和规范的方法论;数据治理计划是 IT 治理框架应用于数据治理的一个产物,是 IT 治理计划的一个应用;IT 治理委员会有权为数据治理设置职能范围。

（2）观点2：数据治理独立于IT治理。为了便于理解，回到前面的供水系统比喻，假设管道中的水被污染了，你应该打电话给水质检测员，而不是修理管道的水管工。因为数据治理和IT治理有不同的治理对象、需求和目标，所以它们也应该有相互独立的框架、模型、组织架构、过程和规则。

上述两种观点都是客观存在的，不论支持哪一种观点，在企业的治理实践过程中，IT治理和数据治理都应该进行全方位融合、整体规划、整体实施，因为IT和数据对企业而言是不可分离的，就像管道和水一样，同时IT和数据的相关决策也应该与企业的总体战略和目标相一致。数据治理与IT治理的概念与关系见表1-4。

表1-4　数据治理与IT治理的概念与关系

类　别		要　点
概念	数据治理	参见表1-3
	IT治理	（1）IT治理是指导和控制一个组织的当前和将来IT利用的体系； （2）IT治理是评估、指导和监督企业IT资源利用的体系，并为企业的战略目标提供支持
关系	数据治理与IT治理	（1）数据治理和IT治理的治理对象不同，IT就像是供水系统中的管道、水泵和水箱，而数据就像是管道中流动的水； （2）IT治理的概念内涵与数据治理不同，IT治理在IT战略、政策、投资、应用和项目等方面进行决策，而数据治理聚焦数据相关事务的决策过程； （3）对于数据治理与IT治理的关系，目前存在两种观点：数据治理是IT治理的一个组成部分；数据治理独立于IT治理； （4）不论支持哪一种观点，在企业的治理实践过程中，IT治理和数据治理都应该进行全方位融合，整体规划，整体实施

1.1.3　大数据治理

1.1.3.1　大数据治理的基本概念

大数据是近年来才兴起的一个新学科，作为它的一个分支，大数据治理更是一个崭新的研究领域。经过广泛的文献调研，目前该领域的研究成果很少。对于"大数据治理"这一概念的定义，也基本都是在"数据治理"现有定义的基础上，将"数据"替换为"大数据"，稍作改变得来。这样的定义显然是不严谨、不完整和不准确的，没有揭示出"大数据治理"的完整内涵和本质特征。

目前，业界比较权威的"大数据治理"定义是由国际著名的数据治理领域专家Sunil Soares（桑尼尔·索雷斯）在2012年10月出版的专著《Big Data Governance：An Emerging Imperative》中提出的。

1) Sunil Soares 给出的大数据治理定义[27]

大数据治理(Big Data Governance)是广义信息治理计划的一部分,它通过协调多个职能部门的目标来制定与大数据优化、隐私和货币化相关的策略[28]。

该定义可以从六个方面做进一步的解读:

(1) 大数据治理应该被纳入现有的信息治理框架内。

(2) 大数据治理的工作就是制定策略。

(3) 大数据必须被优化。

(4) 大数据的隐私保护很重要。

(5) 大数据必须被货币化,即创造商业价值。

(6) 大数据治理必须协调好多个职能部门的目标和利益。

该定义提出了大数据治理的重点关注领域,即大数据的优化和隐私保护,以及服务所创造的商业价值;明确了大数据治理的工作内容就是协调多个职能部门制定策略;同时希望国际信息治理组织将其纳入现有的信息治理框架内,促进它的标准化进程。

Sunil Soares 给出的定义非常清晰和简洁,抓住了大数据治理的主要特征,但也有一些不足,主要体现在以下两点:一是认为大数据治理的方法就是制定策略,这一提法显然不够全面;二是没有将大数据治理提升到体系框架的高度。因此,本书在 Sunil Soares 定义的基础上,给出了更为全面的定义。

2) 本书给出的大数据治理定义

大数据治理是对组织的大数据管理和利用进行评估、指导和监督的体系框架。它通过制定战略方针、建立组织架构、明确职责分工等,实现大数据的风险可控、安全合规、绩效提升和价值创造,并提供不断创新的大数据服务。

为了方便理解,从以下四个方面来解释大数据治理的概念内涵。

(1) 需要在哪些领域做出大数据治理的决策?

本书第 2 章创新性地提出了一个大数据治理框架,该框架由三个子框架组成,即原则子框架、范围子框架、实施与评估子框架。该框架从全局视角展示了大数据治理的基本要素及关系,从不同维度描绘了大数据治理的全貌。

其中,范围子框架描述了大数据治理的关键域,即治理决策层应该在哪些关键领域(范围)内做出决策。范围子框架共包含六个关键域:战略、组织、大数据质量、大数据生命周期、大数据安全隐私与合规、大数据架构,这六个关键域就是大数据治理的主要决策领域。

(2) 哪些角色的人应该参与到决策过程中?

根据国际数据治理研究所(Data Governance Institute,DGI)提出的数据治理框架,在企业或机构中参与决策的人,即数据治理团队,通常可分为三类:一是数据利益相关者,二是数据治理委员会,三是数据管理者。

数据利益相关者通常来自具体的业务部门,负责创建和使用数据,并提出数据的业务规则和需求。数据治理委员会是数据治理的中心决策层,负责制定数据使用原则、监督实施、协调各部门的不同利益和需求,解决问题并做出最终决策。数据管理者是数据治理的执行层,负责将决策和规定落实到具体的数据管理工作中。

显然,在大数据治理团队中上述三种角色应该被继承。但是,大数据与普通数据有着本质不同,如数据量超大、类型多样、系统架构复杂、技术难度高等,如果不了解大数据架构和相关技术,就很难做出正确的决策并加以落实。因此,必须引入具有丰富大数据管理与技术经验的数据专家来参与决策。

因此,参与到大数据治理决策过程的人应该分为四类:一是大数据利益相关者,二是大数据治理委员会,三是大数据管理者,四是数据专家,并且数据专家应该加入到治理委员会中辅助做出决策。

(3) 这些角色的人如何参与到决策过程中?

对一个企业而言,大数据治理是一个需要长期坚持并反复迭代优化的系统工程。治理要想见效并最终获得成功,必须保证治理决策的正确性和连续性,并被坚决贯彻和落实,必须依靠集体的智慧和力量,依靠制度、规范和组织的力量,从而最大限度地消除个人意志对决策的左右和影响。

因此,必须建立一套包括战略方针、制度规范、组织架构、职责分工、标准体系、执行流程等方面的大数据治理决策保障体系,确保治理团队中各种角色的人能够顺利、高效地参与到决策过程中。

(4) 大数据治理的最终目标是什么?

首先要问大数据的最大价值在哪里? 人们为什么要花那么多的人力物力来研究大数据? 回答是大数据能够为人类提供以"决策和预测支持"为代表的各种不断创新的大数据服务。

在一个组织内,大数据治理能够在提升大数据各项技术指标的同时,产生一系列创新的大数据服务,并创造出商业和社会价值。这既是大数据治理与数据治理的根本区别,也是大数据治理的最终目标。

1.1.3.2 大数据治理与数据治理

为了厘清大数据治理与数据治理的关系,需要发现这两个概念的最本质区别。答案其实就蕴含在字面里,即它们拥有不同的治理对象——大数据和数据。由于两者本质上都属于治理,所以治理对象的关系就决定了它们之间的关系。

大数据本质上也是数据,是数据存在和发展的一个新阶段。以此类推,大数据治理本质上也是数据治理,是数据治理发展的一个新阶段。因此,数据治理的方法论(如治理的原则、过程、框架和成熟度模型等)大部分也适用于大数据治理。当然,考虑到大数据的特殊性,在某些方面做适当调整是十分必要的。大数据治理与数据治理的概念与关系见表 1-5。

表 1-5 大数据治理与数据治理的概念与关系

类 别		要 点
概念	大数据治理	(1) 大数据治理是广义数据/信息治理计划的一部分； (2) 大数据治理制定与大数据优化、隐私和货币化相关的政策； (3) 大数据治理需要协调好多个职能部门的目标和利益； (4) 大数据治理是对组织的大数据管理和利用进行评估、指导和监督的体系框架； (5) 大数据治理通过制定战略方针、建立组织架构、明确职责分工等,实现大数据的风险可控、安全合规、绩效提升和价值创造,并提供不断创新的大数据服务
	数据治理	参见表 1-4
关系	大数据治理 与数据治理	(1) 大数据治理本质上也是数据治理,是数据治理发展的一个新阶段； (2) 数据治理的方法论同样也适用于大数据治理,考虑到大数据的特殊性,需要在某些方面做适当调整； (3) 服务创新是大数据治理与数据治理的最显著区别； (4) 与数据治理相比,隐私保护在大数据治理中变得更加重要和富有挑战性； (5) 通过将大数据纳入数据治理总体框架中,实现组织架构的改进与升级； (6) 大数据的质量管理与传统数据治理计划中的质量管理有很大区别； (7) 大数据治理需要制定特殊的规则来管理大数据的生命周期,以降低法律风险和 IT 开销； (8) 大数据与现有元数据库的集成是大数据治理成败的关键因素之一

下面重点讨论针对大数据治理方法论,应该新增哪些内容,或者在哪些方面需要做出调整。

1) 服务创新(Service Innovation)

大数据的核心价值就是持续不断地开发出创新的大数据服务,进而为企业、机构、政府和国家创造商业和社会价值,而大数据治理能够通过提升大数据的架构、质量和安全等要素来显著促进大数据的服务创新,所以服务创新是大数据治理与数据治理的最显著区别。

2) 隐私(Privacy)

由于大数据规模巨大、类型多样、生成和处理速度极快,所以与数据治理相比,隐私保护在大数据治理中变得更加富有挑战性,并且发挥着越来越重要的作用。在大数据治理中隐私保护应该重点关注以下几个点:

(1) 制定有关敏感数据的可接受的使用政策,同时开发适用于不同大数据类型、产业和国家的规则。

(2) 制定政策来监控特权用户对敏感大数据的访问,并建立有效机制确保政策的落实。

(3) 识别敏感的大数据。

（4）标记业务词库和元数据库中的敏感大数据。

（5）以恰当的方式对元数据库中的敏感大数据进行分类。

3）组织（Organization）

数据治理组织需要将大数据纳入总体框架的开发与设计当中，从而实现组织架构的改进与升级，这主要涉及以下几个方面：

（1）当现有角色不足以承担大数据责任时，就应该设立新的大数据角色。

（2）明确新的大数据角色的岗位职责，并与现有角色的岗位职责形成互补。

（3）将具有大数据独特视角的新成员（如大数据专家）纳入组织中，并赋予适合的角色和岗位。

（4）重点考虑大数据存储、质量、安全和服务对组织和角色带来的影响。

4）大数据质量（Big Data Quality）

由于大数据的特殊性，大数据的质量管理与传统数据治理计划中的质量管理有很大区别。大数据治理计划主要采用以下方法来解决大数据质量问题：

（1）建立大数据质量度量维度。

（2）建立大数据质量管理框架。

（3）任命大数据质量管理负责人。

（4）开发质量需求矩阵（包括关键数据元素、数据质量问题和业务规则等），建立和测量大数据质量的置信区间。

（5）利用半结构化和非结构化数据，提高稀疏结构化数据的质量。

5）大数据生命周期（Big Data Lifecycle）

由于大数据的规模巨大，大数据治理需要制定特殊的规则来管理大数据的生命周期，以降低法律风险和IT开销。在遵守法律法规的前提下，大数据的生命周期管理应该重点关注以下几个方面：

（1）明确大数据采集的范围、策略和规范。

（2）扩展保存期限表，将大数据纳入其中。

（3）针对不同热度的大数据，采用不同的存储和备份策略。

（4）大数据归档应更关注数据选择性恢复的功能。

（5）压缩大数据并归档。

（6）管理实时流数据的生命周期。

6）元数据（Metadata）

大数据与现有元数据库的集成是大数据治理成败的关键因素之一。为了解决集成的问题，在大数据治理过程中应该采用以下方法：

（1）扩展现有的元数据角色，将大数据纳入其中。

（2）建立一个包括大数据术语的业务词库，并将其集成到元数据库中。

（3）将 Hadoop 数据流和数据仓库中的技术元数据纳入元数据库中。

1.2 从数据治理到大数据治理

大数据治理是一个崭新的研究和应用领域,目前该领域的研究成果很少。然而,作为大数据治理的基础,数据治理的理论研究和行业实践却已取得了丰硕成果。因此,本节在综述数据治理理论和实践进展的基础上,进一步阐述大数据治理的发展趋势。

近年来世界各国在数据治理领域已经开展了大量有意义的工作。通过对现有工作成果的总结和梳理,这些成果被划分为三类:数据治理理论、数据治理实施和数据治理应用。

数据治理理论是指在数据治理的原则、范围、促成因素、框架等方面的理论研究成果。其中,原则是指数据治理应遵循的基本准则,范围说明数据治理应该关注哪些领域,促成因素是指数据治理的核心推动因素,框架揭示了原则、范围、促成因素等治理要素间的逻辑关系。

数据治理实施重点关注数据治理的设计、部署和流程。

数据治理应用重点关注数据治理的相关管理工具和软件产品。这些工具和产品能够支持数据治理的流程和核心任务,如文档管理工具、数据模型和数据字典管理工具等。

1.2.1 国际数据治理进展

1.2.1.1 数据治理理论

在数据治理的理论研究领域,很多组织做出了开创性的贡献,特别是 ISO38500、DAMA(国际数据管理协会)、DGI(国际数据治理研究所)、IBM DG Council(IBM 数据治理委员会)、ISACA(国际信息系统审计和控制协会)和 Gartner 公司。它们的主要工作是对原则、范围、促成因素等数据治理要素进行分析、总结和提炼,并在此基础上建立起自成体系的数据治理框架。

1) 代表性的理论研究成果

(1) ISO38500 的理论成果　ISO38500 提出了 IT 治理框架(包括目标、原则和模型)[29],并认为该框架同样适用于数据治理领域。在目标方面,ISO38500 认为 IT 治理的目标就是促进组织高效、合理地利用 IT;在原则方面,ISO38500 定义了 IT 治理的六个基本原则:职责、策略、采购、绩效、符合和人员行为,这些原则阐述了指导决策的推荐行为,每个原则描述了应该采取的措施,但并未说明如何、何时及由谁来实施这些原则;在模型方面,ISO38500 认为组织的领导者应重点关注三项核心任务:一是评估现在和将来的 IT 利用情况,二是对治理准备和实施的方针和计划做出指导,三是建立"评估→指导→监督"的循环

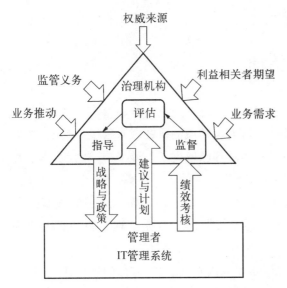

图1-6　ISO 38500 IT治理模型

模型,如图1-6所示。

(2)DAMA 的理论成果　DAMA 首先总结了数据管理的十大功能(见图1-7),主要包括数据治理、数据架构管理、数据开发、数据操作管理、数据安全管理、参考数据和主数据管理、数据仓库和商务智能管理、文档和内容管理、元数据管理及数据质量管理,并把数据治理放在核心位置;然后,详细阐述了数据治理的七大环境要素(见图1-8),即目标和原则、活动、主要交付物、角色和责任、技术、实践和方法、组织和文化;最终建立起十大功能和七大环境要素之间的对应关系,认为数据治理的重点就是解决十大功能与七大要素之间的匹配。

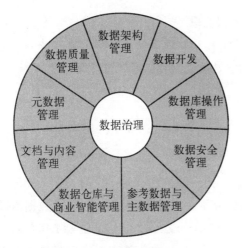

图1-7　DAMA 功能框架

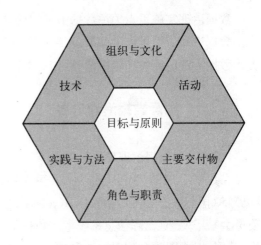

图1-8　DAMA 环境要素框架

　　DAMA 认为数据治理是对数据资产管理行使权力和控制,包括规划、监控和执法。它还对数据治理和 IT 治理进行了区分:IT 治理的对象是 IT 投资、IT 应用组合和 IT 项目组合,而数据治理的对象是数据;IT 就像水管,数据就像水管中的水,水的治理方法显然不同于水管的治理方法。

　　(3)DGI 的理论成果　DGI 认为数据治理不同于 IT 治理,应建立独立的数据治理理论体系。DGI 从组织、规则、过程三个层面,总结了数据治理的十大关键要素,创新地提出了DGI 数据治理框架。

　　DGI 框架以一种非常直观的方式,展示了十个基本组件间的逻辑关系(以访问路径的形式),形成了一个从方法到实施的自成一体的完整系统,如图1-9所示。组件按职能划分为三组:规则与协同工作规范、人员与组织结构、过程。

① 规则与协同工作规范,即建立、协调和规范数据治理工作的规则(包括政策、需求、标准、责任、控制和数据定义等),以及指导不同部门共同制定和执行规则的协同工作规范。包括以下六个组件:使命和愿景;目标、治理成效的度量标准、财务策略;数据规则和定义;决策权;职责分工;控制。

② 人员与组织结构,即制定和执行数据治理规则和规范的组织结构。包括以下三个组件:数据利益相关者;数据治理委员会;数据管理者。

③ 过程,即数据治理应该遵循的工作步骤和流程,它应该是正式、书面、可重复和可循环的。主要包括以下组件:主动、被动和正在进行的数据治理过程。

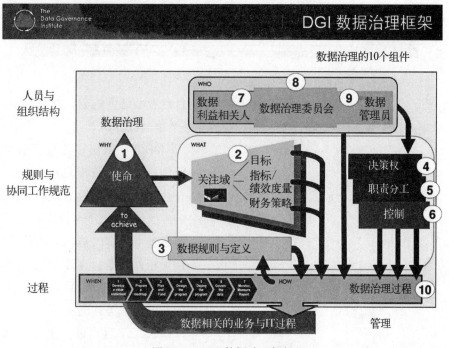

图1-9 DGI数据治理框架

(4)IBM数据治理委员会的理论成果 IBM数据治理委员会结合数据的特性,针对性地提出了数据治理的成熟度模型。在构建数据治理统一框架方面,提出了数据治理的要素模型(见图1-10),并认为业务目标或成果是数据治理的最关键命题。在要素模型中,有三个促成因素会影响业务目标实现,即组织结构和认知度、政策和数据相关责任者;在促成因素之外,必须重点关注数据治理的核心要素和支撑要素,具体包括数据质量管理、信息生命周期管理、信息安全和隐私、数据架构、分类和元数据,以及审计、日志和报告。

(5)ISACA的理论成果 COBIT是ISACA制订的面向过程的信息系统审计和评价

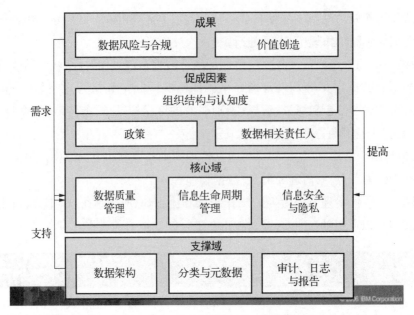

图 1-10   IBM 数据治理要素模型

标准,是国际公认的权威信息技术管理和控制框架,目前版本已更新至 5.0。COBIT 5 是一个基于原则的自上而下的框架,它对治理和管理作了严格的区分。

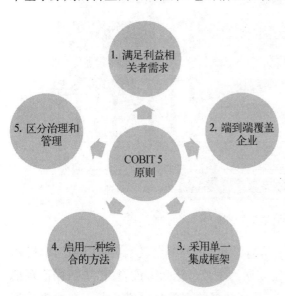

图 1-11   COBIT 5 数据治理基本原则

COBIT 5 提出了数据治理的五项基本原则:满足利益相关者需求、端到端覆盖企业、采用单一集成框架、启用一种综合的方法、区分治理与管理,如图 1-11 所示。在基本原则的基础上,COBIT 5 详细阐述了相关数据治理理论,包括数据治理的利益相关者、促成因素、范围、治理和管理的关键领域等。

COBIT 5 提出的数据治理理论是一种原则驱动的方法论,通过五项基本原则推演出数据治理的完整体系,使企业能够建立一个有效的治理与管理框架。

(6) Gartner 的理论成果   Gartner 提出了一个数据管理参考架构,描述了数据管理的所有构成要素及要素间的层级关系,数据治理和信息管理仅是该架构的组成部分,如图 1-12 所示。同时,Gartner 还建立了一个数据治理与信息管理的要素模型来描述支撑数据治理方案的基本要素,该模型包含四个部分:规范、规划、构建和运行,它适用于实施数据治理计划的任何组织,如图 1-13 所示。

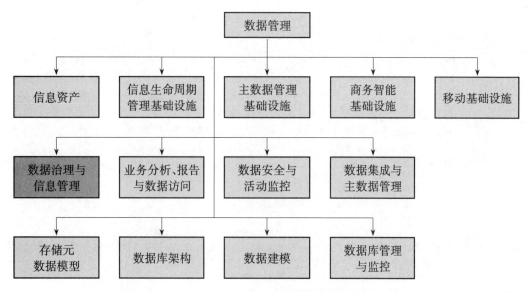

图 1-12 Gartner 数据管理参考架构

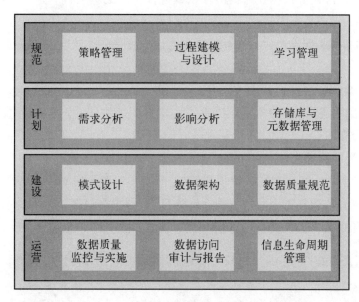

图 1-13 Gartner 数据治理和信息管理要素模型

2) 理论研究综述

综合国际数据治理的主要理论成果,主要在两个方面取得了突破:一是数据治理的范围(或关键域);二是数据治理的原则和促成因素。在数据治理理论的不断创新和发展过程中,各研究机构始终致力于从治理范围、原则和促成因素两个方面,构建一个独立的、系统的数据治理理论框架。

下面对 ISO38500、DAMA、DGI 和 IBM 数据治理委员会在数据治理理论方面的贡献做一个总结,具体见表 1-6。

表 1-6 数据治理的主要理论成果

	数据治理关键域	数据治理原则和促成因素
ISO 38500	"评估→指导→监督"的循环模型	治理原则：职责、战略、获取、绩效、合规、人员行为
DAMA	数据治理、数据架构管理、数据开发、数据操作管理、数据安全管理、参照数据与主数据管理、数据仓库和商务智能管理、文档和内容管理、元数据管理、数据质量管理	目标和原则、活动、基本交付物、职责、技术、资产、组织和文化、技术
DGI	愿景和使命、目标、数据原则和定义、决策权、职责、控制、数据利益相关者、数据治理委员会、数据管理者	
IBM	业务目标及业务输出、数据治理的促成因素、核心要素、支持要素	促成因素：组织结构和认知度、政策、数据利益相关者

虽然众多的国际研究机构在数据治理领域进行了广泛研究和探索，也贡献了大量卓有成效的研究成果，但成果之间却存在一定的差异和矛盾。因此，将现有成果进行研究整合，形成相对统一的原则、促成因素、关键域和框架，已成为当前比较迫切的任务。

1.2.1.2 数据治理实施方法

从事数据治理实践的机构和企业提出了大量的实施方法，特别是 DGI、IBM 数据治理委员会、ISACA 和 Gartner 在数据治理实施方面都提出了一些卓有成效的方法。

1) 代表性的实施方法

（1）DGI 的实施方法　DGI 依据项目管理理论，提出了数据治理的路线图，指出数据治理实施的生命周期应包括七个阶段：建立价值目标、制定路线图、规划并提供资金、设计方案、部署方案、治理数据以及监督、测量和报告，具体如图 1-14 所示。

图 1-14　DGI 数据治理实施生命周期

（2）IBM 数据治理委员会的实施方法　不少国际组织和企业都建立了实施数据治理项目的基本流程，但这些流程不尽相同且各有利弊。在现有流程的基础上，IBM 数据治理委员会提出了数据治理实施统一流程（见图 1-15），给出了支持该流程的 IBM 软件工具和最佳实践，获得了业界的广泛认可。

IBM 数据治理实施统一流程由 14 个主要步骤组成，包括十个必要步骤和四个可选步骤。十个必要步骤具体包括：定义业务范围、获得高层管理者支持、开展成熟度评估、建立实施路线图、建立组织蓝图、建立数据字典、理解数据、建立元数据库、定义测量标准、测量结果。另外

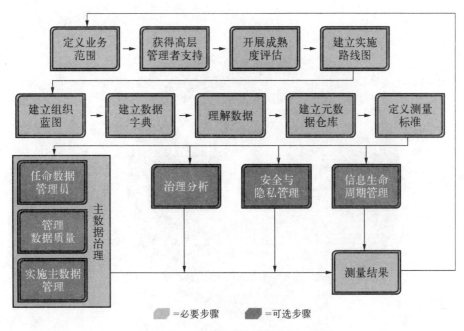

图1-15 IBM数据治理实施统一流程

四个步骤是可选的,企业可结合自身情况决定是否采用,具体包括:主数据治理(任命数据管理员、管理数据质量、实施主数据管理)、治理分析、安全和隐私管理、信息生命周期管理。

(3) ISACA 的实施方法 在 ISACA 制定的 COBIT 5 框架中,提出了 IT 治理的实施生命周期,它为企业提供了一种使用 COBIT 解决治理实施过程中遇到的复杂问题的方法,具体如图1-16所示。由于 COBIT 5 将数据治理纳入体系框架中,所以该实施生命周期同样也适用于数据治理。

COBIT 实施生命周期由三个彼此关联的部分组成:

① 全生命周期的持续改进(内环):这是一个持续性的过程,不是一次性的项目。

② 变更启用(中环):解决行为和文化方面的问题。

③ 方案管理(外环):包含每阶段的具体实施内容。

COBIT 实施生命周期被划分为七个阶段。随着时间的推移,当企业为 IT 治理和管理建立一种可持续的方法时,应遵循持续改进的生命周期循环。

第一阶段:认识到实施或改进计划的必要性,确定难点和触发点,在执行管理层形成治理的需求。

第二阶段:通过使用 COBIT 框架中企业目标与 IT 相关目标、流程之间的映射关系,确定实施或改进计划的范围,并对当前状态进行评估,通过能力评估识别问题与不足。

第三阶段:设置改进目标,在 COBIT 框架指导下,通过更详细的分析找出差距和潜在解决方案。有些方案可能见效迅速,而有些方案可能更具挑战性且实施周期更长,应优先考虑更易实现和可能产生更大效益的方案。

第四阶段:用合理的业务案例来支撑治理项目,规划切实可行的解决方案,并制定一个

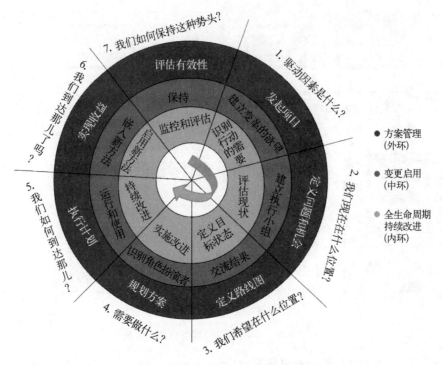

图1-16 COBIT实施生命周期的七个阶段

实施改进计划。一个完善的业务案例有助于确保项目的效益和监控。

第五阶段：实施解决方案。定义测量标准并进行监控，采用COBIT框架给出的性能和指标，确保业务的一致性，以及性能指标被准确测量。

第六阶段：侧重于新的或改进的促成因素的可持续运营，以及对预期效益进行监测。

第七阶段：评估方案的整体实施情况，确定治理或管理的进一步需求，使持续改进的需求得到加强。

（4）Gartner的实施方法 Gartner认为数据治理是IT治理的一部分，同时也属于公司治理范畴。企业应该建立一个数据治理的规范流程，例如：治理的实施由董事会发起，传达到高层管理者，再到首席信息官和数据相关责任人。

Gartner认为数据治理的实施过程包括四个阶段：规范、计划、建设和运营，每个阶段的具体工作内容见表1-7。

表1-7 Gartner数据治理实施阶段

实施阶段	主要工作内容
规　范	策略管理、过程建模和设计、学习管理
计　划	需求分析、影响分析、数据库和元数据管理
建　设	模式设计、数据架构、数据质量规范
运　营	数据质量监控、数据访问审计和报告、信息生命周期管理

2）数据治理实施方法综述

通过对现有数据治理实施方法的综合分析,该领域主要有以下两个特点:

(1) 数据治理实施必须注重项目管理,从而指导治理项目顺利实施,这也凸显了实施工作的重要性。DGI、IBM、Gartner 和 ISACA 的实施方法存在一定的差异,例如:DGI 把实施划分为七个阶段,IBM 分为 14 个步骤,Gartner 分为四个阶段,ISACA 虽然也把实施划分为七个阶段,但是每个阶段与 DGI 的划分又有所不同,见表 1-8。虽然它们的实施方法有所不同,但是都基本遵循了项目管理的生命周期。

表 1-8 数据治理实施方法比较

	数据治理实施方法
DGI	实施生命周期的七个阶段:建立数据治理的价值目标、设计路线图、制定计划、设计方案、实施方案、治理数据、监控与评估
IBM	实施统一流程由 14 个主要步骤组成,包括十个必要步骤和四个可选步骤
ISACA	实施生命周期的七个阶段:评估有效性、发起项目、定义问题和机会、定义路线图、规划方案、执行计划、实施收益
Gartner	实施生命周期的四个阶段:规范、计划、建设、运营

(2) 基本形成了一致的数据治理逻辑。数据治理应该以目标、准则为导向,在明确的目标和准则下,先考虑重要的关键域和促成因素,再考虑影响促成因素和关键域的流程和活动,最终形成一个从活动和流程到关键域和促成要素再到目标战略的,从底层到高层的业务逻辑,如图 1-17 所示。

图 1-17 数据治理的业务导向

1.2.1.3 数据治理应用

当企业推出数据治理实施计划时,需要考虑哪些方法或技术能帮助实现落地,这些方法和技术又需要哪些工具来支持。基本上可从以下十个方面来考虑提供工具支持:

(1) 原则和政策管理。

(2) 业务规则和标准管理。

(3) 组织管理。

(4) 审计工作流程。

(5) 数据字典。

(6) 企业内部搜索。

（7）文档资料管理。

（8）绩效指标的数据采集、集成和演示。

（9）与其他工作流程的接口。

（10）培训和协作设施。

随着数据治理重视程度的不断提升，企业对数据治理辅助工具的需求也在逐步上升。目前，一些国际IT厂商已经针对面向业务计划的数据治理实施提供工具和产品支持，这些厂商主要有 Adaptive、ASG Software、Collibra、Global IDs、IBM、Informatica、Information Builders、SAP、SAS 和 Trillium Software 等。

根据 Forrester 研究公司给出的定义，数据管理工具提供支持管理任务和数据管理工作流程的能力，支持创建数据政策，管理工作流程，提供政策合规性及数据使用监测。

随着数据治理技术和工具的不断完善，现有数据治理工具主要分为以下六类：数据治理平台、数据管理平台、商务智能平台、数据建模工具、元数据资源库管理工具和数据质量管理工具，具体见表1-9。

表1-9 数据治理工具分类

分　类	软件供应商
数据治理平台	Collibra and Global IDs
数据管理平台	IBM, Informatica, and SAP
商务智能平台	Information Builders and SAS
数据建模工具	Embarcadero ER Studio
元数据资源库管理工具	Adaptive and ASG Software
数据质量管理工具	Trillium Software

在这些厂商中，没有一家能够提供完整的数据治理和管理解决方案，但是每家厂商都致力于从不同的角度来实施数据治理。希望在不久的将来，能够看到数据管理工具的不断完善，厂商可以提供覆盖数据治理和管理的、相互协作的完整技术解决方案。

1.2.2　中国数据治理进展

随着中国政府和企业对数据治理重视程度的不断提升，中国的数据治理实践和理论得到了快速发展。本节将从实践和理论两个视角对中国数据治理的发展现状进行分析和总结。

1.2.2.1　数据治理实践

中国数据治理实践开始于2003～2004年，2008年之后进入快速发展期，至今已覆盖通信、银行、能源(如电网、石油石化、矿业)和互联网等主干行业。本节以这些典型行业为例，概述中国数据治理的发展动因、工作重点、范围、工具，以及特色和不足。

1) 数据治理行业实践

(1) 通信行业 通信行业的数据治理实践起步最早，伴随 2003～2004 年面向市场和客户的数据分析商务智能(Business Intelligence, BI)和数据仓库建设，有关元数据和数据质量管理的探索逐渐出现在供应商的技术解决方案中。随着 BI 和数据仓库的建设和上线，数据质量问题逐步显现甚至爆发，所以企业开始部署元数据和数据质量的软件应用，期望建立数据标准，提升数据质量。

由于通信行业数据治理需求集中在数据仓库，所以治理工作的重点也与数据仓库高度相关，主要包括面向数据仓库的企业级数据模型、元数据管理和数据质量管理(主要是面向指标数据和接口数据的监控)等。虽然通信企业在数据治理相关的制度和流程建设方面有一定投入，但对组织建设的重视程度明显不足。

在实施范围方面，通信企业的数据治理工作主要由数据仓库的 IT 主管部门和相关业务部门参与(如市场部)，一定程度上延伸至 BOSS 系统(业务运营支撑系统，Business & Operation Support System)的主管部门，未形成企业级的数据治理组织。根据数据仓库"集团/省公司"两级部署的特点，数据治理组织结构也覆盖集团/省公司两级数据仓库 IT 部门。在数据范围方面，通信行业的业务域、运营域和管理域分离，数据治理目前主要覆盖业务域数据(如客户、CDR、产品和市场等)，暂未覆盖管理域(如 ERP、MIS)和运营域(如网络管理系统)的相关数据。

在治理工具方面，主要采用中国软件开发商或系统集成商开发的元数据管理、数据质量管理等软件产品。因为功能适用性及本地化支持方面存在一定不足，所以国外数据治理软件在通信企业应用较少。

(2) 银行业 目前，银行业的数据治理实践在国内处于领先水平，其动因主要是外部监管和审计对数据治理的刚性需求，如 Basel Ⅱ、Basel Ⅲ 协议对数据完整性的相关要求。此外，银行内部经营和绩效管理对数据仓库、数据分析的需求也提升了银行业对数据治理的重视程度。

银行业的数据治理体系较为完整，一般有企业级的数据治理委员会、数据治理办公室，以及配套的治理制度、流程，组织建设与信息化融合较好。在专项数据管理能力方面，银行业对数据仓库及其相关企业数据模型、数据标准、数据质量和数据安全等进行配套建设，形成较为完整的数据治理实践。同时，银行业将数据应用需求和数据治理工作相结合，由专门部门负责采集、汇总、分析数据应用需求，并统一推进治理制度的落实，以应用带动管理，以管理保障应用，将数据治理的基础工作与数据分析的亮点工作结合起来，在更大程度上体现业务价值、调动各方参与的积极性。

在组织范围方面，银行的数据治理工作通常覆盖各业务职能部门，由银行 IT 战略委员会统一领导，由业务部门和 IT 部门联合归口管理，在相关业务部门设置数据管理员角色。

由于银行实现了数据大集中，数据治理从总行层面推行实施。在数据范围方面，银行业实施了企业级的数据治理，数据范围覆盖业务系统和数据仓库。

在治理工具方面，数据治理软件工具多采用中国软件厂商或系统集成商开发的数据标准管理、元数据管理、数据质量管理等相关软件产品。

（3）能源行业　能源行业是固定资产和生产设备密集型企业，其数据治理的主要动因来源于对固定资产和设备数据的有效管理，也来源于 ERP、CRM 等核心业务系统建设，以及企业应用集成建设带来的数据标准化需求。另外，主数据管理、BI 和数据仓库建设也要求数据质量不断提升，这都对数据治理提出了需求。

能源行业大型企业的数据治理体系大多经过咨询公司总体规划和设计，建设较为完整，通常设有企业级数据治理领导小组，建有配套的制度和流程，并与信息化管理组织和制度较好融合。在专项数据管理能力建设方面，结合企业架构建设配套的数据架构、数据仓库、主数据、数据标准、元数据、数据质量的管理体系。

在组织范围方面，能源企业建立企业级的数据治理体系，由信息化领导小组统一领导，下设数据管理领导小组，并由 IT 部门与业务部门联合归口管理，多从集团总部业务部门层面推行实施，对分/子公司覆盖程度有限。在数据范围方面，覆盖企业级的经营管理数据，包括客户、供应商、销售、物资等 ERP 数据和数据仓库数据，对生产数据的覆盖程度较低。

在治理工具方面，多为中国厂商自行开发的数据资源管理平台（含数据标准、数据质量和元数据管理等功能），主数据管理部分采用国际厂商产品。

（4）互联网行业　互联网对数据治理的主要动因是客户洞察，基于数据的业务创新，再就是合规和隐私保护。对互联网企业来说，出于成本和创新业务的需要，数据治理的目标就是满足底线要求，如安全合规和隐私保护。治理的范围和程度基本由各业务产品线自己决定，几乎没有整体的自顶向下的有规划的治理体系和策略。

2）数据治理实践综述

中国的数据治理实践既有自己的特色，也存在一些不足。

（1）中国数据治理实践的特色可从以下三个层面来总结：

① 从机制层面来看，在按系统、按业务条线的集团总部/分子公司的组织体系中，数据治理的纵向推动力和执行力较强，效果也较好。

② 从管理对象层面来看，中国企业非常强调指标管理和数据标准建设（如数据元素和参考数据），行业数据标准制定广泛（如金融、电子政务、公安和税务）。但在国外数据治理体系中，数据标准管理和指标管理却未放在如此突出的位置，而是分别归入主数据管理和业务元数据管理。

③ 从技术平台层面来看，中国数据治理实践将主数据、数据标准、数据质量、元数据等几大功能统一纳入数据资源管理平台，并进行定制化开发，实现一站式数据管理，用户体验较好。但由于多为软件厂商按项目方式定制开发，产品化程度不高、客户投资有一定程度的重复。

（2）中国数据治理实践的不足主要体现在以下两个方面：

① 方法论层面,跨业务、跨部门、跨系统的横向协同机制不顺畅,导致治理效果欠佳,并且在数据治理体系的中层和基层缺乏可操作的治理方法和标准。

② 技术平台层面,Identity Resolution、Standardization、Matching、Merging、Semantic 等主数据管理和数据质量管理平台的应用效果不佳,国外产品不能兼容中文数据,而我国目前还没有比较成熟的产品。

1.2.2.2　数据治理理论

虽然中国的数据治理研究起步较晚,但近年来也做了很多有意义的探索。下面从三个方面来总结中国数据治理的理论研究工作。

(1) 在信息技术服务治理(即 IT 治理)的研究和国家标准制定过程中,明确提出了 IT 治理原则、IT 治理域和 IT 治理方法。其中,原则表明了 IT 治理遵循的基本要求,治理域界定了 IT 治理的对象和范围,治理方法阐明了 IT 治理的机制和方法论。因为数据治理被认为是 IT 治理的一部分,所以 IT 治理的相关理论同样适用于数据治理。

(2) 在数据治理理论体系的研究过程中,明确提出了理论体系由三个部分组成,即数据治理原则、数据治理范围和数据治理实施方法(见图 1-18),提出了原则驱动、关注范围、按方法论实施的核心思想,并在国际上取得了广泛共识。其中,原则是指治理应遵守的基本准则和要求,范围界定了治理应该重点关注的领域,实施方法涵盖了实现治理的基本方法论。

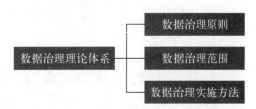

图 1-18　数据治理理论体系的基本构成

(3) 在数据治理实施方面,明确提出了实施的三个核心领域:数据治理实施生命周期、数据治理成熟度评估和数据治理审计。其中,实施生命周期从实施流程角度展示了开展治理工作的基本步骤;成熟度评估包括评估的范围、方法和模型,可以帮助企业理解当前的治理水平,识别治理的改进路径;审计是指在治理过程中需要制定一系列策略、流程、制度和考核指标体系,来监督、检查、协调治理活动的目标,从而优化、保护和利用数据。

总之,在综合国际数据治理研究成果的基础上,中国提出了一个较为科学、完整的数据治理理论体系和框架,为数据治理理论的进一步展开和深入奠定了坚实的基础。

1.2.3　大数据治理——数据治理的新趋势

大数据时代的到来为各行各业带来的不仅是大数据技术和设施的需求,更重要的是带来了基于数据资产进行业务创新、管理创新和服务创新的契机。在大数据环境与传统 IT 环境相互融合的大趋势下,数据治理的体系、方法和标准都将发生深刻的变化,大数据治理已经成为数据治理未来发展的新趋势、新方向和新阶段。

(1) "数据即服务(Data as a Service, DaaS)"的理念在大数据治理的研究和实践过程中将得到进一步强化和深化。今后越来越多的企业将通过传递有价值的数据来为他人提供服务,数据作为一种服务而存在。

(2) 作为一个新兴领域,大数据治理拥有广阔的应用前景。大数据治理通过协调多个职能部门的目标来制定与大数据优化、隐私和货币化相关的政策。货币化是将数据资产(如大数据)出售给第三方或使用它来开发新服务从而产生经济效益的过程。除非从外部购买,否则传统的会计准则不允许企业将数据作为一种金融资产列入资产负债表。然而,目前越来越多的企业正摒弃这种保守的会计处理方式,把大数据视为有财务价值的宝贵资产,把大数据治理视为推动大数据服务创新和价值创造的新动力。

(3) 数据治理是大数据治理基础,大数据治理是数据治理发展的一个新阶段。大数据本质上也是数据,是数据存在和发展的一个新阶段,所以大数据治理本质上也是数据治理,数据治理是大数据治理的基础。但是,数据治理和大数据治理的关注点不同。前者提供数据管理和应用框架、策略和方法,目的是保证数据的准确性、一致性和可访问性。后者强调发挥数据的应用价值,通过优化和提升数据的架构、质量和安全,推动数据的服务创新和价值创造。

(4) 大数据治理已经引起业界的广泛关注。虽然各机构在数据治理研究上有不同的侧重点,观点和理论也不尽相同,但大家一致认为大数据治理非常重要,是数据治理发展的必然趋势。

1.3　大数据治理的重要作用

如果说 IT 是 21 世纪企业成长和业务创新的引擎,那么大数据就是点燃这一引擎的汽油。在大数据时代,毋庸置疑数据已成为企业所拥有的最宝贵财富之一,企业必须从庞大而宝贵的数据资产中挖掘商业价值。

然而,目前企业的大数据管理水平总体上比较低下,普遍存在着"重采集轻管理、重规模轻质量、重利用轻安全"的现象,企业在大数据的数据质量、安全合规、隐私保护等方面面临着越来越严峻的挑战。

一个企业在数据管理方面出现了问题,究其根源是由于在更高的数据治理层面出现了混乱或缺失。大数据管理的业务流程往往因为缺少完善的大数据治理计划、一致的大数据治理规范、统一的大数据治理过程,以及跨部门的协同合作而变得重复和紊乱,进而导致安全风险的提升和数据质量的下降。因此,企业决策层必须制定一个基于价值的大数据治理计划,确保董事会和管理层可以方便、安全、快速、可靠地利用大数据进行决策支持和业务运营。

大数据治理对于确保大数据的优化、共享和安全是至关重要的。有效的大数据治理计划可通过改进决策、缩减成本、降低风险和提高安全合规等方式,将价值回馈于业务,并最终体现为增加收入和利润。下面将大数据治理的重要作用概括为四点:

(1) 有效的大数据治理能够促进大数据服务创新和价值创造。大数据的核心价值在于能够持续不断地开发出创新的大数据服务,进而为企业、组织、政府和国家创造商业和社会价值。大数据治理能够通过优化和提升大数据的架构、质量、标准、安全等技术指标,显著推动大数据的服务创新,从而创造出更多更广泛的价值。因此,促进大数据的服务创新和价值创造是大数据治理的最重要作用,是大数据治理与数据治理的最显著区别,也是大数据治理的最终目标。

(2)科学的大数据治理框架有助于提升组织的大数据管理和决策水平。大数据治理的策略、过程、组织结构、职责分工等组件构建起大数据治理框架。它可以帮助企业在大数据治理业务规范内更有效地管理大数据。例如,为分散于各业务部门的数据提供一致的定义、建立大数据管理制度,以及监管大数据质量等。它也有助于协调不同业务部门的目标和利益,并跨越产品和业务部门提供更为广泛、深入和可信的数据,从而产生与业务目标相一致、更有洞察力、前瞻性和更为高效的决策。

(3)有效的大数据治理能够产生高质量的数据,增强数据可信度,降低成本。大数据治理要求建立大数据相关的规则、标准和过程以满足组织的业务职能,大数据治理活动必须在遵循以上规则、标准和过程的基础上加以严格执行。有效的大数据治理可以产生高质量的数据,增强数据可信度;同时,随着冗余数据的不断减少,数据质量的不断提升,以及业务部门间标准的推广,组织的数据相关费用也会不断降低。

(4)有效的大数据治理有助于提高合规监管和安全控制,并降低风险。合规监管和安全控制是大数据治理的核心领域,关系到隐私保护、存取管理、安全控制,以及规范、标准或内部规定的遵守和执行。如今的组织对数据通常是富有侵略性的,为了开展业务,通常会在一些关键领域搜集、分析和使用各种有关用户、产品、业务环境等方面的信息,但是许多组织由于缺乏正确的大数据治理策略、不能正确使用数据,而导致违反法律规范或丢失隐私数据。因此,大数据治理必须坚持以下三个原则:第一,大数据治理必须在业务的法律框架内进行;第二,大数据治理政策和规则的制定应与政府和行业相关标准相一致;第三,在主要业务和跨业务职能间应用一致的数据标准,为合规监管创造了一个统一的处理和分析环境。大数据治理工作需要整个组织的合作,通过有效的治理可以显著降低因不遵守法规、规范和标准所带来的安全风险。

◇ 参 ◇ 考 ◇ 文 ◇ 献 ◇

[1] DAMA International. The DAMA Guide to the Data Management Body of Knowledge 1st Edition [M]. USA:Technics Publications,2009.

［ 2 ］　DAMA国际. DAMA 数据知识管理知识体系指南［M］. 马欢, 刘晨, 译. 北京：清华大学出版社, 2012.

［ 3 ］　百度百科. 知识［EB/OL］. http：//baike. baidu. com/subview/8497/10777943. htm? fr=aladdin.

［ 4 ］　Dan Vesset, Ashish Nadkarni, et al. World Wide Big Data Technology and Services 2012 - 2016 Forecast ［R］. International Data Corporation, 2012.

［ 5 ］　周宝曜, 刘伟, 范承工. 大数据：战略技术实践［M］. 北京：电子工业出版社, 2013.

［ 6 ］　Gantzj Reinseld. Extracting value from chaos ［R］. Framingham：International Data Corporation, 2011.

［ 7 ］　李国杰. 大数据研究：未来科技及经济社会发展的重大战略领域——大数据的研究现状和科学思考［J］. 战略与决策研究, 2012, 27(6)：647 - 657.

［ 8 ］　赵国栋, 易欢欢, 糜万军, 等. 大数据时代的历史机遇——产业革命与数据科学［M］. 北京：清华大学出版社, 2013.

［ 9 ］　Steve Lohr. The Age of Big Data［N］. New York Times, 2012 - 02 - 11.

［10］　维克托·迈尔·舍恩伯格著. 大数据时代——生活、工作与思维的大变革［M］. 盛杨燕, 周涛译. 杭州：浙江人民出版社, 2012.

［11］　阿尔夫·托夫勒. 第三次浪潮［M］. 黄明坚译. 北京：中信出版社, 2006.

［12］　卞友江. "大数据"概念考辨［J］. 新闻研究导刊, 2013(5)：25 - 28.

［13］　James Manyika, Michael Chui, et al. Big Data：The Next Frontier for Innovation, Competition and Productivity ［R］. The McKinsey Global Institute, 2011.

［14］　Wikipedia. Big Data［EB/OL］. http：//en. wikipedia. org/wiki/Big_data.

［15］　Gartner Group. Big data［EB/OL］. http：//www. gartner. com/it-glossary/big-data.

［16］　Hamish Barwick. The "four Vs" of big data. Implementing information infrastructure symposium ［EB/QL］. http：//www. computerworld. com. au/article/39 - 6198/iiis_four_vs_big_data.

［17］　陈明. 大数据问题［J］. 计算机教育, 2013(5)：103 - 110.

［18］　丁圣勇, 樊勇兵, 闵世武. 解惑大数据［M］. 北京：人民邮电出版社, 2013.

［19］　百度百科. 半结构化数据［EB/OL］. http：//baike. baidu. com/view/888365. htm? fr=wordsearch.

［20］　百度百科. 非结构化数据［EB/OL］. http：//baike. baidu. com/view/2119114. htm? fr=wordsearch.

［21］　ISACA. COBIT 5：A Business Framework for the Governance and Management of Enterprise IT ［S］. 2012.

［22］　ISACA. COBIT 5：Enabling information［S］. 2013.

［23］　Data Governance Institute. The DGI Data Governance Framework ［R］. 2009.

［24］　IBM Corporation. IBM Data Governance Council Maturity Model：Building a Roadmap for Effective Data Governance ［R］. 2007.

［25］　Boris Otto. Data Governance ［J］. Business & Information Systems Engineering, 2011.

［26］　Burton Group. Foundations for Data Governance ［R］. 2007.

［27］　Sunil Soares. The IBM Data Governance Unified Process：Driving Business Value with IBM Software and Best Practices ［M］. USA：MC Press, 2010.

［28］　Sunil Soares. Big Data Governance：an Emerging Imperative［M］. USA：MC Press Online, 2012.

［29］　ISO. ISO 38500：Governance of IT—for the Organization［S］. 2013.

第 2 章

大数据治理框架

本章提出了大数据治理框架,该框架从全局视角介绍了大数据治理的主要内容,从三个维度展示了大数据治理的原则、范围、实施与评估。组织通过大数据治理框架可以了解大数据治理的全貌,并对大数据治理工作提供指导。

2.1 框架概述

大数据治理框架从全局视角描述了大数据治理的主要内容,从原则、范围、实施与评估三个维度展现了大数据治理的全貌,如图 2-1 所示。

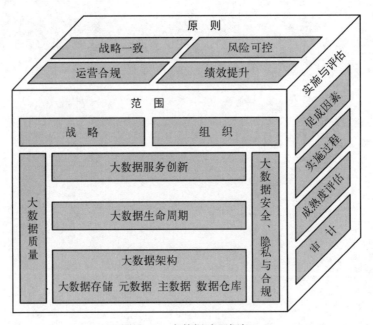

图 2-1 大数据治理框架

原则维度给出了大数据治理工作所遵循的、首要的、基本的指导性法则,即战略一致、风险可控、运营合规和绩效提升,如图 2-1 的顶面。

范围维度描述了大数据治理的关键域,即大数据治理决策层应该在哪些关键领域内做出决策,如图 2-1 的正面。该维度共包含七个关键域:战略、组织、大数据质量、大数据安全、隐私与合规、大数据服务创新、大数据生命周期和大数据架构。这七个关键域就是大数据治理的主要决策领域。

实施与评估维度描述了大数据治理实施和评估过程中需要重点关注的关键内容,如

图2-1的侧面。该维度共包含四个部分：促成因素、实施过程、成熟度评估和审计。

组织可根据原则维度中的四个指导原则，对范围维度中的七个关键域，按照实施与评估维度中的方法论，持续稳步推进大数据治理工作。

2.2　大数据治理的原则

大数据治理原则是指大数据治理所遵循的、首要的、基本的指导性法则。大数据治理原则对大数据治理实践起指导作用，只有将原则融入实践过程中，才能实现大数据治理的战略和目标。本节提出的四项基本原则（见图2-2）借鉴了国家标准《信息技术服务治理第1部分：通用要求》，组织可结合自身特点在这些原则的基础上进行深化和细化。

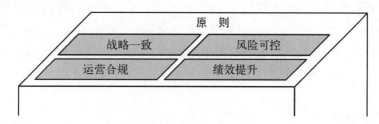

图2-2　大数据治理的原则（框架图的顶面）

2.2.1　战略一致

在大数据治理的过程中，大数据战略应与组织的整体战略保持一致，满足组织持续发展的需要。大数据治理可以使组织深刻理解大数据的重要价值，并根据业务需求持续改进大数据质量，提高大数据利用率，为业务创新和战略决策提供有力的支持，最终实现服务创新和创造价值。

为了保证大数据治理的战略一致性，组织领导者应：

（1）制定大数据治理的目标、策略和方针，使大数据治理不仅能应对大数据的机会和挑战，也能满足组织的战略目标。

（2）了解大数据治理的整个过程，确保大数据治理达到预期的目标。

（3）评估大数据治理过程，确保大数据治理目标在不断变化的环境下与组织的战略目标保持一致。

2.2.2　风险可控

大数据既是组织的价值来源，也是风险来源。有效的大数据治理有助于避免决策失败和经济损失,有助于降低合规风险。在大数据治理过程中,组织应该有计划地开展风险评估工作,重点关注安全和隐私问题,防止未授权或不恰当地使用数据。

为实现风险可控,在大数据治理过程中组织应:

(1)制定风险相关的策略和政策,将风险控制在可承受范围内。

(2)监控和管理关键风险,降低其对组织的影响。

(3)通过风险管理制度和政策来审查应用大数据所产生的风险。

2.2.3 运营合规

在大数据治理过程中,组织应符合国内外法律法规和行业相关规范。通过运营合规,组织可有效提升自身信誉,增强在不同监管环境下的生存能力和竞争力。

为满足运营合规要求,在大数据治理过程中组织应:

(1)建立长效机制来了解大数据相关的监管要求,并制定沟通政策,将合规性要求传达到所有相关人员。

(2)通过评估、审计等方式,对大数据生命周期进行环境、隐私等内容的合规性监控。

(3)将合规性评估融入大数据治理过程中,以保证符合法律法规的要求。

2.2.4 绩效提升

大数据治理需要有相应的资源来支持创建规则、解决冲突和大数据保护,从而为战略和业务提供高质量的大数据服务。组织要考虑合理运用有限的资源,满足当前和未来组织对大数据应用的要求。

为实现绩效提升,在大数据治理过程中组织应:

(1)按照业务优先级分配资源,以保证大数据满足组织战略的需要。

(2)实时了解大数据对业务的支持程度,并根据组织发展的要求及时调整资源分配,使大数据应用满足业务的需要。

(3)评估大数据治理的过程和结果,保证大数据治理活动实现组织的绩效目标。

2.3 大数据治理的范围

大数据治理范围描述了大数据治理的重点关注领域(关键域或范围),即大数据治理决策层应该在哪些关键领域内做出决策。大数据治理范围共包括七个关键域:战略、组织、大数据质量、大数据安全、隐私与合规、大数据服务创新、大数据生命周期和大数据架构,如图2-3所示。

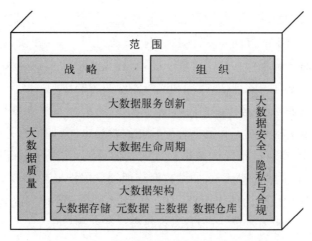

图 2-3 大数据治理的范围(框架图的正面)

2.3.1 大数据治理的活动与范围

大数据治理范围中的七个关键域既是大数据管理活动的实施领域,也是大数据治理的重点关注领域。大数据治理对这七个关键域内的管理活动进行评估、指导和监督,确保管理活动满足治理的要求,如图 2-4 所示。因此,大数据治理与大数据管理拥有相同的范围。

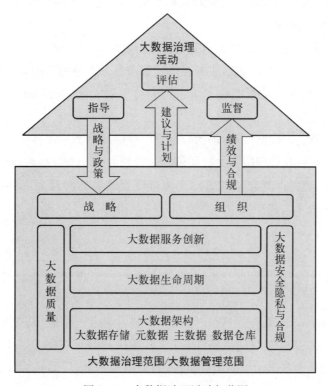

图 2-4 大数据治理活动与范围

从活动的角度看,大数据治理是对大数据管理进行评估、指导和监督的活动,大数据管理是按照大数据治理设定的方向和目标对大数据资源进行计划、建设、运营和监控的活动。大数据治理指导如何正确履行大数据管理职能,它在更高层次上执行大数据管理政策。大数据治理通过对大数据管理的评估、指导和监督实现两者的协同一致。

大数据治理是评估大数据利益相关者的需求,以达成一致的大数据资源管理目标,通过优先级排序和决策机制来设定大数据管理职能的发展方向,如根据组织的战略需求评估大数据战略;大数据治理通过指导大数据管理的具体计划,按照所分配的职责、资源、合规要求、标准等来推动大数据管理活动,如大数据治理领导层指导和审核大数据架构、标准和安全等;大数据治理根据治理的方向和目标监督大数据资源管理的绩效与合规,如监督大数据的资产变现能力和使用效率,监督其是否符合法律法规要求。

2.3.2 战略

在大数据时代,大数据战略在组织战略规划中的比重和重要程度日益增加,大数据为组织战略转型带来机遇的同时也面临很多挑战。在制定大数据战略时,组织必须以大数据的服务创新和价值创造为最终目标,根据业务模式、组织架构、文化、信息化程度等因素进行战略规划。

大数据环境下,大数据战略的定义和规划与传统的数据战略存在着一定的差异。大数据战略的治理活动主要包括:

(1)培养大数据的战略思维和价值驱动文化。

(2)评估大数据治理能力,包括业务战略是否考虑了大数据当前和未来的能力要求,从资源、技术支持等方面评估是否能够支撑组织成功实现大数据战略转型;评估大数据专家和团队的能力和价值。

(3)指导组织制定大数据战略,确保与组织的整体战略和总体目标相一致。

(4)监督大数据资源管理层和执行层落实大数据战略。大数据治理管理层应监督大数据战略的执行情况,确保配置合适的资源来完成既定的目标和计划,同时监督业务战略中是否考虑了当前和未来大数据发展的趋势和方向,监督大数据战略实施计划是否能满足业务需求。

2.3.3 组织

在大数据环境下,战略通过授权、决策权和控制影响组织架构,其中控制是通过组织架构设计来督促员工去完成组织的战略和目标,而授权和决策权则直接影响组织架构的形式。组织应建立明确大数据治理的组织架构,明确相关职责,以落实大数据战略,提高组织的协同性。

大数据治理组织的设立应该因组织情况的不同而不同,主要包括如下治理活动:

(1) 根据组织的业务情况,建立大数据组织的职责分配模型(RACI),即谁负责、谁批准、咨询谁和通知谁,明确大数据的组织架构、相关职责及角色。

(2) 扩展传统数据治理章程的范围,明确大数据治理的相关职责和角色。

(3) 扩展传统数据治理委员会的成员角色和职责,将大数据利益相关者和大数据专家纳入进来。

(4) 扩展 IT 治理及传统数据治理的角色,增加大数据治理的职责和角色[1]。

2.3.4　大数据质量

大数据质量管理是组织变革管理中的一项关键支撑流程。大数据时代,在业务重点发生变化、整体战略进行调整的同时,也对大数据质量的治理能力提出了更高要求。

大数据质量管理是一个持续的动态过程,它为满足业务需求的大数据质量标准制定规格参数,并确保大数据质量能够遵守这些标准。大数据质量管理与传统数据质量管理不同,传统的数据质量管理重在风险控制,主要是根据已定义的数据质量标准进行数据标准化、数据清洗和数据整合;由于数据来源、处理频率、数据多样性、置信度、分析位置、数据清洗时间上存在着诸多差异,所以大数据质量管理更加注重数据清洗后的整合、分析和价值利用。

大数据质量管理包括大数据质量分析、问题跟踪和合规性监控。大数据质量问题跟踪主要是通过自动化与人工相结合的手段,通过业务需求和业务规则识别数据异常,排除无效数据。而大数据质量合规管理,主要针对已定义的大数据质量规则进行合规性检查和监控,如针对大数据质量服务水平协议的合规性检查和监控。

大数据环境下,组织的大数据质量治理活动主要包括:

(1) 指导和评估大数据质量管理的策略,明确大数据质量管理的范围和所需资源,确定大数据质量分析的维度、规则和关键绩效度量指标,为大数据质量分析提供标准和依据。

(2) 评估大数据质量服务等级和水平,将大数据质量管理服务纳入到业务流程管理中[2]。

(3) 评估大数据质量测量指标,包括大数据质量测量分析维度和规则等,对选定的数据进行检查。

(4) 监控大数据质量,根据监控结果进行差距分析,找出存在的问题和发生问题的主要原因,提出大数据质量改进方案。

(5) 监控大数据质量管理操作流程的合规性和绩效情况。

2.3.5　大数据生命周期

大数据生命周期是指大数据从产生、获取到销毁的全过程。大数据生命周期管理是指组织在明确大数据战略的基础上,定义大数据范围,确定大数据采集、存储、整合、呈现与使用、分析与应用、归档与销毁的流程,并根据数据和应用的状况,对该流程进行持续优化。

传统数据的生命周期管理以节省存储成本为出发点,注重的是数据的存储、备份、归档和销毁,重点放在节省成本和保存管理上。在大数据时代,云计算技术的发展显著降低了数据的存储成本,使数据生命周期管理的目标发生了变化。大数据生命周期管理重点关注如何在成本可控的情况下,有效地管理并使用大数据,从而创造更多的价值。

针对大数据生命周期的治理活动主要有:

(1) 指导和评估大数据范围的定义,即根据业务需求、使用规则、类型特征等对大数据范围进行明确定义。

(2) 指导和评估大数据生命周期管理,包括大数据生命周期管理的定义、范围、组织架构、职责、权限和角色等。

(3) 指导和评估大数据采集的范围、规范和要求,如大数据采集的策略、规范、时效,以及采集过程中的信息安全、隐私与合规要求。

(4) 指导和评估大数据的存储、备份、归档和销毁策略,以及大数据聚合与处理的方法。

(5) 指导和评估大数据建模、分析、挖掘的策略和规范。

(6) 指导和评估大数据的可视化规范,明确可视化的权限、数据展示与发布流程管理,以及数据资产的展示与发布。

(7) 监督大数据生命周期管理的合规性和绩效情况。

2.3.6 大数据安全、隐私与合规

大数据具有的大规模、高速性和多样性特征,将传统数据的安全、隐私与合规问题显著放大,导致前所未有的安全、隐私与合规性挑战。大数据安全、隐私与合规管理是指通过规划、制定和执行大数据安全规范和策略,确保大数据资产在使用过程中具有适当的认证、授权、访问和审计等控制措施。

建立有效的大数据安全策略和流程,确保合适的人员以合适的方式使用和更新数据,限制所有不合规的访问和更新,以满足大数据利益相关者的隐私与合规要求。大数据是否被安全可靠的使用,将直接影响客户、供应商、监管机构等相关各方对组织的信任程度。

大数据时代,当数据量不断增长的同时,组织正面临着数据被窃取、滥用或擅自披露的严峻挑战。因此,组织需要采取控制措施防止客户的个人信息在未经授权的情况下被随意使用,同时还要满足相关合规要求。

(1) 以下措施可以帮助组织保护它们的机密数据资产:

① 发布对大数据生命周期进行分级分类的数据保护政策。

② 通过风险评估建立控制措施,降低未经授权的访问或机密数据的误用风险。

(2) 以下步骤可以帮助组织实施风险评估,识别安全保护措施的差距,并采取纠正措施:

① 建立大数据安全风险分析范围。

② 进行大数据安全威胁建模。

③ 进行大数据安全风险分析。

④ 确定大数据风险防护措施。

⑤ 评估现有安全控制措施的有效性。

(3) 在采取上述基础管理措施之外,组织应进行下述治理活动:

① 指导和评估大数据安全、隐私及合规要求,即根据业务需求、大数据技术基础、合规要求等明确大数据的安全、隐私和合规的流程和规范。

② 根据大数据的安全、隐私和合规要求,指导和评估大数据安全策略、标准和技术规范。

③ 指导和评估大数据安全、隐私和合规管理,包括定义、范围、组织机构、职责、权限和角色等。

④ 监督大数据用户的认证、授权、访问和审计管理活动,特别是要监控特权用户对机密数据的访问和使用。

⑤ 审计大数据认证、授权和访问的合规性,尤其是涉及隐私保护和监管的要求。

2.3.7　大数据架构

数据架构是系统和软件架构层面的描述,主要是从系统设计和实现的视角来看数据资源和信息流。数据架构定义了信息系统架构中所涉及的实体对象的数据表示和描述、数据存储、数据分析的方式及过程,以及数据交换机制、数据接口等内容。

大数据架构是组织视角下,大数据相关的基础设施、存储、计算、管理、应用等分层和组件化描述,为业务需求分析、系统功能设计、技术框架研发、服务模式创新及价值实现的过程提供指导。

(1) 大数据架构主要包括三部分:大数据基础资源层、大数据管理与分析层、大数据应用与服务层。

① 大数据基础资源层位于大数据架构的底层,是大数据架构的基础,主要包含大数据相关的基础设施资源、分布式文件系统、非关系型数据库(NoSQL)和数据资源管理等。

② 大数据管理与分析层位于大数据架构的中间层,是大数据架构的核心,主要包含元数据、数据仓库、主数据和大数据分析。

③ 大数据应用和服务层是大数据价值的最终体现,包含大数据接口技术、大数据可视化,以及大数据交易和共享、基于开放平台的数据应用和基于大数据的应用工具。

(2) 相对于传统的数据架构,大数据架构在以下两个方面存在不同:

① 从技术的视角看,大数据架构不仅关注数据处理和管理过程中的元数据、主数据、数据仓库、数据接口技术等,更关注数据采集、存储、分析和应用过程中的基础设施的虚拟化技术、分布式文件、非关系型数据库、数据资源管理技术,以及面向数据挖掘、预测、决策的

大数据分析和可视化技术等。

② 从应用的视角看,大数据架构会涉及更多维度和因素,更关注大数据应用模式、服务流程管理、数据安全和质量等方面。

(3) 大数据环境下产生了不同的数据架构治理活动,主要包括:

① 指导大数据架构管理,如明确组织的大数据需求、分类、术语规则和模型(包括技术模型和应用模型)等。

② 评估大数据架构管理,根据大数据的需求、术语和规则定义,评估技术和应用模型在定义、逻辑、物理等方面的一致性,评估与组织业务架构的一致性。

③ 监督大数据架构管理的有效性,确保其按照既定的组织架构规范执行,从而指导大数据的技术与业务整合,使大数据资产发挥价值。

2.3.8 大数据服务创新

大数据的核心价值就在于能够持续不断地开发出以"决策预测"为代表的各种不断创新的大数据服务,进而为企业、机构、政府和国家创造商业和社会价值。现有的大数据服务通常可分为以下几类:大数据技术服务、大数据信息服务、大数据方案服务、大数据集成服务、大数据安全服务、大数据培训服务和大数据咨询服务。

大数据治理能够通过优化和提升大数据的架构、质量和安全合规等方面,显著推动大数据的服务创新和价值创造。因此,促进大数据服务创新是大数据治理的最重要作用,是大数据治理与数据治理的最显著区别,也是大数据治理的最终目标。

大数据服务创新可通过以下几个途径来实现:

(1) 使用大数据技术从解决问题的角度进行服务创新。大数据技术提供了一种分析问题、解决问题的思路。当组织在发展的过程中遇到问题,可以考虑采用大数据技术进行系统全面细致的分析,找到问题的症结,对症下药解决问题,在解决问题的过程中获得基于大数据的服务创新。

(2) 使用大数据技术从整合数据的角度进行服务创新。大数据技术的宗旨是从来自多个数据源的海量、多样数据中快速获得有价值的信息。通过引入、研发数据挖掘和分析工具,加强数据资源的整合,为组织提供创新的大数据服务。

(3) 使用大数据技术从深入洞察的角度进行服务创新。通过大数据可以深入洞察业务领域的微妙变化,发现特色资源,进而利用大数据技术挖掘个性化服务价值。

(4) 从大数据安全、个人隐私的角度进行服务创新。在数据共享、数据公开的大趋势下,数据安全和个人隐私成为服务创新的发力点,如数据物理安全、数据容灾备份、数据访问授权、数据加解密、数据防窃取等都需要新的服务来保证。

(5) 从纯大数据技术的角度进行服务创新。大数据需要对信息更明晰地呈现、更准确地分析和更深层地解读。例如,数据呈现的服务创新主要表现为呈现数据、提示要点、图解过程、梳理进程、揭示关系、展现情状、整合内容、表达意见、分析解读等。

2.4 大数据治理的实施与评估

大数据治理的实施与评估描述了大数据治理实施和评估过程中需要重点关注的关键内容,涉及大数据治理所需的实施环境、实施步骤和实施效果评价,主要包括促成因素、实施过程、成熟度评估、审计四个方面。大数据治理的实施与评估如图 2-5 所示。

2.4.1 促成因素

大数据治理促成因素(Enabling Factors)是指对大数据治理的成功实施起到关键促进作用的因素,主要包括三个方面: 环境与文化、技术与工具、流程与活动。

1) 环境与文化

在大数据治理过程中,组织要通过对环境的适应,逐步形成自身的大数据治理文化。首先,适应内外部环境是组织实现大数据治理的客观条件;其次,大数据治理的文化体现在组织的各个层面是否具备大数据治理的意识,它是大数据治理实施是否成熟和成功的重要衡量标准。组织的环境分为内部和外部环境。

(1)外部环境 外部环境与合规、利益相关者的需求等因素密切相关。为了满足合规要求,组织需要识别并遵守法律法规和行业规范。大数据治理要满足管理合规的要求,合规是大数据治理的驱动力。外部环境主要包括: 技术环境、大数据环境、技能和知识、组织和文化环境,以及战略环境。

图 2-5 大数据治理的实施与评估(框架图的侧面)

(2)内部环境 内部环境的最重要因素是文化,通过文化可以促进组织的大数据治理实践。文化是行为、信仰、态度和思考方式的模式。组织需要定义清晰的大数据治理愿景,并且利用相关资源和工具持续改进大数据治理文化。内部环境主要包括: 持续改进的文化、透明和参与的文化、解决问题的文化、重视信息安全的策略和原则、建立与利益相关者的沟通渠道、满足合规要求。

2) 技术与工具

大数据治理的技术和工具为大数据治理的实施与评估提供了有力支撑和保障,同时也提高了大数据治理的效率,降低了大数据治理的成本。大数据治理的技术和工具需要关注以下内容：

(1) 安全基础设施　应用安全技术架构来保证大数据的机密性，如防止终端、存储装置、操作系统、软件应用和网络被恶意软件和黑客入侵；应用预防和检查控制来保障 IT 基础设施的安全，如防病毒技术、软件升级等；通过采用安全服务和产品来构建从应用到基础架构的全方位安全措施。

(2) 识别和访问控制技术　识别和访问控制技术可防止个人信息被非法访问，包括设计授权机制来校验访问信息，通过访问控制技术来识别访问用户的合法性。

(3) 大数据保护技术　在组织中共享的机密大数据需要有严密的防护措施，防止被未授权的第三方窃听或拦截。组织需要在大数据的整个生命周期中对数据仓库、文档管理系统等相关系统进行分级的安全配置管理。

(4) 审计和报告工具　为了遵守治理规范和满足用户需求，组织应该使用审计和报告工具来自动进行合规控制的监控。通过审计和报告工具可监控大数据访问控制的状态，发现可疑活动，减轻系统管理负担，提高问题处理效率。

3) 流程与活动

流程描述了组织完成战略目标并产生期望结果的实践和活动。流程会影响组织的实践活动，优化业务流程可以提高用户和大数据之间的沟通效率。治理流程关注治理目标，促进风险管控、服务创新和价值创造。

组织可参照通用的流程模型(见图 2-6) 来设计大数据治理流程，其中的概念含义具体描述如下：

(1) 定义用来概述流程的作用。

(2) 目标用来描述流程的目的。

(3) 实践包含大数据治理的相关元素。

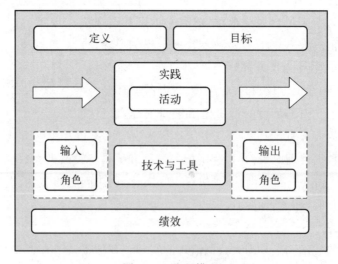

图 2-6　流程模型

（4）活动是实践的组件（多个活动组成一个实践），可分为四类，即计划活动、开发活动、控制活动和运营活动。

（5）输入与输出包括角色、责任、RACI映射表等因素。

（6）技术与工具为实践和活动能够正常执行提供支持。

（7）绩效监控通过指标来监测流程是否按照设计正常运行。

2.4.2　实施过程

实施大数据治理的目标是为组织创造价值，具体表现为获取收益、管控风险和优化资源。但是，要想成功地实施大数据治理必须解决一系列问题，其中有三个问题最为重要：一是大数据治理实施需要解决的关键问题，二是解决每个问题需要的阶段和步骤，三是每个阶段重点关注的要素。

针对上述三个关键问题，组织需要建构一个大数据治理实施的总体框架，包括大数据治理实施的生命周期、各阶段主要解决的问题和关注要素，为大数据治理工作提供提纲挈领的说明，为大数据治理实施人员提供一份全面、概括而系统的思考蓝图。

（1）大数据治理实施通常是由问题驱动的，每个阶段都要解决特定的问题。因此，实施框架需要明确定义每个阶段需要解决什么问题，这也是衡量每个阶段是否成功的标志之一。

（2）实施框架需要描述大数据治理实施的生命周期，让参与者认识到大数据治理实施是一个闭环的、不断优化的过程。

（3）实施框架需要明确大数据治理实施中各个阶段的工作重点，从而把大数据治理的工作由上层的抽象理念转化为可以落地的具体工作。

大数据治理实施就是围绕以上三个关键问题，建立起统一的知识框架，把大数据治理工作由抽象的问题落实到具体可执行的行动。

2.4.3　成熟度评估

本节介绍大数据治理成熟度评估的模型、内容和方法，通过成熟度评估可以了解组织大数据治理的当前状态和差距，为大数据治理领导层提供决策依据。

1）评估模型

成熟度模型帮助组织了解大数据治理的现状和水平，识别大数据治理的改进路径。组织沿着指定的改进路径可以促进大数据治理向高成熟度转变，改进路径包括五个阶段。

（1）初始阶段　为大数据质量和大数据整合定义了部分规则和策略，但仍存在大量冗余和劣质数据，容易造成决策错误，进而丧失市场机会。

（2）提升阶段　组织开始进行大数据治理，但治理过程中存在很多不一致的、错误的、不可信的数据，而且大数据治理的实践经验只在部门内得到积累。

（3）优化阶段　从第二阶段向第三阶段转换是个转折点，组织开始认识和理解大数据治理的价值，从全局角度推进大数据治理的进程，并建立起自己的大数据治理文化。

（4）成熟阶段　组织建立了明确的大数据治理战略和架构，制定了统一的大数据标准。大数据治理意识和文化得到显著提升，员工开始接受"大数据是组织重要资产"的观点。在这个阶段，识别和理解当前的运营状态是重要的开始，组织开始系统地推进大数据治理相关工作，并运用大数据治理成熟度模型来帮助提高大数据治理的成熟度。

（5）改进阶段　通过推行统一的大数据标准，将组织内的流程、职责、技术和文化逐步融合在一起，建立起自适应的改进过程，利用大数据治理的驱动因素，改进大数据治理的运行机制，并与组织的战略目标保持一致。

图 2-7 描述了大数据治理成熟度的五个发展阶段，以及每个阶段的工作任务。

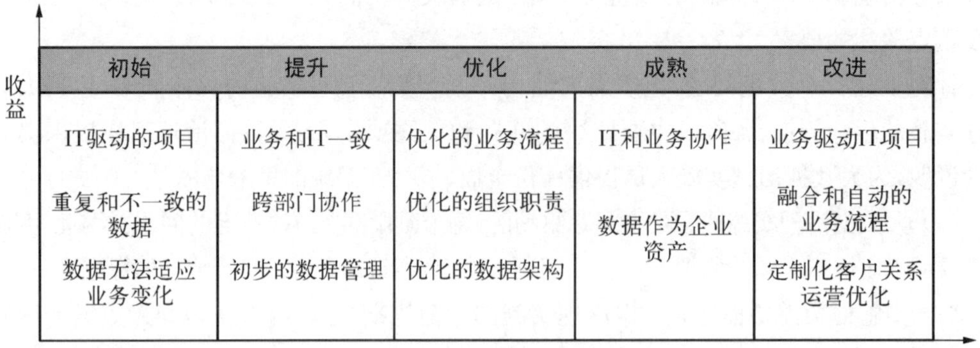

收益	初始	提升	优化	成熟	改进
	IT驱动的项目	业务和IT一致	优化的业务流程	IT和业务协作	业务驱动IT项目
	重复和不一致的数据	跨部门协作	优化的组织职责	数据作为企业资产	融合和自动的业务流程
	数据无法适应业务变化	初步的数据管理	优化的数据架构		定制化客户关系运营优化

图 2-7　大数据治理成熟度评估模型

2）评估内容

大数据治理成熟度的评估内容主要集中在以下几个方面：

（1）大数据隐私　大数据包含了大量的各种类型的隐私信息，它为组织带来机遇的同时，也正在侵犯个人或社区的隐私权，所以必须对组织的大数据隐私保护状况进行评估，并提出全面系统的改进方案。

（2）大数据的准确性　大数据是由不同系统生成或整合而来的，所以必须制定并遵守大数据质量标准。因某一特殊目的而采集的大数据很可能与其他大数据集不兼容，这可能会导致误差及一系列的错误结论。

（3）大数据的可获取性　组织需要建立获取大数据的技术手段和管理流程，从而最大限度地获取有价值的数据，为组织的战略决策提供依据。

（4）大数据的归档和保存　组织需要为大数据建立归档流程，提供物理存储空间，并制定相关的管理制度来约束访问权限。

（5）大数据监管　未经授权披露数据会为组织带来极大的影响，所以组织需要监管大数据的整个生命周期。

（6）可持续的大数据战略　大数据治理不是一蹴而就的，需要经过长期的实践积累。

因此,组织需要建立长期、可持续的大数据治理战略,从组织和战略层面上保障大数据治理的连贯性。

(7) 大数据标准的建立 组织在使用大数据的过程中需要建立统一的元数据标准。大数据的采集、整合、存储和发布都必须采用标准化的数据格式,只有这样才能实现大数据的共享和再利用。

(8) 大数据共享机制 由于数据在不同系统和部门之间实时传递,所以需要建立大数据共享和互操作框架。通过协作分析技术,对大数据采集和汇报系统进行无缝隙整合。

3) 评估方法

(1) 定义评估范围 在评估启动前,需要定义评估的范围。组织可从某一特定业务部门来启动大数据治理的成熟度评估。

(2) 定义时间范围 制定合理的时间表是成熟度评估前的重要任务,时间太短不能达成预期的目标,太长又会因为没有具体的成果而失去目标。

(3) 定义评估类别 根据组织的大数据治理偏好,可以从大数据治理成熟度模型分类的子集开始,这样可降低评估的难度。例如,可以首先关注某一个部门,这样安全和隐私能力就不在评估范围内(因为这两项能力需要在组织范围内考虑);也可以只关注结构化数据,其他非结构化的内容就不用关注了。

(4) 建立评估工作组并引入业务和IT部门的参与者 业务和IT部门的配合是进行大数据治理成熟度评估的前提条件。合适的参与者可以确保同时满足多方的需求,最大化大数据治理的成果。IT参与者应该包括数据管理团队、商业智能和数据仓库领导、大数据专家、文档管理团队、安全和隐私专家等。业务参与者应该包括销售、财务、市场、风险和其他依赖大数据的职能部门。评估工作组的主要工作是建立策略、执行分析、产生报告、开发模型和设计业务流程。

(5) 定义指标 建立关键绩效指标来测量和监控大数据治理的绩效。在建立指标的过程中需要考虑组织的人员、流程和大数据等相关内容。在监控过程中要定期对监控结果进行测量,然后向大数据治理委员会和管理层汇报。每三个月要对业务驱动的关键绩效指标进行测量,每年要对大数据治理成熟度进行评估。具体过程包括:

① 从业务角度理解关键绩效指标。

② 为大数据治理定义业务驱动的关键绩效指标。

③ 定义大数据治理技术关键绩效指标。

④ 建立大数据治理成熟度评估仪表盘。

⑤ 组织大数据治理成熟度研讨会。

(6) 与利益相关者沟通评估结果 在完成大数据治理成熟度评估后,需要将结果汇报给IT和业务的利益相关者,这样可以在组织内对关键问题建立共识,进而与管理者讨论后期计划。

(7) 总结大数据治理成熟度成果 完成评估后,应该对每个评估类别进行状态分析,形成最终的评估总结。

① 当前状态的评估。

② 期望状态的评估。

③ 当前与期望状态的差距评估。

2.4.4　审计

审计是组织成功实施大数据治理的一个重要角色,通过特殊的视角对大数据治理进行监督、风险分析和评价,并给出审计意见,有助于对大数据治理的流程和相关工作进行改进。

大数据治理审计是指由独立于审计对象的审计人员,以第三方的客观立场对大数据治理过程进行综合检查与评价,向审计对象的最高领导层提出问题与建议的一连串活动。

大数据治理审计的目的是通过开展大数据治理审计工作,了解组织大数据治理活动的总体状况,对组织是否实现大数据治理目标进行审查和评价,充分识别与评估相关治理风险,提出评价意见及改进建议,促进组织实现大数据治理目标。

大数据治理审计的对象也称为审计客体,一般是指参与审计活动并享有审计权力和承担审计义务主体所作用的对象。大数据治理审计的对象涉及大数据治理的整个生命周期,不仅强调对大数据生命周期的审计,还应涵盖大数据治理整个活动和中间产物,并包括大数据治理实施相关的治理环境。

大数据治理审计的内容主要包括九个方面,即战略一致性审计、风险可控审计、运营合规审计、绩效提升审计、大数据组织审计、大数据架构审计、大数据安全、隐私和合规管理审计、大数据质量管理审计及大数据生命周期管理审计。

总之,大数据治理审计工作意义重大,它能够全面评价组织的大数据治理情况,客观评价大数据治理生命周期管理水平,从而提高组织大数据治理风险控制能力,满足社会和行业监管的需要。大数据治理审计的实施具有重要的社会价值和经济意义,符合审计工作未来的发展趋势。

◇参◇考◇文◇献◇

[1]　桑尼尔. 索雷斯. 大数据治理[M].匡斌译. 北京:清华大学出版社,2014.

[2]　DAMA International. DAMA 数据管理知识体系指南[M]. 马欢,刘晨译. 北京:清华大学出版社,2012.

第 3 章

大数据的战略和组织

制定大数据战略是企业转型的重要机遇,在制定大数据战略的过程中,要融合企业战略、业务需求、企业文化,建立大数据价值实现蓝图。大数据战略会明确企业的业务重点,引起业务部门的变动,或者改变组织工作的重点,导致各管理职务以及部门之间关系的相应调整。本章重点讨论制定大数据战略的要点,以及大数据战略对组织架构设计的影响,并根据作者团队走访的企业,描述了大数据组织架构的六种典型示例。

3.1　大数据战略指明企业转型的方向

中国已经成为全球市场经济中的重要组成部分,全球化、市场化、规范化和数字化的程度越来越高,中国企业越来越深入地融入全球商业竞争格局中。其中,追求卓越的企业在一波一波的竞争浪潮中不断蜕变,实现了一次又一次的成功转型,而平庸的企业则在产业链的低端苦苦挣扎,甚至被无情淘汰。正如大浪淘沙,最后存留的才是真金。参考 2011 年美国财富杂志 500 强榜上有名的企业,比较 1955 年的榜单,当年在榜的 87% 的企业已经消失了,实际上它们都是很出名的品牌。一个品牌的建立往往需要很长时间,但是现在无论公司还是品牌都已不复存在,这个现象反映了什么? 企业想要获得持续长久的成功非常困难,也正因为如此,卓越的企业应该善于坚持战略目标,并且在适当的时候做出调整,以实现基业长青,永续经营。

大数据时代的到来,为企业的转型提供了历史机遇。大数据技术的应用使企业能精准地预测客户的需求,实现企业与客户的双赢。被誉为"大数据商业应用第一人"的维克托·迈尔·舍恩伯格在他的著作《大数据时代》一书中说:"新兴市场国家在 20 世纪,依靠廉价劳动力成本取得了优势,到 21 世纪,西方国家将因为数据所带来的效率和生产力的提高而重新夺回优势。"换句话说,成功应用大数据技术,形成可持续的竞争优势,将是企业保持可持续竞争力的核心。

今天,已经有许多借助大数据实现企业转型的成功案例。正如 GE 首席执行官 Jeff Immelt 在 2014 年的 Minds+Machines 大会上的开场白:"你昨晚入睡前还是一个工业企业,今天一觉醒来却成了软件和数据分析公司,这就是现实中发生着的巨变。"在大数据时代,劳动力成本的重要性将降低,而对大数据的分析能力将变得越来越重要,大数据结合物联网将使 GE 取得竞争优势。到 2030 年,GE 预测将通过效率提高、成本降低等途径,为全球 GDP 贡献 15 万亿美元。GE 认为,燃油效率提高 1%,就会给航空业在未来 30 年内节约 300 亿美元的成本。在金融、零售、物流领域,大数据帮助传统企业成功完成转型的案例也不在少数,如美国银行业巨子 Wells Fargo、英国零售连锁企业 Tesco、美国物流巨头 UPS 等。

在美国苹果公司及中国小米进入互联网家电行业后,对中国传统家电行业造成了很大的冲击(见图 3-1)。这些互联网企业运用大数据平台战略,创造出新的生态圈及多盈利点,他们不需要在电视硬件上赚钱,让高成本的传统家电企业(如长虹、TCL)非常头疼。在中国,有一部分具有前瞻性的企业家正努力地带领他们的企业尝试借助大数据技术进行转型,其中一个典型的行业就是传统家电行业。

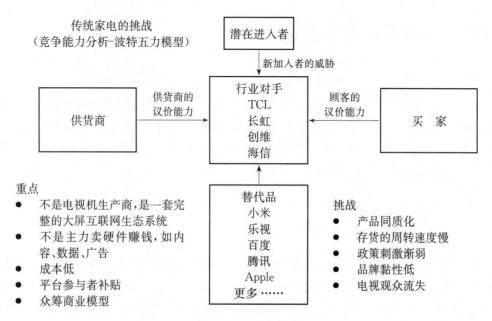

图 3-1 互联网企业对传统家电企业的冲击

美菱电器正尝试利用大数据实现战略转型,由一家冰箱制造商转变成为一家服务提供商。美菱规划建立一个平台(见图 3-2),不仅卖冰箱,还将提供食品服务。尽管硬件产品

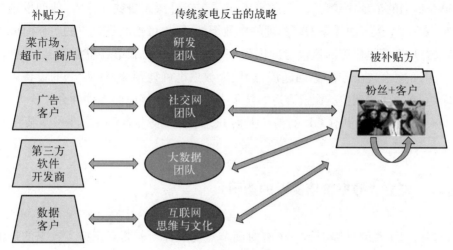

图 3-2 中国企业的转型案例

微利,甚至不赚钱,但完全可以通过数据运营创造新价值。产业链的健康与生态的繁荣是家电企业在大数据时代成功转型的关键。除了美菱以外,其他主要的传统家电企业也纷纷推出自己的平台,如 TCL 的"双＋"战略、格兰仕的"白色免费"及海尔的"海立方"和"日日顺"等。就如西方所发生的转型一样,在金融、零售、物流领域,中国传统企业也在积极探索如何在大数据时代成功转型,成为大数据时代的行业领导者。

3.2　企业制定大数据战略的要点

大数据已经成为企业战略转型的新机遇,如何实现大数据背景下的成功转型,成为企业决策者和管理者面对的现实问题。人力、物力、财力、技术和数据是否足以支撑企业成功实现大数据战略转型? 这些因素当然重要,但如果想把大数据的价值完全释放出来,企业必须深入地思考以下三个关键要点。

3.2.1　融合业务需求

大数据的应用一定是问题和需求驱动的。我们的企业或政府面临哪些需要迫切解答的业务或社会问题,但采用现有的分析方法或专家的经验还是难以找到合适的解决方案,在这种情形下,如果应用大数据能够解决问题,那么大数据与业务融合的需求就出现了。

例如,前面谈到的美国 GE 公司,他们其中一个未能解决的重要商业问题是: 为什么现在客户忠诚度降低了,他们可以采取什么措施来提升客户忠诚度。新的挑战者正在把握这些机会抢夺他们的市场,解答这个问题刻不容缓。经过深入研究和分析,他们发现其中一个最主要的原因是生产的设备需要修理的次数增加了,更可怕的是客户的等候时间也越来越长,结果客户在等候修理的这段时间内失去一定的生产力和市场机会,失信于他们的合作伙伴。GE 的数据专家了解这问题后,运用大数据准确地预测 GE 生产的设备可能出现问题的周期,在故障出现前就派遣合适的技术人员,并配送相应的零件到合作伙伴的公司。这个改变大大提升了客户对 GE 的信任及客户忠诚度,成为 GE 一个非常重要的核心竞争力。

3.2.2　建立大数据价值实现的蓝图

大数据价值实现的过程不是一个有时间节点的工作。若要真正把大数据的价值完全释放出来,企业必须在这个过程中有规划地分阶段实施大数据项目。大数据价值实现过程分成以下四个阶段：业务监控和探查、业务优化、数据货币化及驱动业务转型。大数据价值实现的四个阶段如图 3-3 所示。

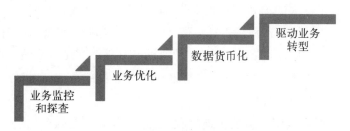

图 3-3 大数据价值实现的四个阶段

第一阶段是业务监控和探查。整合企业内部数据，并让企业各个级别的员工都能运用数据帮助他们在业务和运营上更有效地决策及工作。招商银行在建立大数据应用体系的过程中，始终围绕着平台建设、数据获取和应用创新这三个基本点开展工作，不在乎数据量的大小，而在乎数据的实用性。2012 年，招行开始接触大数据领域，尝试了第一个基于 Hadoop 技术搭建的数据分析和查询平台——通过对访问招行"一网通"网站的一卡通客户和信用卡客户的行为对比分析，招行发现信用卡客户在网站的停留时间相对较长一些，导致这个差异化的原因是因为招行一网通站点里面信用卡的栏目与互动性的内容比较多，一部分客户会在这些内容、栏目之间做跳转。招行通过路径分析，判断用户的喜好、需求，最终形成客户标签，再结合算法引擎，对客户标签进行计算和分类，并把客户分类与产品进行匹配，得到了客户最有可能需要的产品列表，最后招行在各个客户接触点部署客户识别模块，在客户到达的时候，及时地对客户进行有针对性的营销，提高销售效率[1]。招行通过这样的大数据分析方式，改善了销售业务。

第二阶段是业务优化。通过整合企业的内部和外部数据，并建立预测模型，企业可以找出最有价值的市场、客户、产品及人力资源，让有限的企业资源能被配置到回报最大的地方。

第三阶段是数据货币化。除了优化企业现有业务外，在第一及第二阶段累积下来的数据可以进一步整合及释放它们的价值。例如，销售商品的电子商务企业可以分析哪类人群最有可能购买保险，然后把这些人员名单推荐给保险公司，获取利润。Gartner 认为，虽然"个人信息货币化"这一从大数据中获取价值的方式目前还没有像其他策略那样被广泛地使用，但是在不久的将来，这种方式可能会变得越来越流行①。

第四阶段是驱动业务转型。在第一到第三阶段累积下来的数据再进一步被整合和利用，产生一种新的商业模式，或者形成一个新的行业。今天我们见到的阿里巴巴和谷歌的跨界战略就处于这个阶段，都是由于在第一到第三阶段累积的数据让他们了解了客户的行为和偏好，指导他们的业务向其他新兴的行业方向发展。成立于 1999 年的阿里巴巴，做的

① 大数据将迎来货币化收益 http://www.36dsj.com/archives/5603。

第一件事情就是建立一个批发平台,帮助中国的中小企业在全国和全球范围内寻找贸易机会。今天,阿里巴巴已经成为拥有一年 4 000 亿美元交易额的大型公司,每天 4 000 万笔交易。阿里巴巴积累了巨大的消费者数据,每一笔交易都是真实且实时——知道谁是买家、他的地址、最喜欢的品牌,知道他是否有小孩、他会不会购买儿童用品。如何用这些消费者数据来帮助合作伙伴在中国发展业务,这正是阿里巴巴现在在做的事情。现在阿里巴巴正背靠强大的移动互联网生态,建设一个数据驱动的市场营销平台。通过这些措施,阿里巴巴未来的定位将是一家数据公司①。

当开始贯彻一个大数据价值的实现过程,必须规划好以上四个阶段,才能真正把大数据的价值完全释放出来。

3.2.3　融合企业组织和战略

大数据项目失败的原因有很多,但组织、文化及大数据治理是最大的挑战。开始执行一个大数据价值实现过程时,企业必须有策略、有步骤地展开。例如,大数据项目由哪个部门负责? 企业领导及各个层级的员工有多了解和支持大数据项目? 如何处理公司政治及权力斗争对大数据项目的影响? 数据是哪个部门拥有及制定有关的数据安全与隐私? 解决这些问题需要一个与企业战略一致的大数据战略,把大数据的价值与企业的使命联系在一起,让员工都能看得到这个关联性。

培养数据驱动的企业及信任数据的文化也是重要的。成立跨部门委员会是最有效的方法去管理企业大数据价值实现过程。跨部门委员会能统筹及整合企业资源,将大数据资源配置到那些最重要的需求部门。跨部门委员会另一个重要责任是配合公司治理,制定大数据治理政策、流程、员工培训及问责机制。

3.3　大数据战略对组织的影响

3.3.1　组织架构设计要素

"架构必须服从于战略"这句话表明了战略和组织架构的关系。企业战略的演变必然要求适时调整组织架构,而所有组织架构的调整都是提高企业战略的实现程度。企业战略影响结构的两个方面。首先,不同的战略要求不同的业务活动,从而影响管理职务和部门的设计。具体地表现为战略收缩或扩张时企业业务单位或业务部门的增减等。其次,战略

---

①　张勇：谁说阿里是电商? 我们是数据公司：http://beijing.edushi.com/bang/info/113 - 189 - n2003444.html。

重点的改变会引起组织工作的重点改变,从而导致各部门与职务在企业中重要程度的改变,并最终导致各管理职务以及部门之间关系的相应调整。

组织架构决定了企业内部人员的划分方式,组织架构的设计既要鼓励不同部门和不同团队保持独特性以完成不同任务,还要能够将这些部门和团队整合起来为实现企业的整体目标而合作。组织架构的设计就是将权力和义务进行分配和确定,并采用适当的控制机制实现企业的战略。

在企业内部没有什么自动系统可以将决策权力分配给掌握信息的个人,或者激励个人利用有关信息实现企业目标,权责的划分和激励完全依赖于组织架构调整,组织架构是由企业决策层和管理层通过组成公司的各种正式的或非正式的合同形成的。例如,决策权力通过正式的或非正式的工作说明书分派给相应职位的员工,而业绩评估和奖励则通过正式的和非正式的报酬合同予以确认。一般的组织架构是由公司高层管理者设计和实施,设计组织架构的过程实际上就是在企业内部各管理层级之间进行各种决策权力划分和分配的过程,组织架构设计的结果是形成与企业自身特征相适应的权利等级系统和指挥控制系统。决策权力的配置方式是组织架构设计过程中要考虑的核心问题。组织架构的设计通常要考虑的要素包括决策权、控制和授权,如图 3-4 所示。

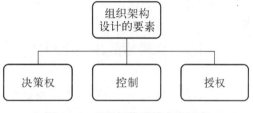

图 3-4 组织架构设计考虑要素

1) 决策权

对于大多数企业而言,其内部资源都是通过管理决策进行分配。例如,总裁通常会通过命令将一个经理从公司的一个部门调换到另一个部门。公司的高层管理者必须决定如何在员工间分配决策权力。例如,是由总裁做出绝大多数的主要决策,还是由下层经理做出这些决策,员工是否可以不按公司操作手册所规定的程序进行操作等。

2) 控制

通过决策,员工被赋予使用公司资源的权力。然而员工并不是这些资源的所有者,他们不能卖掉公司的财产将销售收入占为己有。因此,与真正的所有者相比,员工没有有效使用公司资源的动力。为控制代理成本,管理者必须设计并建立公司的控制系统。也就是说,管理者必须设计组织架构的另外两个基本方面,即激励和业绩评估系统,从而使决策者的利益和所有者的利益保持一致。最优的控制系统取决于决策权力在企业内部如何被恰当划分。

3) 授权

一旦企业成长超过一定规模,管理者就不可能掌握所有与决策相关的主要信息。随之在设计组织架构时,管理人员就会面临三种基本的选择。第一种情况,管理者继续做出所有的主要决策,尽管缺少相关信息。在这种情况下,代理问题是有限的,因而详细地控制系统并非十分紧要。然而有时候管理者的决策很可能不是最优的。第二种情况,管理者可以努力获取相关信息,以便做出更好的决策。这一选择可以提高决策的质量,但获取和处理相关信息可能会耗费高额的成本和大量的时间。第三种情况,管理者可以将决策权力分散给掌握具体信息的其他员工,但是下放权力将引起代理问题的增加,而这意味着必须开发有效的控制系统,授权的一个潜在的问题是管理者要在整个公司中协调各下级单位的活动,从而增加有关信息在公司内部的传递,这会带来相应成本的增加。当然,管理者可以将这些方案加以组合。例如,管理者可以保留一些决策权力,而将其他决策权力下放。最优选择取决于公司所处的环境及公司所采取的战略。

组织架构所研究的基本问题是如何构造企业内部有效而合理的权力配置体系,以及如何建立有效的员工行为控制系统,以保障权力在与职责相匹配的基础上得以正常行使,促进企业运营效率的提高。管理者在组织架构的确定中扮演着重要的角色。一般情况下,组织决策是由高级管理者做出。当管理者将一系列决策权下放给中层管理者时,这些管理者必须决定将哪些决策权保留在自己手中,而将哪些决策权力进一步下放给下属,这些下属也会面临类似的问题。通过这种过程,一个组织的整体架构就最终得以确定。

3.3.2　大数据战略对组织架构设计的影响

有研究人员指出:目前已有的多数 IT 治理模式仅考虑到单一因素的影响,而事实上企业的 IT 治理受到多种因素和力量的支配[2],其中一个关键挑战在于竞争环境的不确定性[3],随着企业内部状况和外部环境的变化,企业战略在保持相对稳定的情况下,企业可能会产生某个重要领域的发展战略,如大数据战略。企业总体战略和大数据战略之间保持对应,而战略与组织架构也存在联系。近年来,随着大数据治理问题得到越来越多的重视,企业有必要考虑大数据战略,由此衍生出相应的组织架构,因此形成了业务战略和大数据战略对组织架构的影响,这种影响包括对组织业务流程,以及与大数据治理相关的组织架构的影响,如图 3-5 所示。

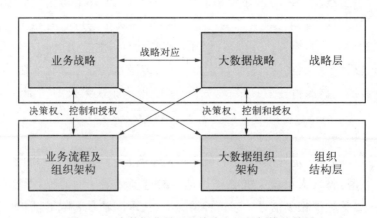

图 3-5　大数据背景下的战略和组织架构的关系

战略对组织架构的影响是通过组织架构设计的三大要素(决策权力、控制和授权)发生作用的。从治理的角度理解大数据,本质是大数据成为企业的一项重要资产,需要进行相应的管理和开发,而这项工作的顺利完成,需要设置相应的决策权、控制和授权。

1) 决策权

一旦涉及企业治理结构,会与股东会、董事会、监事会和经理阶层的权力分配模式产生联系。大数据治理带来的组织架构的影响,也体现在责权的分配方面,最典型的问题是大数据治理工作的责任及其相关权利的划分。例如,从企业高层管理人员的权责设计方面,出现了首席数据官(Chief Data Officer, CDO),他具有在数据治理方面的决策权,同时向企业的首席执行官(CEO)负责;阿里巴巴建立了集团层面的数据资产部,并在职能设计上要求相关的业务部门向数据资产部汇报。完善的大数据治理决策权力体系,涉及从公司的高层管理者一直到具体的事务操作者。以某大型国有能源企业集团为例,在近几年开始推进大数据治理工作,经过多年的探索和尝试,该集团初步建立了大数据治理的组织架构,包括最高级别的数据治理领导小组、信息及数据治理部、业务部门和数据治理项目小组四个层级的权利分配体系。各个层次的权利及责任见表 3 - 1。

表 3 - 1　某大型能源企业大数据治理的组织架构及其权责分配

组织级别	权 利 与 责 任
数据治理领导小组	数据治理的最高级别领导机构,集团首席信息官是组长,信息治理部门领导和相关业务部门主管领导作为小组成员,负责总体决策和部署
信息及数据治理部	大数据治理工作的主导部门,负责推动具体工作,内设数据治理组。数据治理组是具体的执行单元,负责制定数据标准,收集数据治理相关的需求,并负责解决和落实
业务部门	数据治理的重要参与方,是数据的责任人,也是产生数据和使用数据的部门,对本部门的数据安全、质量负责,对共享数据的标准进行认定
数据治理项目小组	设置有项目数据主管和项目数据管理员,负责把数据治理工作落实到实施项目中;数据治理项目小组对数据治理的标准需要落实到数据架构、实施和持续维护层面

2) 控制

控制最直接的表述,就是做到有奖有罚,主要是指绩效评估和激励。

绩效评估是指运用一定的评价方法、量化指标及评价标准,对某一部门实现其职能及预算的执行结果进行的综合性评价。大数据治理的绩效评估就是对大数据相关责权方的工作成果进行评估。在开展大数据治理的背景下,绩效评估需要把和大数据治理相关的工作内容纳入绩效评估的体系中。以某大型能源企业集团为例,为了促进主数据建立工作,他们把主数据的质量作为一项重要的考核指标纳入信息与数据治理部的治理小组工作人员主要绩效指标考核中,对主数据的建立工作发挥了重要的推动作用。

激励是指激发人的行为的心理过程。激励这个概念用于大数据治理,是指激发员工开展大数据治理的工作动机,也就是说用各种有效的方法去调动员工的积极性和创造性,使员工努力去完成大数据治理的组织任务,实现企业在大数据治理方面的目标。激励不但需要采取物质奖励,还应该不断培养员工,满足他们学习和成长等方面的需求。

3) 授权

如果说决策权力强调权力的分配,那么授权强调的是权力分配的过程。在授权的过程中,决策者要权衡利弊,做出相对满意的决策。授权的过程需要着重考虑的因素包括管理者管理幅度、业务的丰富程度、管理者获取大数据治理详细信息的难易程度、大数据治理授权可能引起的代理成本、大数据治理采用集权方式所带来的挑战、现有资源对大数据治理的支持程度等。例如,当前大部分公司对大数据治理的相关工作还处于探索阶段,因此往往把大数据及大数据治理的业务授权给 IT 部门。包括太平洋保险集团等多家公司,建立了隶属 IT 部门的数据洞察部,负责数据和大数据的开发和应用,这种授权方式与大数据的业务丰富程度有关,也就是说当前企业的业务和资源还不足以建立一个完整的数据管理和治理的部门。

在大数据时代,企业的组织架构越来越突出地表现为以下的趋势:企业出现了越来越多的中心,即去中心化;组织架构设计中,自下而上的沟通受到越来越多的重视;沟通方式越来越扁平化。

去中心化并不是不需要中心,而是出现越来越多的中心。中心化(Centralization)和去中心化(Decentralization)是集权与分权的表现形式。在互联网上,就是指从我说你听的广播模式向人人都有话语权的广播模式转变。

在大数据治理的环境下,与传统的自上而下的沟通方式相比,自下而上的沟通方式越来越重要。传统的组织架构中侧重上级信息的向下传达,而大数据背景下,普通用户的话语权得到了极大的提高,他们的声音也得到了前所未有的重视。因此,自下而上的信息沟通变得越来越普遍,成为企业信息沟通的重要形式。

在大数据时代,企业内部的沟通方式发生了根本性地变化,电子邮件、微博、微信、即时通信工具等方式成为企业内部沟通的重要方式和工具。运用这些方式和工具,企业内部成员之间充分和高效地沟通,沟通方式变得越来越扁平。

3.4　典型大数据组织示例

正如前文所阐述,在大数据治理的背景下,战略是通过授权、决策权和控制影响组织架构,其中控制是保证组织架构的设计能够促使员工去完成组织的战略和目标,而授权和决策权则直接影响到组织架构的形式。

如同 IT 治理所关心的核心问题是对相关问题的决策权和分配权进行设置,大数据治理也关心同样的问题。参照 IT 治理领域中依据对决策权的分配形式划分的多种组织架构[4]，在大数据组织结构的设计中，最主要的考虑因素是决策权和授权，结合大数据治理工作的重点——大数据架构（数据存储）、安全、质量和标准，以及大数据相关的数据服务，这些因素共同影响了大数据组织结构的形式。依据比较典型的企业在大数据组织架构方面的形式，以下分别列举了目前常见的几种大数据组织架构示例。

1）示例 1

某大型互联网公司建立了专门的数据平台部门主导大数据治理工作，数据平台部门从各个业务条线收集数据，并负责数据存储、备份、物理安全和访问控制，以及清洗和进行用户画像分析。用户画像提供给业务部门开展分析决策、客户洞察和营销活动，大数据质量与业务规范由业务部门负责。如表 3-2 所示。

表 3-2 示例 1

某大型互联网公司	大数据架构（数据存储）	安全	质量/标准	数据服务		
				清洗、特征画像	分析决策	洞察预测
数据部门主导	√	√		√		
业务部门主导			√		√	√
数据部门和业务部门联合						

2）示例 2

某大型互联网公司的大数据治理工作由各业务部门负责，数据的存储、备份、安全、质量的定义都是业务部门按照各自的业务特征进行管理，公司的大数据部门仅仅从各业务条线收集数据，并用于用户特征画像，再提供给内部的业务部门使用，或者把用户画像作为产品与第三方合作。该大型互联网公司大数据治理的现状是业务部门各自为政，贴近各自面对的用户，没有统一的数据资产视图。如表 3-3 所示。

表 3-3 示例 2

某大型互联网公司	大数据架构（数据存储）	安全	质量/标准	数据服务		
				清洗、特征画像	分析决策	洞察预测
数据部门主导				√		
业务部门主导	√	√	√			
数据部门和业务部门联合					√	√

3）示例 3

某大型保险公司成立了隶属于信息技术部门的大数据治理小组，负责全部数据资产的管理。大数据治理小组统筹各项内部数据服务，包括存储、备份、物理安全、访问控制，并做清洗和基本的用户画像分析，数据质量与标准规范由业务部门与信息技术部门共同负责，具体的大数据治理日常工作由大数据治理小组牵头，并分解指标逐项落实。贴近客户需求的产品与服务、洞察预测由各业务部门自行主导，以便于各区域、各业务部门及时满足市场需求。如表 3-4 所示。

表 3-4　示例 3

某大型保险公司	大数据架构（数据存储）	安全	质量/标准	数 据 服 务		
				清洗、特征画像	分析决策	洞察预测
数据部门主导	√	√		√	√	
业务部门主导						
数据部门和业务部门联合			√			√

4) 示例 4

某大型能源控股集团成立了隶属于信息技术部门的大数据治理小组，负责牵头企业内部数据资产的梳理。该集团内部的数据分散在各业务单位存储管理，分析决策是依靠下属公司提供的报表汇总，清洗、特征画像、客户洞察等活动还没有展开。数据质量与数据标准由大数据治理小组制定并推动业务部门采纳和实施。如表 3-5 所示。

表 3-5　示例 4

某能源控股集团	大数据架构（数据存储）	安全	质量/标准	数 据 服 务		
				清洗、特征画像	分析决策	洞察预测
数据部门主导	√	√	×	√	×	
业务部门主导	√					
数据部门和业务部门联合						

注：×表示还没有开展相关的工作。

5) 示例 5

某大型金融控股集团成立了专门的大数据治理小组，隶属于信息技术部门，负责全部数据资产的管理，大数据治理小组隶属于信息技术部门，具体工作包括存储、备份、物理安全、访问控制，并做清洗、分析决策，数据的质量与标准规范由业务与数据组联合制定并分解落实指标，该公司还没有展开特征画像、洞察预测等工作。如表 3-6 所示。

表 3-6 示例 5

某金融控股集团	大数据架构（数据存储）	安全	质量/标准	数 据 服 务		
				清洗、特征画像	分析决策	洞察预测
数据部门主导	√	√		×	√	×
业务部门主导						
数据部门和业务部门联合			√			

注：×表示还没有开展相关的工作。

6）示例 6

某大型金融控股集团专门设置了首席数据官（CDO），负责全集团层面的数据资产管理。目前，集团数据资产的存储管理责任人还是业务部门，物理存储放在集团私有云，业务部门负责全部数据资产的管理，具体包括存储、备份和物理安全，访问控制则由业务部门负责，数据质量和标准规范由业务部门和数据部门联合制定，并分解落实指标，特征画像、洞察预测等工作都由业务部门主导，并由 CDO 协调数据资源的开发。如表 3-7所示。

表 3-7 示例 6

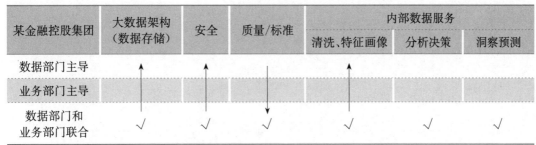

某金融控股集团	大数据架构（数据存储）	安全	质量/标准	内部数据服务		
				清洗、特征画像	分析决策	洞察预测
数据部门主导	↑	↑		↑		
业务部门主导						
数据部门和业务部门联合	√	√	√	√	√	√

注：箭头表示原来的状态变为现在的状态，或者是现在的状态，正往目标状态转移。

◇ 参 ◇ 考 ◇ 文 ◇ 献 ◇

［1］ 吴颖,招商银行大数据分享［EB/OL］.［2015-02-27］http://www.360doc.com/content/15/0227/13/20625606_451201709.shtml.

［2］ Sambamurthy, V. and R. W. Zmud. "Arrangements for Information Technology Governance: A Theory of Multiple Contingencies." ［J］. MIS Quarterly, 1999, 23(2): 261-290.

［3］ Ryan，P．"Crafting information technology governance."［J］．Information Systems Management，2004(3)：7-22．

［4］ 彼得.维尔,珍妮.W.罗斯.IT 治理：一流绩效企业的 IT 治理之道［M］.杨波译.北京：商务印书馆,2005.

第 4 章

大数据架构

本章从顶层设计的角度,在大数据战略和组织的基础上,依据架构设计的原则和定义,结合大数据的特点,提出了大数据架构参考模型,包含大数据基础资源层、大数据管理与分析层、大数据应用与服务层三部分;大数据架构是组织视角下,大数据相关的基础设施、存储、计算、管理、应用等分层和组件化描述,为业务需求分析、系统功能设计、技术框架研发、服务模式创新及价值实现的过程提供指导。

4.1 大数据架构概述

4.1.1 架构与架构设计

"架构(architecture)"一词最初来源于建筑,其核心是通过一系列构件的组合来承载上层传递的压力。架构是系统组成部件及其之间的相互关系,通过明确这种关系,使得架构之间联系更加科学合理,系统更加稳定[1]。

韦伯词典中,架构的定义是"作为一种意识过程结果的形态或框架;一种统一或有条理的形式或结构;建筑的艺术或科学"。这个定义的关键部分是具有特定结构的、体现某种美感的事物以及针对该事物的有意识的、有条理的方法。事实上,架构是一个很广泛的话题,既可以上升到管理与变革层面,也可以沉淀到具体领域的应用和技术中,因为架构不仅仅是一种理念,更是一种实践的产物。

在信息科学领域,普遍采用"架构"的历史并不是很长,但在使用方法上则遵循了相同的规则。ISO/IEC42010《系统和软件工程:架构描述》定义架构是"一个系统的基本组成方式和遵循的设计原则,以及系统组件与组件、组件与外部环境的相关关系"。在软件工程领域,架构定义为"一系列重要决策的集合,包含软件的组织,构成系统的结构元素及其接口选择,以及这些元素在相互协作中明确表现出的行为等"[2]。

从上面的定义分析可知,架构是在理解和分析业务模型的基础上,从不同视角和层次去认识、分析和描述业务需求的过程。通过架构研究,能实现复杂领域知识的模型化,确定功能和非功能的要求,为不同的参与者提供交流、研发和实现的基础,每一类参与者都会结合架构的参考模型,形成各自的架构视图。

架构视图是基于某一视角的系统简化,描述了系统的某一特定方面特性,并省略了与此方面无关的实体。不同架构视图承载不同的架构设计决策,支持不同的目标和用途,从而为软件架构的理解、交流和归档提供了方便。在软件工程领域,影响最大的是 Philippe

Kruchten 在 1995 年《IEEE Software》上发表的《The 4+1 View Model of Architecture》论文,该论文最先提出了"4+1"的视图方法,引起了业界的极大关注。

在软件和系统工程领域,架构通常需要遵循以下设计原则和方法:

(1)分层原则 这里的层是指逻辑上的层次,并非物理上的层次。目前,大部分的应用系统都分为三层,即表现层、业务层和数据层。在层次设计过程中,每一层都要相对独立,层之间的耦合度要低,每一层横向要具有开放性。

(2)模块化原则 分层原则确定了纵向之间的划分,模块化确定了每一层不同功能间的逻辑关系,避免不同层模块的嵌套,以及同层模块间的过度依赖。

(3)设计模式和框架的应用 在不同的应用环境、开发平台、开发语言体系中,设计模式和框架是解决某一类问题的经验总结,设计模式和框架的应用在架构设计中能达到事半功倍的效果,是软件工程复用思想的重要体现。

4.1.2 数据和数据架构

数据是客观事实经过获取、存储和表达后得到的结果,通常以文本、数字、图形、图像、声音和视频等表现形式存在。在系统和软件工程中,数据的描述形式一般分为两个层次:数据结构和数据架构。

数据结构是算法和数据库实现层面的描述,一般是指计算机存储、组织数据的方式,数据结构是相互之间存在一种或多种特定关系的数据元素的集合,往往同高效的检索算法和索引技术有关[3]。

数据架构是系统和软件架构层面的描述,主要是从系统设计和实现的视角来看数据资源和信息流。数据架构定义了信息系统架构中所涉及的实体对象的数据表示和描述、数据存储、数据分析的方式及过程,以及数据交换机制、数据接口等内容,包括静态和动态两个方面的内容。一般来说,数据架构主要包括以下三类规范:

(1)数据模型 数据架构的核心框架模型。

(2)数据的价值链分析 与业务流程及相关组件相一致的价值分析过程。

(3)数据交付和实现架构 包括数据库架构、数据仓库、文档和内容架构,以及元数据架构。

由此可见,数据架构不仅是关于数据的,更是关于设计和实现层次的描述,它定义了组织在信息系统规划设计、需求分析、设计开发和运营维护中的数据标准,对企业基础信息资源的完善和应用系统的研发至关重要。

4.1.3 从数据架构到大数据架构

在大数据时代,随着"大数据"对"数据"内涵和外延的扩展,架构相关的数据模型、价值链分析、架构交付和实现方式也发生了本质的变化。大数据架构是组织视角下，大数据相关的基础设施、存储、计算、管理、应用等分层和组件化描述，为业务需求分析、系统功能设计、技术框架研发、服务模式创新及价值实现的过程提供指导。

相对数据架构，大数据架构在以下两个方面存在不同：

（1）从技术的视角看，大数据架构不仅仅关注数据处理和管理过程中的元数据、主数据、数据仓库、数据接口技术等，更多的是关注数据采集、存储、分析和应用过程中的基础设施的虚拟化技术，分布式文件、非关系型数据库、数据资源管理技术，以及面向数据挖掘、预测、决策的大数据分析和可视化技术等。

（2）从应用的视角看，架构设计会涉及更多维度和因素，更多的关注大数据应用模式、服务流程管理、数据安全和质量等方面。

因此，如何结合分层、模块化的原则，以及相关设计模式和框架的应用，聚焦业务需求的本质，建立核心的大数据架构参考模型，明确基础大数据技术架构的系统实现方式、分析基于大数据应用的价值链实现，从而构建完整的大数据交付和实现架构，是大数据架构研究和实现的重点。

4.2　大数据架构参考模型

4.2.1　总体架构

架构是系统的基本组成方式和遵循的设计原则，以及系统组件与组件、组件与外部环境的相关关系。具体到大数据领域，大数据架构描述了技术和应用视角下的核心组件，以及这些组件之间的分层关系和应用逻辑。

本节在数据架构基础上，结合架构设计的分层原则、模块化原则、设计模式和框架应用，提出了大数据架构的参考模型，如图 4-1 所示。

由图 4-1 可知，大数据架构包含大数据基础资源层、大数据管理与分析层、大数据应用与服务层三部分。

（1）大数据基础资源层位于大数据架构的底层，是大数据架构的基础，主要包含大数据相关的基础设施资源、分布式文件系统、非关系型数据库（NoSQL）和数据资源管理等。

（2）大数据管理与分析层位于大数据架构的中间层，是大数据架构的核心，主要包含元数据、数据仓库、主数据和大数据分析。

（3）大数据应用和服务层是大数据价值的最终体现，包含大数据接口技术、大数据可视化，以及大数据交易和共享、基于开放平台的数据应用和基于大数据的应用工具。

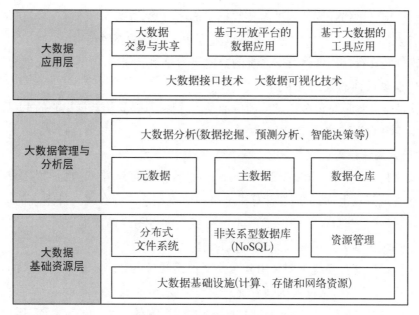

图4-1　大数据架构参考模型

4.2.2　大数据基础资源层

1）大数据基础设施

大数据基础设施层主要包含大数据的计算、存储和网络资源。从大数据的定义分析可知，数据量巨大是大数据的主要特征之一。为支撑海量数据的管理、分析、应用和服务，大数据需要大规模的计算、存储和网络基础设施资源。

目前，大数据基础设施硬件是基于普通商用服务器的集群，这种通用化的集群可以结合其他类型的并行计算设施一起工作，如基于多核的并行处理系统、混合式的大数据并行处理构架和硬件平台等。此外，随着云计算技术的发展，大数据基础设施硬件平台也可以与云计算平台结合，运用云计算平台中的虚拟化和弹性资源调度技术，为大数据处理提供可伸缩的计算资源和基础设施。

大数据一体机是当前主要的发展方向。通过预装、预优化的软件，硬件资源根据软件需求做特定设计，使得软件最大限度地发挥硬件能力。

与大数据一体机对应的是软件定义的兴起，代表了大数据基础设施未来重要的发展方向。从本质上讲，软件定义是希望把原来一体化的硬件设施拆散，变成若干个部件，为这些基础的部件建立一个虚拟化的软件层。软件层对整个硬件系统进行更为灵活、开放和智能的管理与控制，实现硬件软件化、专业化和定制化。同时，对应用提供统一、完备的API，暴露硬件的可操控成分，实现硬件的按需管理。

软件定义基础设施主要包括硬件的三个层次：网络、存储和计算。

（1）软件定义网络强调控制平面和数据平面的分离，在软件层面支持了比传统硬件更强的控制转发能力，实现数据中心内部或跨数据中心链路的高效利用。

（2）软件定义存储同样将存储系统的数据层和控制层分开，能够在多存储介质、多租户存储环境中实现最佳的服务质量。

（3）软件定义计算将负载信息从硬件抽象到软件层，在异构数据中心的 IT 设备集合中实现资源共享和自适应的优化计算。

2）分布式文件系统

分布式文件系统（Distributed File System）是指文件系统管理的物理存储资源不一定直接连接在本地节点上，而是通过计算机网络与节点相连。分布式文件系统的设计基于客户机/服务器模式。一个典型的网络可能包括多个供多用户访问的服务器。另外，对等特性允许一些系统扮演客户机和服务器的双重角色。

当前大数据的文件系统主要采用分布式文件系统（DFS）。随着存储技术的发展，数据中心发生了巨大的变化，文件系统朝着统一管理调度、分布式存储集群的方向发展，存储系统的容量上限、空间效率、访问控制和数据安全有了更高的要求。另一方面，用户对存储系统的使用模式发生了很大的变化，主要表现在两个方面：一是从周期性的批式应用，向交互性的查询和实时的流式应用发展；二是多引擎综合的交叉分析需要更高性能的数据共享。

3）非关系型数据库

NoSQL 数据库摒弃了关系模型的约束、弱化了一致性的要求，从而获得水平扩展能力，支持更大规模的数据。其模式自由（Schema Free），不再坚持 SQL 查询语言，因此催生了多种多样的数据库类型，目前广为接受的是类表结构数据库、文档数据库、图数据库和键-值存储。

类表结构数据库是最早出现、在模式上也是最接近于传统数据库的 NoSQL 数据库，多采用列存储。文档数据库的数据保存载体是 XML 或 JSON 文件，从而能够支持灵活丰富的数据模型。一般文档数据库可以通过键值或内容进行查询。图数据库主要关注的是数据之间的相关性以及用户需要如何执行计算任务。图数据库按照图的概念存储数据，把数据保存为图中的节点以及节点之间的关系，在处理复杂的网络数据时候，重点解决了传统关系数据库在查询时出现的性能衰退问题。图数据库以事务性方式执行关联性操作，这一点在关系型数据库领域只能通过批量处理来完成，除了社交网络，在地理空间计算、搜索与推荐、网络/云分析以及生物信息学等领域，都已经具有广泛的应用。

4）资源管理

资源的本质是竞争性的，资源管理的本质是困难的情况下，在一系列约束条件下，寻找可行解的问题。不同类型资源的应用一起部署可以提高总体资源利用率。资源管理目前主要分为两种方式：一是虚拟化，二是基于 YARN 或 Mesos 的资源管理层。

虚拟化技术是云计算系统的核心组成部分之一，是将各种计算及存储资源充分整合和高效利用的关键技术。虚拟化是计算机资源的抽象方法，通过虚拟化可以用与访问抽象前资源一致的方法访问抽象后的资源，从而隐藏属性和操作之间的差异，并允许通过一种通用的方式来查看和维护资源。虚拟化技术是云计算、云存储服务得以实现的关键技术之一。它将应用程序以及数据，在不同的层次以不同的面貌加以展现，从而使得不同层次的使用者、开发及运维人员，能够方便地使用、开发及维护存储的数据、应用于计算和管理的程序。

　　YARN 是 Apache 新引入的子系统，与 MapReduce 和 HDFS 并列，是一个资源管理系统。YARN 的基本设计思想是将 MapReduce 中的 JobTracker 拆分成了两个独立的服务：一个全局的资源管理器 ResourceManager 和每个应用程序特有的 ApplicationMaster。其中，ResourceManager 负责整个系统的资源管理和分配，而 ApplicationMaster 则负责单个应用程序的管理。YARN 支持多种计算框架，通过双层调度器实现平台的统一管理和调度，以及框架自身的调度。YARN 具有良好的扩展和容错性，能将资源统一管理和调度平台融入多种计算框架，从而实现较高的资源利用率和细粒度的资源分配。

4.2.3　大数据管理与分析层

　　大数据管理与分析层主要包含元数据、主数据、数据仓库、大数据分析等。基于元数据管理，大数据管理与分析层关注数据仓库、主数据，以及基于主数据的分析，从而发掘大数据的潜在信息，实现大数据价值。

1）元数据

　　元数据（Metadata）是关于数据的组织、数据域及其关系的信息，是关于数据的数据（Data about Data）。元数据是信息资源描述的重要工具，可以用于信息资源管理的各个方面，包括信息资源的建立、发布、转换、使用、共享等。元数据在信息资源组织方面的作用可以概括为五个方面：描述、定位、搜寻、评估和选择。

　　元数据管理（Meta data Management）是关于元数据创建、存储、整合与控制等一整套流程的集合。元数据管理在大数据治理中具有非常重要的地位。应用元数据管理能够提升战略信息的价值，帮助分析人员做出更有效的决策，帮助业务分析人员快速找到正确的信息，从而减少对数据的研究时间，减少数据的误用，减少系统开发的生命周期，提高系统开发和投入运行的速度。更重要的是，元数据管理系统可以把整个业务的工作流、数据流和信息流有效地管理起来，使得系统不依赖特定的开发人员，从而提高系统的可扩展性。

　　目前，元数据标准的两种主要类型：行业标准和国际标准。行业元数据标准有 OMG 规范、万维网协会（W3C）规范、都柏林核心规范、非结构化数据的元数据标准、空间地理标准、面向领域元数据标准等。目前，国际元数据标准主要是 ISO/IEC11179，通过描述数据元素的标准化来提高数据的可理解性和共享性。

2）数据仓库

　　随着大数据时代的到来，传统的关系型数据库已不能满足大数据存储的需求，人们开始将焦点转移到数据仓库技术上。数据仓库是为企业所有级别的决策制定过程，提供所有类型数据支持的战略集合。它是单个数据存储，出于分析性报告和决策支持目的而创建。数据仓库是"面向主题的、集成的、随时间变化的、相对稳定的、支持决策制定过程的数据集合"[4]。

数据仓库主要有数据采集、数据存储与管理，以及结构化数据、非结构化数据和实时数据管理等功能。在传统的数据仓库管理系统中，关系型数据库是主流的数据库解决方案，在当前大数据应用的背景下，基于分布式文件的数据存储管理是主要的方向，它基于廉价存储服务器集群设备，能够满足容错性、可扩展性、高并发性等需求。

数据仓库与元数据管理有着较深的依赖关系。在数据仓库领域中，元数据按用途分成技术元数据和业务元数据。元数据能提供基于用户的信息，能支持系统对数据的管理和维护。

具体来说，在数据仓库系统中，元数据机制主要支持以下五类系统管理功能：

（1）描述哪些数据在数据仓库中。

（2）定义要进入数据仓库中的数据和从数据仓库中产生的数据。

（3）记录根据业务事件发生而进行的数据抽取时间安排。

（4）记录并检测系统数据一致性的要求和执行情况。

（5）衡量数据质量。

3）主数据

主数据（Master Data，MD）是指在整个企业范围内各个系统（操作/事务型应用系统以及分析型系统）间要共享的数据，如与客户、供应商、账户及组织单位相关的数据。在传统的数据管理中，主数据依附于各个单独的业务系统，相对分散。数据的分散会造成数据冗余、数据编码不统一、数据不同步、产品研发的延迟等问题。因此，为保证主数据在整个企业范围内的一致性、完整性和可控性，就需要对其进行管理。

主数据管理（Master Data Management，MDM）用一组约束和方法来保证主题域和系统相关数据的实时性和质量，其核心在于"管理"。主数据管理不会创建新的数据或数据结构，只是提供一种方法或方案，使企业能够有效地对数据进行存储管理。

主数据管理是数据管理的一种高级形式，它必须构建于 ETL（Extract-Transform-Load）或 EII（Enterprise Information Integration）等技术之上，因此很多主数据管理平台本身就包含了数据抽取、数据加载、数据转换、数据质量管理、数据复制和数据同步等功能。主数据管理可以帮助创建并维护主数据的单一视图，保证单一视图的准确性、一致性以及完整性，从而提供统一的业务实体定义，简化和改进流程并响应业务需求。

4）大数据分析

大数据只有通过分析才能获取很多智能的、深入的、有价值的信息。越来越多的应用涉及大数据，而这些大数据的属性与特征，包括数量、速度、多样性等都是呈现了不断增长的复杂性，所以大数据的分析方法就显得尤为重要，它是数据资源是否具有价值的决定性因素。

大数据分析的理论核心就是数据挖掘，基于不同的数据类型和格式的各种数据挖掘算法，可以更加科学地呈现出数据本身具备的特点，正是因为这些公认的挖掘方法使得深入数据内部挖掘价值成为可能。

大数据分析的应用核心就是大数据预测。大数据预测完全依赖大数据来源,因此具有"全样非抽样、效率非精确、相关非因果"的特征。按照预测的精细程度,大数据预测可分为不同的层级,能否在不同层级获得准确的预测结果,关键在于前台数据和后台数据、宏观数据和微观数据、共性数据和个性数据之间的关联分析。

大数据分析的结果主要应用到智能决策领域。智能决策支持系统(DSS,Decision Support System)通过人工智能、专家系统和智能分析引擎,能够更充分地理解关于决策问题的描述性知识、决策中的过程性知识、求解问题的推理性知识等,从而解决智能决策领域的复杂问题。

4.2.4 大数据应用与服务层

大数据不仅促进了基础设施和大数据分析技术的发展,更为面向行业和领域的应用和服务带来巨大的机遇。大数据应用与服务层主要包含大数据可视化、大数据交易与共享、大数据应用接口,以及基于大数据的应用服务等方面的内容。

传统的数据可视化基本上是后处理模式,超级计算机进行数值模拟后输出的海量数据结果保存在磁盘中,当进行可视化处理时从磁盘读取数据。数据传输和输入输出的瓶颈等问题增加了可视化的难度,降低了数据模拟和可视化的效率。在大数据时代,这一问题更加突出,尤其是包含时序特征的大数据可视化和展示。

在大数据应用过程中,无论是数据使用者还是数据开发者,在使用数据的时候,都是通过数据访问接口来实现,传统数据访问接口主要有 JDBC(Java Data Base Connectivity)、ODBC(Open Data Base Connectivity)、WEB 服务等。在大数据时代,数据访问一般是通过开放平台接口来实现,通过平台独立、低耦合、自包含、基于可编程数据服务的接口,为大数据的应用提供了通用机制,能够实现平台、语言和通信协议无关的数据交换服务。

在平台可视化和应用接口的支撑下,大数据应用与服务层主要有三种典型的应用模式:数据共享和交易模式、开放平台接口和数据应用工具三种模式。通过数据资源、数据 API 以及服务接口聚集,实现数据交易及数据定制等共享服务、接口服务和应用开发支撑服务。

4.3 大数据架构的实现

4.3.1 不同视角下的架构分析

当前,无论是电信、电力、石化、金融、社保、房地产、医疗、政务、交通、物流、征信体系等传统行业,还是互联网等新兴行业,都积累了大量数据,如何在相关技术的支撑下,结合数据交易和共享、数据应用接口、数据应用工具等需求,建立并实现大数据架构,是当前研究的重要方向。

大数据架构的研究和实现主要是在领域分析和建模的基础上,从技术和应用两个角度来考虑,具体来说,分为技术架构和应用架构两个视角。

(1) 技术架构是指系统的技术实现、系统部署和技术环境等。在企业系统和软件的设计开发过程中,一般根据企业的未来业务发展需求、技术水平、研发人员、资金投入等方面来选择适合的技术,确定系统的开发语言、开发平台及数据库等,从而构建适合企业发展要求的技术架构。

(2) 应用架构是从应用的视角看,大数据架构主要关注大数据交易和共享应用、基于开放平台的数据应用(API)和基于大数据的工具应用(APP)。

由大数据架构的分析和应用可知,技术和应用的落地是相辅相成的。在具体架构的落地过程中,可结合具体应用需求和服务模式,构建功能模块和业务流程,并结合具体的开发框架、开发平台和开发语言,从而实现架构的落地。图4-2展示了一种典型基于Hadoop的大数据架构实现。

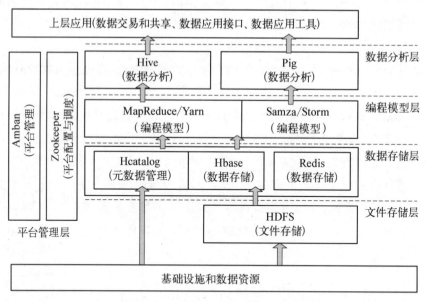

图4-2　基于 Hadoop 大数据架构的实现示例

4.3.2　大数据技术架构

大数据技术作为信息化时代的一项新兴技术,技术体系处在快速发展阶段,涉及数据的处理、管理、应用等多个方面。具体来说,技术架构是从技术视角研究和分析大数据的获取、管理、分布式处理和应用等。大数据的技术架构与具体实现的技术平台和框架息息相关,不同的技术平台决定了不同的技术架构和实现。一般的大数据技术架构参考模型如图4－3所示。

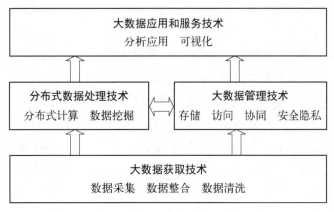

图4－3 大数据技术架构

由图4－3可知,大数据技术架构主要包含大数据获取技术层、分布式数据处理技术层和大数据管理技术层,以及大数据应用和服务技术层。

1) 大数据获取技术

目前,大数据获取的研究主要集中在数据采集、整合和清洗三个方面。数据采集技术实现数据源的获取,然后通过整合和清理技术保证数据质量。

数据采集技术主要是通过分布式爬取、分布式高速高可靠性数据采集、高速全网数据映像技术,从网站上获取数据信息。除了网络中包含的内容之外,对于网络流量的采集可以使用 DPI 或 DFI 等带宽管理技术进行处理。

数据整合技术是在数据采集和实体识别的基础上,实现数据到信息的高质量整合。需要建立多源多模态信息集成模型、异构数据智能转换模型、异构数据集成的智能模式抽取和模式匹配算法、自动的容错映射和转换模型及算法、整合信息的正确性验证方法、整合信息的可用性评估方法等。

数据清洗技术一般根据正确性条件和数据约束规则,清除不合理和错误的数据,对重要的信息进行修复,保证数据的完整性。需要建立数据正确性语义模型、关联模型和数据约束规则、数据错误模型和错误识别学习框架、针对不同错误类型的自动检测和修复算法、错误检测与修复结果的评估模型和评估方法等。

2) 分布式数据处理技术

分布式计算是随着分布式系统的发展而兴起的,其核心是将任务分解成许多小的部分,分配给多台计算机进行处理,通过并行工作的机制,达到节约整体计算时间,提高计算效率的目的。目前,主流的分布式计算系统有 Hadoop、Spark 和 Storm。Hadoop 常用于离线的复杂的大数据处理,Spark 常用于离线的快速的大数据处理,而 Storm 常用于在线的实时的大数据处理。

大数据分析技术主要指改进已有数据挖掘和机器学习技术；开发数据网络挖掘、特异群组挖掘、图挖掘等新型数据挖掘技术；突破基于对象的数据连接、相似性连接等大数据融合技术；突破用户兴趣分析、网络行为分析、情感语义分析等面向领域的大数据挖掘技术。

大数据挖掘就是从大量的、不完全的、有噪声的、模糊的、随机的实际应用数据中，提取隐含在其中的、人们事先不知道的但又是潜在有用的信息和知识的过程。目前，大数据的挖掘技术也是一个新型的研究课题，国内外研究者从网络挖掘、特异群组挖掘、图挖掘等新型数据挖掘技术展开，重点突破基于对象的数据连接、相似性连接、可视化分析、预测性分析、语义引擎等大数据融合技术，以及用户兴趣分析、网络行为分析、情感语义分析等面向领域的大数据挖掘技术。

3) 大数据管理技术

大数据管理技术主要集中在大数据存储、大数据协同和安全隐私等方面。

大数据存储技术主要有三个方面。第一，采用 MPP 架构的新型数据库集群，通过列存储、粗粒度索引等多项大数据处理技术和高效的分布式计算模式，实现大数据存储。第二，围绕 Hadoop 衍生出相关的大数据技术，应对传统关系型数据库较难处理的数据和场景，通过扩展和封装 Hadoop 来实现对大数据存储、分析的支撑。第三，基于集成的服务器、存储设备、操作系统、数据库管理系统，实现具有良好的稳定性、扩展性的大数据一体机。

多数据中心的协同管理技术是大数据研究的另一个重要方向。通过分布式工作流引擎实现工作流调度、负载均衡，整合多个数据中心的存储和计算资源，从而为构建大数据服务平台提供支撑。

大数据隐私性技术的研究，主要集中于新型数据发布技术，尝试在尽可能少损失数据信息的同时最大化地隐藏用户隐私。但是，数据信息量和隐私之间是有矛盾的，因此尚未出现非常好的解决办法。

4) 大数据应用和服务技术

大数据应用和服务技术主要包含分析应用技术和可视化技术。

大数据分析应用主要是面向业务的分析应用。在分布式海量数据分析和挖掘的基础上，大数据分析应用技术以业务需求为驱动，面向不同类型的业务需求开展专题数据分析，为用户提供高可用、高易用的数据分析服务。

可视化通过交互式视觉表现的方式来帮助人们探索和理解复杂的数据。大数据的可视化技术主要集中在文本可视化技术、网络（图）可视化技术、时空数据可视化技术、多维数据可视化和交互可视化等。在技术方面，主要关注原位交互分析（In Situ Interactive Analysis）、数据表示、不确定性量化和面向领域的可视化工具库。

4.3.3 大数据应用架构

大数据应用是其价值的最终体现,当前大数据应用主要集中在业务创新、决策预测和服务能力提升等方面。从大数据应用的具体过程来看,基于数据的业务系统方案优化、实施执行、运营维护和创新应用是当前的热点和重点。

大数据应用架构描述了主流的大数据应用系统和模式所具备的功能,以及这些功能之间的关系,主要体现在围绕数据共享和交易、基于开放平台的数据应用和基于大数据工具应用,以及为支撑相关应用所必需的数据仓库、数据分析和挖掘、大数据可视化技术等方面。

应用视角下的大数据参考架构如图 4-4 所示。

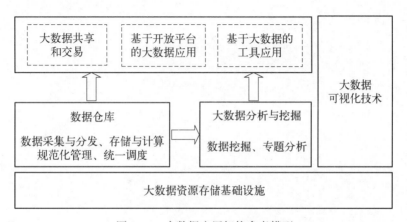

图 4-4 大数据应用架构参考模型

大数据应用架构以大数据资源存储基础设施、数据仓库、大数据分析与挖掘等为基础,结合大数据可视化技术,实现大数据交易和共享、基于开放平台的大数据应用和基于大数据的工具应用。

大数据交易和共享,让数据资源能够流通和变现,实现大数据的基础价值。大数据共享和交易应用是在大数据采集、存储管理的基础上,通过直接的大数据共享和交易、基于数据仓库的大数据共享和交易、基于数据分析挖掘的大数据共享和交易三种方式和流程实现。

基于开放平台的大数据应用以大数据服务接口为载体,使数据服务的获取更加便捷,主要为应用开发者提供特定数据应用服务,包括应用接入、数据发布、数据定制等。数据开发者在数据源采集的基础上,基于数据仓库和数据分析挖掘,获得各个层次应用的数据结果。

大数据工具应用是主要集中在智慧决策、精准营销、业务创新等产品工具方面,是大数据价值体现的重要方面。结合具体的应用需要,用户可以结合相关产品和工具的研发,对外提供相应的服务。

◇**参◇考◇文◇献**◇

［1］ 郭树行. 企业架构与 IT 战略规划设计教程［M］. 北京：清华大学出版社，2013.

［2］ 布奇，等. UML 用户指南(第 2 版·修订版)［M］. 邵维忠等译. 北京：人民邮电出版社，2013.

［3］ 严蔚敏，吴伟民. 数据结构(C 语言版)［M］. 北京：清华大学出版社，2004.

［4］ 夏火松. 数据仓库与数据挖掘技术［M］. 北京：科学出版社，2004.

第5章

大数据安全、隐私和合规管理

大数据所具有的"4V 特征"使得传统数据的安全与隐私问题显著放大,导致大数据面临前所未有的安全、隐私与合规性的挑战。本章在分析了大数据在安全、隐私、合规方面所面临的主要问题和挑战,首先描述了大数据安全方面的建模、分析和实施方法;其次,介绍了大数据的安全防护方法,以及大数据分析技术给信息安全分析所带来的智能化;然后,介绍了大数据隐私保护的对策和相关新技术;最后,重点介绍了美国、欧盟及我国的数据合规管理状况,为大数据合规管理提供法律法规方面依据和参考。

5.1　大数据安全和隐私的问题与挑战

大数据时代,每个人都是大数据的使用者和生产者。人们一边享受着基于移动通信技术和数据服务带来的快捷、高效,同时也笼罩在"个人信息泄露无处不在,人人'裸奔'"的风险之中,近年来频繁上演的信息泄露事件更是层出不穷,引发了大数据的信任危机,对大数据发展造成了严重不利的影响[1]。

2014 年 10 月,美国资产规模第一大银行摩根大通称,由于公司计算机系统遭遇网络攻击,7 600 万家庭和 700 万小企业的相关信息被泄露。这是美国历史上波及范围最广的信息泄漏事件之一,进一步加剧了用户尤其是重要企业客户对网络安全以及大数据环境下数据安全和隐私的担忧。此外,2014 年 5 月,美国电商巨头亿贝公司遭遇网络攻击,全球范围内 1.45 亿条客户信息被泄露。2013 年,斯诺登"棱镜门"事件曝光了美国国家安全局的秘密监听计划,事件表明美国政府通过技术手段一直在对各大网络服务商的服务器进行监听,并对获取的用户数据进行分析。2012 年 8 月,苹果公司的 iCloud 云服务受到黑客攻击,黑客暴力破解用户密码后,删除了部分用户资料,而云平台并未备份用户数据,导致了用户数据的丢失,并致使用户 Gmail 和 Twitter 账号被盗。2011 年 4 月,Amazon 的 EC2 云计算服务被黑客租用,对 SonyPlayStation 网站进行了攻击,造成了大规模用户数据的泄露。2011 年 3 月,谷歌邮箱爆发用户数据泄露事件,大约 15 万用户的信息受到影响。2010 年 9 月,谷歌员工 David Barkadale 利用职权查看了多个用户的隐私数据,其中包括 4 个未成年人的信息。

国内方面,从 2015 年 5 月 28 日携程网全面瘫痪事件、2015 年 4 月的社保信息泄露事件、2014 年 12 月的 12306 信息泄露事件,到携程网用户银行卡信息漏洞、汉庭等快捷酒店客户信息泄露事件,再到小米用户信息泄露事件,各种"安全门"的出现也暴露了虚拟世界的安全隐患。

世界知名信息安全厂商赛门铁克发布报告称,随着大数据时代的到来,2013 年全球超过 5.52 亿条个人身份信息被泄露,泄露数据的数量是 2012 年的 4 倍,全球大规模泄露事件从 2012 年的 1 起增加到 8 起,每一起事件泄露的信息都超过千万。因此,保护数据安全与隐私成为目前极为重要而紧迫的任务。

在这个大数据几乎成为人们日常交流口头禅的时代,在这个人们饱含热情准备全力拥抱大数据的时刻,需要冷静下来对大数据的安全、隐私和合规管理进行深入的分析,以便更好地理解大数据安全和隐私问题的复杂性,从而帮助用户在个人数据保护方面做出更好的决策。企业在用户数据采集、使用、保护等方面实施改进策略,以及政府在大数据管理方面提出更好的法律法规等约束性机制。正如 Gartner 所言:"大数据安全是一场必要的斗争。"

随着大数据与云计算技术的深度融合,传统的面向小型定制并以静态数据为主的防火墙和半隔离网络安全机制无法满足当前的发展要求。例如,用于异常检测的分析会产生太多的异常告警,流数据要求快速的响应时间等。

本节的目的是集中讨论来自实践的大数据安全和隐私的十大挑战。

5.1.1 大数据带来的安全隐私问题

大数据应用模式导致数据所有权和使用权分离,产生了数据所有者、提供者、使用者三种角色,数据不再像传统技术时代那样在数据所有者的可控范围之内。数据是大数据应用模式中各方都共同关注的重要资产,黑客实施各种复杂攻击的目标就是盗取用户的关键数据资产,因此围绕数据安全的攻防成了大数据安全关注的焦点,同时也牵动着数据所有者、提供者、使用者等各方敏感的神经。

人们所熟悉的信息安全问题:从计算机病毒到网络黑客,从技术性故障到有组织攻击,从个人隐私破坏到大规模数据泄露等,在大数据时代依然存在。由于大数据主要来源于大联网、大集中、大移动等信息技术的社会应用,大数据已经成为网络社会的重要战略资源。它将网络空间与现实社会连在一起,将传统安全与非传统安全融为一炉,将信息安全带入到一个全新、复杂和综合的时代。

1) 大数据成为网络攻击的显著目标

网络技术的发展为不同领域、不同行业之间实现数据资源共享提供条件。在网络空间,大数据是更容易被"关注"的大目标。一方面,大数据意味着大规模的数据,也意味着更复杂、更敏感的数据,对于大数据的整合和分析可以获得一些敏感和有价值的数据,这些数据会吸引更多的潜在攻击者。另一方面,数据的大量汇集,使得黑客在将数据攻破之后以此为突破口获取更多有价值的信息,无形中降低了黑客的进攻成本,增加了"性价比"。从近几年发生的一些互联网公司用户信息泄露案可以看出,被泄露的数据量非常庞大,例如职业社交网站 LinkedIn 在 2012 年泄露了 650 万用户账户密码,雅虎致使 45 万用户 ID 泄露等。2011 年,我国最大程序员网站有 600 万个人信息和邮箱密码在遭到攻击后被黑客公开，进而引发了连锁的泄密事件。2013年，中国人寿80万客户的个人保单信息被泄露。

2）对大数据的分析利用可能侵犯个人隐私

大数据时代个人是数据的来源之一，企业大量采集个人数据，并通过一套技术、方法对与个人相连的庞大数据进行整合分析，对企业而言是挖掘了数据的价值；但对个人而言，却是在个人无法有效控制和不知晓的情况下，将个人的生活情况、消费习惯、身份特征等暴露在他人面前，这极大地侵犯个人的隐私。随着企业越来越重视挖掘数据价值，通过用户数据来获取商业利益将成为趋势，侵犯个人隐私将不可避免。

3）大数据成为高级可持续攻击的载体

高级可持续攻击（Advanced Persistent Threat，APT）的特点是攻击时间长、攻击空间广、单点隐藏能力强，大数据为入侵者实施可持续的数据分析和攻击提供了极好的隐藏环境。传统的信息安全检测是基于单个时间点进行的基于威胁特征的实时匹配检测，而APT是一个实施过程，不具有被实时检测到的明显特征，无法被实时检测。黑客轻易设置的任何一个攻击监测诱导欺骗，都会给安全分析和防护服务造成很大困难，或直接导致攻击监测偏离规则方向。隐藏在大数据中的APT攻击代码也很难被发现。此外，攻击者还可以利用社交网络和系统漏洞进行攻击，在威胁特征库无法检测出来的时间段发起攻击。

黑客还可以利用大数据扩大攻击效果，主要体现在以下三个方面：

（1）黑客利用大数据发起僵尸网络攻击，可能同时控制上百万台傀儡机并发起攻击，此数量级是传统单点攻击不具备的。

（2）黑客可以通过控制关键节点放大攻击效果。

（3）大数据的价值低密度特性，让安全分析工具很难聚焦于价值点，黑客可以将攻击隐藏在大数据中，给安全厂商的分析带来困难。

4）大数据技术会被黑客利用

大数据挖掘和分析等技术能为企业带来商业价值，为个人带来生活便利，当然黑客也会利用这些大数据技术发起攻击。黑客会从社交网络、邮件、微博、电子商务中，利用大数据技术搜集企业或个人的电话、家庭住址、企业信息防护措施等信息，大数据技术使黑客的攻击更加精准。此外，大数据也为黑客发起攻击提供了更多机会。如果黑客利用大数据发起僵尸网络攻击，就会同时控制上百万台傀儡机并发起攻击。2012年12月，GhostShell的黑客组织泄露了来自NASA、FBI、国际刑警组织、美联储、五角大楼等多个重要政府机构和公司的160万个账户信息。

大数据在遭受黑客攻击的时候，也被他们加以利用反过来进行网络攻击活动。具体来说，大数据被利用包括两个方面。第一，黑客利用大数据技术进行信息的整合和搜集活动，为发动网络攻击打下扎实的基础，而大数据自身所具有的一些精准度高、关联性强的特点反过来又会被黑客们加以应用，黑客们拥有了更强劲的网络攻击能力，不断创造出更多的攻击机会，对整个网络安全运行都造成巨大的影响。第二，大数据被利用成为攻击的载体。

在传统的防护检测中,检测软件在系统设定的固定时间点对一些具有威胁特征的媒介与载体进行实时匹配式检测,而大数据的网络运营环境则使得传统的检测无法产生失效。黑客利用这一特性,藏身于大数据中,利用大数据的隐蔽性躲开检测软件的搜查。

5）大数据存储带来新的安全问题

大数据会使数据量呈非线性增长,而复杂多样的数据集中存储在一起,多种应用的并发运行及频繁无序的使用状况,有可能会出现数据类别存放错位的情况,造成数据存储管理混乱或导致信息安全管理不合规范。同时,数据的不合理存储,也加大了事后溯源取证的难度。

另外,大数据的规模也会影响到安全控制措施能否正确的运行。面对海量的数据,常规的安全扫描手段需要耗费过多的时间,已经无法满足安全需求;安全防护手段的更新升级速度无法跟上数据量非线性增长的步伐,就会暴露大数据安全防护的漏洞。

在大数据之前,我们通常将数据存储分为关系型数据库和文件服务器两种。而当前大数据汹涌而来,数据类型各式各样。虽然主流大数据存储架构具有可扩展性和可用性等优点,利于高性能分析,但是大数据存储仍存在以下问题:一是相对于严格访问控制和隐私管理的数据库存储管理技术,目前大数据存储的存储模式在维护数据安全方面未设置严格的访问控制和隐私管理;二是虽然大数据存储可能会存在各种漏洞,毕竟它使用的是最近几年的新出现的技术和代码,尚未经受长时间的考验;三是由于大数据存储服务器软件没有内置足够的安全性,所以客户端应用程序需要内建安全机制,这又反过来导致产生了诸如身份验证、授权过程和输入验证等大量的安全问题。据媒体报道,三名德国学生发现全球约 4 万个 MongoDB 数据库在无任何安全保护的情况下暴露于互联网上,攻击者可以轻而易举地获得这些数据库的控制权限[2]。

6）大数据传播的安全问题

大数据在传播过程中引发不同的安全问题。首先,大数据的传输需要各种网络协议,而部分专为大数据处理而新设计的传输协议仅关注于性能方面,缺乏专业的数据安全保护机制;若数据在传播过程中遭到泄漏、破坏或拦截,可能造成数据安全管理大失控、谣言大传播、隐私大泄密等问题。

7）大数据的数据源众多,维护和保护难度加大

现有的大数据系统大多建立各自独立的后台数据管理机制,给技术防护工作带来挑战,众多分散的数据源未进行相对集中的安全域管理,需要投入大量的防护、审计设备进行保护。同时,数据源众多,原始数据、衍生数据的大量存在,也造成数据一旦泄露难以查找根源,造成的危害可能无法弥补。

8）大数据的审计方案缺失

大数据多采用云存储、并行计算技术,数据量快速增长,对这种技术架构的访问控制、安全审计工具在国内还是空白。在 PB 甚至是 EB 的数量级的情况下,访问控制、审计工具的吞吐量可能无法满足需求,由于数据访问量过大,造成审计日志迅速增长,现有的审计产品可能无法支持在一定时限内记录并保存日志。同时，如何将分散的数据访问行为汇总分析，在巨大的访问行为中开展审计、发现问题还需进一步研究。

9) 大数据内容的可信性可能存在问题

大数据的可信性问题分为两个方面：一是来源于人为的数据捏造，即数据的真实性无法保证；二是数据在传输过程中的逐渐失真。当有人刻意制造或者伪造数据时，大数据就显得不那么可信。我们最常接触的就是各种电商网站上刷好评来误导消费者购物的情况。新闻中也常报道这样的事情，即企业对错误的数据采取行动，然后"深受其害"。2013 年 4 月，一家新闻机构的 Twitter feed 被黑客攻击，该黑客发出了虚假的消息，声称白宫正受到攻击。这则消息导致几家投资机构开始抛售股票，最终让这些公司遭受巨大的财产损失。这样的事件给我们敲响了警钟，数据即使是大数据，并不一定是准确或者可信的。数据在传输过程中会逐渐失真，人工干预数据采集过程可能引入误差，由于失误而导致数据失真与偏差，最终影响数据分析结果的准确性。此外，还有可能是有效的数据已经变化，导致原有数据已经失去应有的作用，如客户的电话号码、地址的变更等。

5.1.2　大数据安全和隐私的十大技术挑战

CSA（云计算安全联盟）提出了大数据安全和隐私的十大技术挑战[3]，图 5-1 描述了大数据生态系统中的这十大技术挑战的具体场景。

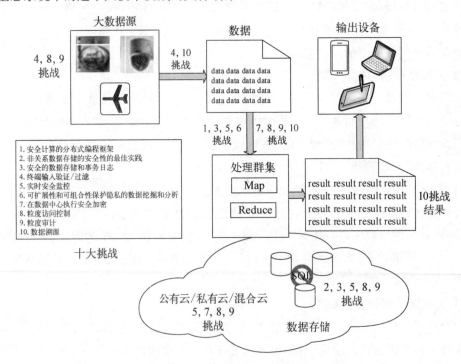

图 5-1　大数据的十大技术挑战

大数据安全和隐私这十大技术挑战在大数据的生态系统中可分为四个方面(见图 5-2):基础设施安全、数据隐私、数据管理,以及完整性和反应型安全。

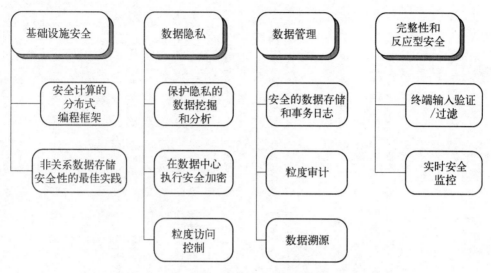

图 5-2 十大技术挑战在大数据生态系统中的分类

5.1.3 十大技术挑战的建模、分析和实施

为了确保大数据系统基础设施的安全,必须确保分布式计算和数据存储的安全,保护数据本身安全;信息传播必须保护隐私,并通过使用密码和粒度访问控制保护敏感数据。管理大量数据需要可伸缩的分布式解决方案,确保数据存储安全并实现高效的审计。最后,必须检查来自不同端点的数据流完整性,并对安全事件执行实时分析,以确保基础设施的安全。

CSA 提出了解决安全和隐私挑战通常需要解决的三个方面:

(1) 建模 对采用形式化方法描述威胁模型,以覆盖大部分网络攻击或数据泄漏场景。

(2) 分析 寻找基于威胁模型的易实施的解决方案。

(3) 实施 基于现有基础架构实施解决方案。

本节对每一个挑战提供一个简短的说明,对每一个挑战评审大数据使用的脆弱性,并总结现有知识的建模、分析和实施,见表 5-1。

5.2 大数据安全防护

大数据的安全性直接关系到大数据业务能否全面地推广,大数据安全防护的目标是保

表 5 - 1　各安全挑战的建模、分析和实施表

挑战	建　模	分　析	实　施
安全计算的分布式编程框架	MapReduce 分布式计算框架中映射器的威胁模型有三个主要场景： (1) 计算任务节点故障。在分布式计算中由于配置不正确或错误导致的节点分配，可能导致映射器故障； (2) 基础设施攻击。中间节点可能利用与其他节点间的通信机制向 MapReduce 基础设施发起中间人攻击或 DoS 攻击； (3) 恶意数据节点。恶意数据节点，从而非法接收集群数据，进而改变数据集群或改变 MapReduce 代码	(1) 分析包含两个维度：确保映射器可信；在存在不受信任映射器的情况下保护数据； (2) 技术包含两个方面：建立信任关系和强制访问控制（MAC）。其中，建立信任关系是指建立初始信任并定期更新；强制访问控制是指确保根据一个预先定义的安全策略对文件进行访问	对于映射器而言，功能灵敏程度、对任意的影响程度、对任意敏感度的评估是很困难，进行映射器灵敏度的评估是很困难。 为了确保解决方案能够得到广泛接受，需要考虑以下两个问题： (1) 实施强制访问控制对于性能所带来的影响； (2) 差别隐私方案在提供安全保障方面所存在的局限性
非关系数据存储安全性的最佳实践	NoSQL 数据库的威胁模型有六个主要情景： (1) 事务完整性。NoSQL 最明显缺点之一是：它为了提高性能和扩展性，在事务完整性保障方面存在很大的不足； (2) 宽松的身份验证机制。NoSQL 使用脆弱的身份验证技术和密码存储机制，这使得其容易遭受重发攻击和密码暴力破解攻击； (3) 低效的授权机制。由于 NoSQL 的授权机制大多在每个数据库实现，而不是在数据采集层多角色实现，因此很难按照基于用户角色的访问控制 (RBAC) 模型定义用户角色和安全组； (4) 容易遭受注入攻击。由于 NoSQL 大多采用轻量级的协议和机制，容易遭受类似 Jason 注入、REST 注入、框架注入、视图注入人等攻击，从而导致数据破坏甚至拒绝服务； (5) 缺乏一致性。在分布式模式下，无法同时满足 CAP 原理中所有三个元素（一致性、可用性和分区容忍）的要求； (6) 内部攻击。安全机制的缺乏可能引来内部攻击，而审计机制的缺乏导致这些攻击无法被发现	(1) 数据完整性需要通过应用程序或中间件层实现。密码在系统运行或存未存在，而是以明文方式存在，而且应该使用不过以哈希算法加密存储。数据库中安全的数据也不应该以明文方式存放； (2) 集群间的通信整制应该增强，以确保节点间在建立起信任的通信机制之前，可以对其他信任关系节点的参与节点的信任关系进行验证； (3) 适当的日志记录机制，动态日志分析，日志聚合和关联分析都可检测到潜在的攻击； (4) 采用适当的数据标记技术，将可以保护数据带时间戳的数据的智能算法修改，避免受非授权改，这些技术也能确保保存数据的真实性	采用简单的外挂式安全机制很难保障 NoSQL 内部数据存储的安全性。可以将 NoSQL 隐藏在一个安全中间件伴层之下，如使用类似 Hadoop 的框架在 NoSQL 之上创建一个虚拟安全层。通过这个安全层实现 NoSQL 表或字段层的对象级安全控制，确保外部无法通过其他途径直接访问数据。Cloudera 版本的 Hadoop 程序的数据管理支持强 Kerberos 身份验证。这种机制可以： (1) 防止恶意用户； (2) 在所有远程过程调用 (RPCs) 执行用户身份验证； (3) 在 Hadoop 管理节点、群集节点和任务跟踪器中执行用户组策略，预防恶意身份的恶意用户操作； (4) 通过适当的隔离机制确保 Map 任务一直在易受攻击的用户账户下运行。 对易受攻击的 Hadoop 数据，加密文件级加密，适用于好的保护。Hadoop 提供文件级加密，适用于各种操作系统、平台和数据存储类型

（续表）

挑战	建模	分析	实施
安全的数据存储和事务日志	自动分层存储系统的威胁模型包括七个主要情景： (1) 机密性和完整性。除了那些企图窃取敏感信息或损坏用户数据的人侵者之外，存储服务提供商也被认为是不可信的第三方； (2) 数据溯源。由于数据规模非常大，下载整个数据集以验证其可用性和完整性是不可行的。因此需要轻量型的方案，在提供验证的同时只需增加很少的计算和通信开销； (3) 可用性。自动分层存储在保证可用性方面也给服务提供者带来挑战。下层安全机制不足可能遭受拒绝服务攻击，下层和上层之间的性能差异在灾备过程中可能导致时间窗口拉长； (4) 一致性。数据通常在不同层次之间流动并在不同用户之间共享，维持一致性要处理好两个问题：写可串行性和多写多读性（MWMR）； (5) 串通攻击。当数据所有者的密码文本存在一个自动分层存储系统中，并将被授权访问同某些数据发给用户时，每个用户就透明地被给该数据集的一部分。如果服务提供者将他们一组用户访问内的数据； (6) 回滚攻击。在多用户环境中，服务提供者可以对用户实施回滚攻击。在数据集存储设备时，服务提供者可以提供较早版本给他们，欺骗用户，给他们提供过时版本； (7) 争端。记录的缺乏之会导致用户和存储服务提供商提供者之间，或用户之间的争端。当发生数据丢失或被篡改时，传输日志/记录是确定责任的关键	信息保证和网络基础设施安全等领域发展迅速，下面介绍解决以上安全问题的一些先进技术： (1) 使用强大的加密和消息摘要技术可以实现强机密性和完整性。交换签名的消息摘要可用于解决潜在的争端。用户新鲜度和写可串行性可以通过定期审计和哈希链或验证字典（PAD）来解决。保护不受信任的数据存储库（SUNDR）可用于检测一致性攻击和写可串行性； (2) 两个线性写多读（SWMR）协议提出了解决单写多读（SWMR）的问题。广播加密和密钥轮换可用于提高可伸缩性。数据可用性可通过检索证明的可证明的数据持有（POR）或成本较低的证据基于同步的数据持有（PDP）方法来改进； (3) 一种基于策略的加密系统（PBES）可以成功地保证无密通环境。如果交换解密的内容，中介私人密钥没有交换解密文本交换内容，数字版权管理可以防止用户申通攻击； (4) 目前，虽然有了解决大型自动分层存储系统中的各种安全问题的各种技术，但是还没有系统的方法未将它们整合到一个无缝的安全整体解决方案中。在不同的层中非均匀分布的数据传输安全策略为确保数据传输安全带来了额外挑战。对安全性、可用性、复杂性和成本的平衡应该有更多的考虑	在满足安全要求，如数据机密性、完整性和可用性时，三个特殊问题需要更多的关注： (1) 动态数据操作。自动分层存储系统中的数据集是动态的、修改、复制、删除和插入等操作将会频繁的发生。扩展的动态版本的PDP方案能达到更高的效率，因为它只依赖于对称密钥动态加密。正规的动态可证明数据拥有（DPDP）框架可以提高检测概率，虽然会增加一些服务器计算负担的成本。紧密型POR的扩展版本支持可公开验证和基于网络的自动分层存储系统的关注； (2) 隐私保护。将验证流程外包给第三方审计员（TPA）是一个发展趋势。该方案基于同态线将可以公开得到。TPA审计存储在服务器不同的层的数据集能够保护数据隐私； (3) 加密数据的安全操作。在隐私保护审计之外，今天的外包计算任务在密文本没有解密的能力。因为有更复杂功能的支持，完全同态加密方案可以使这些运作流程成为可能。最新的"加密云存储"技术为云平台提供了替代方案，它允许安全在IaaS构建在一个不受信任的基础设施上

（续表）

挑战	建模	分析	实施
终端输入验证/过滤	输入验证的威胁模型有四个主要情景： (1) 攻击者可能会篡改设备采集的数据，或篡改数据采集设备上运行的应用程序，从而给中央数据采集系统提供恶意输入； (2) 攻击者可以在数据采集系统创建多个假身份（如冒牌苹果 ID），然后利用伪造身份提供恶意输入，从而执行 ID 克隆攻击（如 Sybil 攻击）； (3) 一个更复杂的场景是攻击者可以操纵遥感数据的输入源； (4) 攻击者可能会损害从数据源到中央集合系统的数据传输中的数据（如通过执行一个中间人攻击和重放攻击）	输入验证问题的解决方案分为两类：防止攻击者生成和发送恶意输入到中央系统解决方案；如果攻击者成功输入恶意数据，则在中央系统对这些恶意输入进行检测和过滤。 (1) 防止敌人发送恶意的输入需要采用防御软件并执行对 Sybil 攻击进行防御； (2) 对于 ID 克隆攻击和 Sybil 攻击，在不同领域（如对等网络系统、推荐系统、车载网络和无线传感器网络）已提出了防御方案； (3) 大数据的优势可用来检测和过滤恶意输入到中央采集系统的数据	在此介绍一种在实践中实施的混合方法： (1) 大数据采集系统应采取谨慎的策略开发安全的数据采集和恶意数据，则他们应该特别考虑采集 BYOD 是不受信任的设备上运行的应用； (2) 设计师应明确他们的系统可能存在的会导致 Sybil 攻击和 ID 散骗攻击的漏洞，然后采用具有成本效益比的方式来减缓攻击； (3) 设计师应该承认一个执着的攻击者将能够发送恶意输入至他们的中央系统。对此，设计者应开发身份认证算法来检测和过滤来自攻击者的恶意输入。
实时安全监控	对大数据基础设施的威胁，包括恶意管理员访问应用程序或节点、（Web）应用程序威胁、网上窃听等。这些涉及每个组件的安全，以及这些组件的安全集成。 在公共云中运行 Hadoop 集群必须考虑： (1) 公共云的安全，它是一个计算、存储和网络构成的生态系统； (2) Hadoop 集群本身的安全、节点的安全，以及存储在节点上数据的安全； (3) 监视应用程序本身的安全，包括适用的相关规则，应遵循应用的安全编码原则和最佳实践； (4) 数据输入源的安全（如设备、传感器）	大数据分析可用于监视群集，并记录的异常连接来识别可疑事件的异常活动； (1) 大数据分析可用于监视群集，并记录他们的异常连接来识别可疑事件的异常活动； (2) 执行挖掘和分析算法的人员应该记住统计攻击问题是为了减轻潜在的攻击； (3) 监测数据必须考虑结合不同的因素（如技术、法律和道德）； (4) 隐私保护机制可以纳入大数据分析系统，以改进数据管理机制	分布式计算平台提供商和供应商正在制订监测和分析工具。 (1) 一种解决方案是执行活动的前端系统，以监测 Hadoop 请求（如数据库活动的监控程序或代理）。应用程序安全取决于应用程序本身和安全组件是否已内置（即坚持 OWASP 准则）； (2) 实时监控的解决方案和框架，如 NIST 的安全内容自动化协议（SCAP），正在慢慢进入大数据宽争领域。Hadoop 工具只具能面向批处理领域，对历史或趋势分析难以实时监控； (3) 其他监控和流媒体应用正在建立在 Hadoop 上的实时应用市场

（续表）

挑战	建 模	分 析	实 施
保护隐私的数据挖掘和分析	用户隐私威胁模型存在三种主要情景： (1) 在大数据存储公司内部可以滥用访问机制并侵犯隐私策略(如通过监测跟踪用户)； (2) 如果将数据外包出去作数据分析，不受信任的合作伙伴可以滥用其访问的数据用户的私人信息[如云基础设施(在存储和处理数据上通常不是由数据的所有者控制)； (3) 对共享数据进行研究，是另一个重要用途。公布关于数据的研究，是一个挑战，因为需要重新鉴定。重新鉴定的定义是指匿名的个人资料是符合它真正的数据所有者	隐私保护的分析是一个开放的研究领域，它可以尽可能防止数据恶意利用行为。 (1) 差分隐私是保护隐私的第一步。差分隐私定义一个正式的隐私的模型，它将计算开销和噪声的结果添加到数据分析结果中，可以安全的保护用户隐私； (2) 解决计算资源外包带来潜在的隐私问题的普遍方法是同态加密，它对加密的外包数据提供数据分析。这项技术目前处于起步阶段，并不适合当前部署，但它是一个有希望的技术领域，需要进行长期研究。 (3) 隐私必须保存在各个环节，即使多个数据库连接，也要控制个人信息的泄漏。连接保持匿名数据存储是个挑战，因为我们的需要保持匿名数据之间的一致性	(1) 减少业内人士潜在的滥用，大数据运营商需要按照职责分离原则来设计他们的系统，这将可以防止恶意内部人员的串通； (2) 明确的记录对数据集访问，并可作为一种威慑，告知帮助取证，并可作为一种威慑，告知潜在的恶意人士，他们的活动可以被追溯到； (3) 隐私保护方面的数据共享是一个开放的研究领域。最佳建议就是要了解重新鉴定的技术，知道匿名仅仅是不足以保证隐私的
数据中心的执行安全加密	数据中心的威胁模型的主要情景有四个： (1) 对于加密时对同控制访问的强制和基于使用加密，此时即使有一个不正确的和错误的纯文本的选择，攻击者也不能通过访问控制相应的纯文本数据。这是因为对访问控制策略忽略排除了各方在相互之间同以及与攻击者之间的相互作用； (2) 对用于搜索和筛选加密数据的加密协议，相应简单是攻击者了解了存在加密数据之外，不能让攻击者了解到目前的研究成也成功地隐藏搜索谓词或文或意，便恶意实体得不到有意义的词义或文或筛选条件； (3) 对相对加密数据的密码相应的密文选择，即使有一个正确的和错误的纯文本选择，这是一个非常严格的要求，因为对攻击者能够计算数据加密的任意函数的加密； (4) 对确保由自己认识别的源数据的完整性加密协议，可能有众多威胁模型，其核心的要求是不能让攻击者伪造并非来自所谓的源的数据	这里列出了一些研究现状： (1) 对以身份和基于属性的加密方法，使用加密方法，在基于身份的系统中，可以对一个给定身份加密，期望身份即使有一个实体的访问该身份的实体可以解读密码。基于属性的访问控制； (2) 支持比较查询，此类查询的公共系统已经建成； (3) 2009年一个突破性成果是建造了第一个完全同态加密方案。这项计划允许许基本明文的任意函数加密，早期的结果造了部分同态加密方案； (4) 群签名是使个体能签名公共识别只认识别只组内的个体，只有受信任的第三方可以确定个体的身份	(1) 现在，实现身份/基于属性的加密方案和基于身份的算法是使用椭圆曲线组支持双线性配对映射。这使得组元素表示稍大。此外，配对操作的计算较昂贵； (2) 构建完全同态加密(FHE)的方案，虽然晶格结构上环上的理想晶格，但FHE的计算开销仍然很大。研究正在寻找简单构的结构，改善效率和满足一类种意义功能的部分同态方案

（续表）

挑战	建模	分析	实施
粒度访问控制	粒度访问控制可以分解为三个场景： (1) 保持眼踪单个数据元素的保密要求。在许多不同的应用程序共享环境中，提供数据源的那些特定要求查询者交流。这种协调需求使应用程序开发变得复杂，通常分布在多个开发团队中。跟踪这些要求的另一项挑战是维持横跨解析变换的访问标签； (2) 跟踪用户的角色和权限。一旦用户经过正确的身份验证，还需要从一个或多个受信任的源去找出该用户的安全相关的属性。LDAP, Active Directory, OAuth, OpenID，以及很多其他系统在这个领域已经开始成熟； (3) 通过强制访问控制机制正确执行保密要求。这是一个逻辑过滤器，它包含了用户数据和属性的耦合要求，以做出访问决策	(1) 第一个挑战是对给定领域选择合适的粒度。行级的保护，其中每行代表一条记录而变化。列级保护，其中一列代表一个特定字段的所有安全性，往往是与敏感关联的架构和列元素关联。行级和列级安全的组合粒度还要要更精细，但能在分析时打开使用。 (2) 表转换，或以问题为重点的数据集，通常不保留行或列，所以它们有更精细的粒度支持可能解决方案。单元级访问控制以其模性支持每个信息的原子金块(Atomic Nugget)标签，可以支持多种数据转换使用； (3) 访问标签的范围很难缩小。当许多参与者在全球分布式网络中，扩展解决方案到 PB 级数据集时，可伸缩性就会面临挑战。这些挑战来源于权限和随时间变化的访问限制，包括标签存储，查询时间访问检查和更新成本，要保持低成本、重要的是使模型的期望随着时间改变	实施粒度的安全访问要求是防范大数据生态系统的元素。应该在存储系统中实现需要访问的限制因素，如 HDFS 和 NoSQL 数据库。控制一个完整协议解决方案的先决条件，包括身份验证和强制访问控制。Apache Accumulo 是 NoSQL 数据库的一个例子，支持成熟、单元级访问控制。其中，每个原子键/值对都使用表达式进行标记，角色需要阅读该条目，每个查询都包含一个角色需要阅读该条目，每个查询条目的细粒度访问控制执行的细粒度访问控制条目进行的部分分 对多种用途，Accumulo 的压缩和闪存技术对性能产生的影响微乎其微，并且极大地简化了必须在应用程序中执行的细粒度访问控制部分
粒度审计	审计的主要因素包括： (1) 所需的审计信息的完整性(即从设备或系统获取所需的信息)； (2) 对审计信息的及时访问。这是取证的情况下尤其重要(如时间是至关重要的)； (3) 信息的完整性，或者审核信息有没有被篡改； (4) 授权对审计信息的访问。只有授权的用户可以访问他们所需要的信息。对关键因素的威胁(如未经授权的访问、删除数据和篡改审计日志文件)会损害审计数据和流程	审计功能需要启用大数据基础设施。具体能力取决于支持审核功能的基础结构组件，如网络组件、应用程序、操作系统和数据库(如路由器 syslog)的日志信息。这里的挑战是创建一个有凝聚力的审计信息使用现有不同组件的审计信息的攻击审计视图	(1) 审计功能的实现从单个组件级别开始，如操作由器上启用系统日志，应用程序日志和操作系统级别上启用日志记录。然后，取证或 SIEM 工具采集、分析和处理该信息。该记录的数量受到 SIEM 工具在处理审计数据的局限性。审计数据本身的特征，因此可以使用大数据处理需要处理大数据的基础设施的基础设施设计。要把使用大数据审计分开，建议在大数据的基础设施以外实现和使用取证/SIEM 工具； (2) 另一种方法是创建一个"审计层"(协调器，它从审计人员那里抽象出所需的(技术即在日期 D 那里抽象对象 X)，采集必要的审计所需的基础结构组件的信息，并将该信息返回给审计师

（续表）

挑战	建 模	分 析	实 施
数据溯源	在大数据的应用程序中保护溯源信息首先要求溯源记录是可靠的、隐私保护的、可访问控制的。同时,由于大数据保护的特点,还应认真处理溯源可用性和可伸缩性。具体来看,对大数据应用中溯源元数据的威胁可以建模为三类场景: (1) 基础结构组件故障。在大数据应用中,在大量组件的协作用编程环境下溯源生成大溯源图时,难免有些基础设施组件会偶尔出现故障。一旦发生故障,溯源数据无法及时生成,一些故障可能会导致溯源错误,故障的基础设施组件将导致减少溯源的可用性和可靠性; (2) 基础设施外部的攻击。因为溯源是大数据应用可用性的关键,它自然会成为一个大数据应用的目标。外部攻击者可以建立、修改、重放或不适当地拖延溯源记录,在传输期间摧毁溯源的可用性,或通过窃听和分析记录违反隐私; (3) 基础设施内部的攻击。对比外部攻击,内部攻击者更有害。内部攻击者可以修改和删除溯源记录和审计日志,销毁或修改在大型数据应用程序中的溯源体系	(1) 为了确保溯源集合,应首先验证生成溯源基础设施的源组件。此外,应定期更新状态,以确保生成溯源组件的健康。为保证溯源应该通过完整性检查,以确保它准确性,溯源应该是可修改的。而且溯源及其数据之间不是的造成修改的。因为不一致可能导致错误的一致性也应记录。由于溯源有时包含关于子数据溯源敏感信息的决策,因而需要使用加密技术来实现溯源保密和隐私保护; (2) 大数据溯源的收集应有效和不断的容纳信息在数量、种类和速度上的增加。这样在大数据据应用中能高效的实现安全的溯源收集。溯源收集应对抗基础设施故障和外部攻击的,有时需要安全保障。抵抗基础设施的内部攻击。需要溯源的细粒度访问控制; (3) 在大数据应用中,溯源记录不仅包括不同的应用程序的数据溯源,也包含大数据基础设施本身的溯源。因此,大数据应用中的溯源记录的数量远远大于小型静态数据的应用程序的溯源记录。对这些大容量、复杂的、有时敏感的数据进行溯源,访问控制是必须的; (4) 细粒度访问控制在大数据应用中将扮演不同的权限和不同角色进行数据溯源。同时,独立溯源图和不可否认的溯源应应用持久性更新的大溯源图。例如,即使是删除数据溯源目标,其溯源应保持在溯源图中,否则溯源图将成为断开和不完整的。此外,细粒度访问控制应是动态的、可扩展的、灵活的、撤销机制也应得到支持	在许多大数据应用程序中,溯源对核查、审计跟踪、重复性、信任和故障检测的保证是至关重要的。 (1) 要更新云基础设施大数据应用的溯源、必须有效地解决大安全溯源收集和细粒度访问的问控制; (2) 为解决溯源信息收集、快速、轻量级的认证方法已存在的云基础结构的组件之间溯源安全性。此外,在基础端到端溯源系统,应建立安全通道,实现端到端的 ABE 访问控制以实现大数据集成到现有的溯源存储和溯源存和访问; (3) 细粒度访问控制应该集成到现有的溯源应用程序的溯源存储的溯源安全问安全

障大数据平台及其中数据的安全性,组织在积极应用大数据优势的基础上,应明确自身大数据环境所面临的安全威胁,由技术层面到管理层面应用多种策略加强安全防护能力,提升大数据本身及其平台安全性。

CSA 针对大数据安全与隐私给出了 100 条最佳实践[4],可以为大数据的安全防护实践提供一定的指导和参考,其中前十条简述如下:

(1) 通过预定义的安全策略对文件的访问进行授权。

(2) 通过加密手段保护大数据安全。

(3) 尽量用加密系统实现安全策略。

(4) 在终端使用防病毒系统和恶意软件防护系统。

(5) 采用大数据分析技术检测对集群的异常访问。

(6) 实现基于隐私保护的分析机制。

(7) 考虑部分使用同态加密方案。

(8) 实现细粒度的访问控制。

(9) 提供及时的访问审计信息。

(10) 提供基础设施的认证机制。

大数据技术作为 IT 领域的新兴技术,面临新的安全挑战:一方面,其安全防护需要新的管理和技术手段;另一方面,大数据技术也给安全防护技术领域带来了新方法。

5.2.1 大数据安全防护对策

大数据的安全防护要围绕大数据生命周期变化来实施,在其数据的采集、传输、存储和使用各个环节采取安全措施,提高安全防护能力。大数据安全策略,需要覆盖从大数据存储、应用和管理等多个环节的数据安全控制要求。

1) 大数据存储安全对策

目前,广泛采用的大数据存储架构往往采用虚拟化海量存储技术、NoSQL 技术、数据库集群技术等来存储大数据资源,主要涉及的安全问题包括数据传输安全、数据安全隔离、数据备份恢复等方面。

在大数据存储安全方面的对策主要包括以下三个方面:

(1) 通过加密手段保护数据安全,如采用 PGP、TrueCrypt 等程序对存储的数据进行加密,同时将加密数据和密钥分开存储和管理。

(2) 通过加密手段实现数据通信安全,如采用 SSL 实现数据节点和应用程序之间通信数据的安全性。

(3) 通过数据灾难备份机制,确保大数据的灾难恢复能力。

2) 大数据应用安全对策

大数据应用往往具有海量用户和跨平台特性,这在一定程度上会带来较大的风险,因

此在数据使用,特别是大数据分析方面应加强授权控制。大数据应用方面的安全对策包括以下方面:

(1) 对大数据核心业务系统和数据进行集中管理,保持数据口径一致,通过严格的字段级授权访问控制、数据加密,实现在规定范围内对大数据资源快速、便捷、准确地综合查询与统计分析,防止超范围查询数据、扩大数据知悉范围。

(2) 针对部分敏感字段进行过滤处理,对敏感字段进行屏蔽,防止重要数据外泄。

(3) 通过统一身份认证与细粒度的权限控制技术,对用户进行严格的访问控制,有效保证大数据应用安全。

3) 大数据管理安全对策

大数据的安全管理是实现大数据安全的核心工作,主要的安全对策包括以下几个方面:

(1) 加强大数据建立和使用的审批管理。通过大数据资源规划评审,实现大数据平台建设由"面向过程"到"面向数据"的转变,从数据层面建立较为完整的大数据模型,面向不同平台的业务特点、数据特点、网络特点,建立统一的元数据管理、主数据管理机制。在数据应用上,按照"一数一源,一源多用"的原则,实现大数据管理的集中化、标准化、安全化。

(2) 实现大数据的生命周期管理。依据数据的价值与应用的性质将数据进行划分,将数据划分为在线数据、近线数据、历史数据、归档数据,销毁数据等,依据数据的价值,分别制定相应的安全管理策略,有针对性地使用和保护不同级别的数据,并建立配套的管理制度,解决大数据管理策略单一所带来的安全防护措施不匹配、存储空间、性能瓶颈等问题。

(3) 建立集中日志分析、审计机制。汇总收集数据访问操作日志和基础数据库数据手工维护操作日志,实现对大数据使用安全记录的监控和查询统计,建立数据使用安全审计规则库。依据审计规则对选定范围的日志进行审计检查,记录审计结论,输出风险日志清单,生成审计报告。实现数据使用安全的自动审计和人工审计。

(4) 完善大数据的动态安全监控机制。对大数据平台的运行状态数据,如内存数据、进程等的安全监控与检测,保证计算系统健康运行。从操作系统层次看,包括内存、磁盘以及网络 I/O 数据的全面监控检测。从应用层次看,包括对进程、文件以及网络连接的安全监控。建立有效的动态数据细粒度安全监控和分析机制,满足对大数据分布式可靠运行的实时监控需求。

目前,大数据安全防护还是一个比较新的课题,还有很多领域需要研究、探索和实践,但安全措施一定要与信息技术的发展同步,才能保障信息系统的高效、稳定运行,推动信息系统对数据进行科学、有效、安全的管理,提高信息管理能力,为后续建设提供良好的数据环境和有效的数据管理手段。

5.2.2 大数据安全防护关键技术

大数据安全已经成为计算机领域的热点之一[5],目前大数据安全防护关键技术主要包括以下若干方面：

1）大数据加密技术

由于大数据承载了海量高价值的信息，核心数据的加密防护仍然是增强大数据安全的重心。只有加强对大数据平台中敏感关键数据的加密保护，使任何未经授权许可的用户无法解密获取到实际的数据内容，才能有效地保障数据信息安全。

大数据加密可以采用硬件加密和软件加密两种方式实现，每种方式都有各自的优缺点。传统的数据加密方法需要消耗大量的 CPU 计算时间，严重影响了大数据处理系统的性能，大数据加密一方面要保障平台的数据安全性，另一方面还要能满足大数据处理效率的要求。为此，一些面向大数据加密的新型加解密技术应运而生，如采用数据文件块、数据文件、数据文件目录、数据系统的方法来实现快速的数据加解密处理等。

2014 年 CSA 云安全联盟提出了大数据数据加密的 10 个技术难题，其内容如图 5-3 所示。

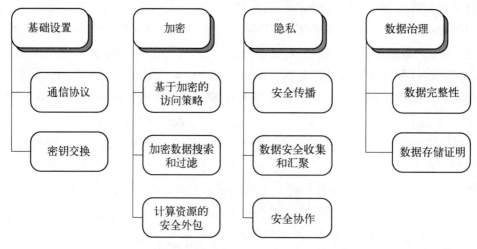

图 5-3 CSA 大数据加密的 10 个技术难题

2）访问控制技术

大数据安全防护中的访问控制技术主要用于防止非授权访问和使用受保护的大数据资源。目前，访问控制主要分为自主访问控制和强制访问控制两大类。自主访问控制是指用户拥有绝对的权限，能够生成访问对象，并能决定哪些用户可以使用访问。强制访问控制是指系统对用户生成的对象进行统一的强制性控制，并按已制定的规则决定哪些用户可以使用访问。近几年比较热门的访问控制模型有基于对象的访问控制模型、基于任务的访问控制模型和基于角色的访问控制模型。

对于大数据平台而言，由于需要不断地接入新的用户终端、服务器、存储设备、网络设备和其他 IT 资源，当用户数量多、处理数据量巨大时，用户权限的管理任务就会变得十分沉重和繁琐，导致用户权限难以正确维护，从而降低了大数据平台的安全性和可靠性。

因此，需要进行访问权限细粒度划分，构造用户权限和数据权限的复合组合控制方式，提高对大数据中敏感数据的安全保障。

3）安全威胁的预测分析技术

对于大数据安全防护而言，提前预警安全威胁和恶意代码是重要的安全保障技术手段。安全威胁和恶意代码预警可以通过对一系列历史数据和当前实时数据的场景关联分析实现。对大数据的安全问题进行可行性预测分析，识别潜在的安全威胁，可以达到更好地保护大数据的目的。通过预测分析的研究，结合机器学习算法，利用异常检测等新型方法技术，可以大幅提升大数据安全威胁的识别度，从而更有效地解决大数据安全问题。

4）大数据稽核和审计技术

对大数据系统内部系统间或服务间的隐秘存储通道进行稽核，对大数据平台发送和接收信息进行审核，可以有效发现大数据平台内部的信息安全问题，从而降低大数据的信息安全风险。例如，通过系统应用日志对已发生的系统操作或应用操作的合法性进行审核，通过备份信息审核系统与应用配制信息对比审核，判断配制信息是否被篡改，从而发现系统或应用异常安全威胁。

云平台是大数据处理的一种重要支撑机制，SecCloud 提出了一种新型的审计方案TPA，在安全云计算的基础上，充分考虑安全数据存储，采用概率采样技术及指定验证技术实现安全计算和隐私保护。TPA 是独立于云平台和用户的第三方审计工具，使用户能够对云平台的存储数据安全进行公共稽核。

5）大数据安全漏洞发现

大数据安全漏洞主要是指大数据平台和服务程序由于设计缺陷或人为因素留下的后门和问题，安全漏洞攻击者能够在未授权的情况下利用该漏洞访问或破坏大数据平台及其数据。大数据平台安全漏洞的分析可以采用白盒测试、黑盒测试、灰盒测试、动态跟踪分析等方法。

现阶段大数据平台大多采用开源程序框架和开源程序组件，在服务程序和组件的组合过程中，可能会遗留有安全漏洞或致命性的安全弱点。开源软件安全加固可以根据开源软件中不同的安全类别，使用不同的安全加固体，修复开源软件中的安全漏洞和安全威胁点。动态污点分析方法能够自动检测覆盖攻击，不需要程序源码和特殊的程序编译，在运行时执行程序二进制代码覆盖重写。

6）基于大数据的认证技术

基于大数据的认证技术，利用大数据技术采集用户行为及设备行为的数据，并对这些数据进行分析，获得用户行为和设备行为特征，进而通过鉴别操作者行为及其设备行为来确定身份，实现认证，从而能够弥补传统认证技术中的缺陷。

基于大数据的认证使得攻击者很难模仿用户的行为特征来通过认证，因此可以做到更加安全。另外，这种认证方式也有助于降低用户的负担，不需要用户再随身携带 USBKey等认证设备进行认证，可以更好地支持系统认证机制。

5.2.3 大数据分析技术带来安全智能

大数据时代的信息安全管理必须基于连续监测和数据分析,对态势感知要频繁到分钟时刻,并且要实现快速数据驱动的安全决策。这意味着大型机构已经进入了大数据安全分析的时代。

1) 安全管理成熟度提升面临的难题

图5-4所示的安全感知发展阶段模型[6]是企业战略组ESG(Enterprise Strategy Group)在2011年首次提出的,ESG认为大多数组织基于风险的安全将于2013年初确立,但这种转变已被证明是比预料的更难,这种滞后并不是由于缺乏安全团队的努力。事实上在过去的几年里,许多首席执行官和其他非安全管理人员都更多地参与信息安全监督,并定期核准项目和增加信息安全预算。但不幸的是对于大多数组织而言,从阶段②过渡到阶段③比预计的更难,这是因为:

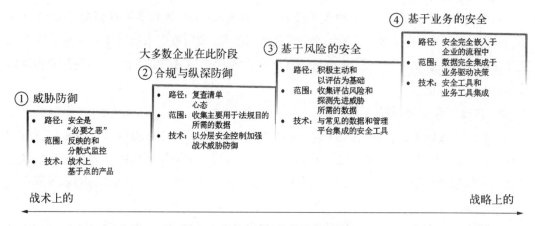

图5-4 安全感知的发展阶段模型

(1) 新威胁的数量指数级增加 由于日复一日的网络威胁以指数级速度继续增加,首席信息安全官(CISO)最关注的是有针对性和先进的恶意攻击,如高级持续安全威胁(APT)。据ESG的调查,59%的企业成为APT目标,而30%的企业容易遭受APT攻击。检测、分析和处置APT增加了额外的基于风险阶段的要求,同时迫使CISO大大提高对事件检测和响应的能力。

(2) IT快速变化 基于风险的安全取决于对每个部署在网络上的IT资产的理解程度。这种类型的理解非常困难,尤其是当前IT一直在推出新的举措,如服务器/终端的虚拟化、云计算、移动设备支持和BYOD方案。更糟糕的是许多新的IT计划是基于不够成熟的技术,容易出现安全漏洞,可能与现有的安全策略、控制或监视工具不配合。例如,智能手机和平板电脑等移动设备,在策略实施、安全管理、发现/管理敏感数据和恶意软件/威胁管理上面临一系列的挑战。不断采用新的技术会将不确定性和复杂性引入到安全管理中。

（3）安全技能和处理能力严重不足　2012 年，超过半数以上的组织计划增加他们的信息安全组人员，近 25％的组织有明显的安全技能短缺。CISO 们很难解决这个问题，ESG 的调查表明，83％的组织在招聘和雇用安全专业人员方面非常困难。整体安全技能短缺影响组织的安全事件检测/响应能力，因为许多组织缺乏配备相应水平和技能的合适人员。

安全部门人手短缺，分析师缺乏合适的技能，安全分析师花过多的时间整理大量误报告警，这使得许多企业存在不能接受的风险。

2）传统的安全监测和分析工具已逐渐成为瓶颈

除了技能以外，误报和手动流程也值得注意。ESG 调查表明，29％的组织依靠太多的独立工具进行安全检测，通常增加其安全产品、购买新的基于签名的威胁管理工具、创建边界网关的新规则等提高他们安全防护能力。随着时间的推移，这种修补式的安全防护机制导致安全基础设施由许多间断的、以点为基础的事件检测/响应工具构成。

战术驱动的企业 IT 安全始终效率低下，但即使这样，它还是对如通用恶意软件、垃圾邮件和业余黑客等威胁提供了相当充足的保护。不幸的是，现有的安全系统往往是外围和基于签名的，不能应对当前的潜在威胁。

（1）安全分析工具跟不上今天的数据采集和处理的需要　据 ESG 的调查，47％的组织每月采集和处理超过 6TB 的安全数据进行分析。此外，大多数组织采集、处理、存储和分析的安全数据比两年前的总和都多。这些趋势将继续，安全驱动的企业分析、调查和建模需要定期采集、处理和分析在线的 PB 级安全数据。传统的安全信息和事件管理（SIEM）平台往往基于现成的 SQL 数据库或专用的数据存储，而不能对海量的数据进行处理。安全分析技术的不足拖慢了事件检测/响应的效能，并增加 IT 风险。

（2）组织缺乏安全全景视图　安全分析工具往往对明确的威胁类型（如网络威胁、恶意软件威胁、应用层威胁等）或特定的 IT 基础设施的地点（即数据中心、校园网、远程办公室、主机等）提供监测和调查功能，这迫使 CISO 们通过众多的安全工具、报告和个别安全人员去拼凑一个企业的安全全景视图。这种方法很麻烦和很费力，而且不能准确地提供风险信息，也不能实现跨越网络、服务器、操作系统、应用程序、数据库、存储和分散在整个企业端点设备的事件检测/响应。

（3）现有的安全分析工具过分依赖定制和人力智能　企业安全分析是复杂的，需要具备专业的技能和丰富经验的信息安全人员。因为许多安全分析系统需要高级信息安全人员，他们需要不断细调和定制这些工具。然而这样的人才供不应求，因此不堪重负的安全专业人员迫切需要的是能提供更多智能而不是更多定制工作的安全工具。

（4）事件响应分析没有实现自动化　在大多数情况下，今天的安全分析工具仍然独立于安全处置系统。这通常意味着如果没有安全处置自动化，就无法快速或可靠地解决安全事件。因此，在分析师检测到问题时，他还必须手动与其他安全或 IT 操作人员协调，以修复活动和关联的工作流。这增加了操作开销，也增加事件响应所需的时间。如果事件处置工作还需要包括非 IT 组织，如法律、人力资源和业务所有者，响应时间只会更加糟糕。

3) 进入大数据安全分析时代

随着网络犯罪和针对性攻击不断发展,社交工程、隐蔽性恶意软件和应用程序漏洞利用等攻击方式的能力不断提高,企业只能采取新的安全策略和防御措施。

在未来几年内这些新的问题将会导致安全技术转型。组织将继续使用预防性的策略,如在防火墙后面部署服务器,删除不必要的服务和通用的管理员账户,利用签名扫描已知的恶意软件和修补软件漏洞,但单独使用这些防御技术是不够的。为了增强安全能力,组织将采用新的安全分析工具,执行不断监测、调查、风险管理和事件检测/响应工作。鉴于安全数据采集的容量,其处理、存储和分析迅速成为一个典型的"大数据"的问题。事实上 ESG 的调查表明,44%的企业考虑安全数据采集和分析需要大数据技术,另有 44%企业认为在未来 24 月内安全数据采集和分析将需要大数据。

在存储、处理和分析大数据方面的技术进步包括:

(1) 近年来迅速减少存储和 CPU 电源的成本。

(2) 数据中心和云计算的弹性计算实现了良好的成本效益。

(3) 类似 Hadoop 的新框架允许用户通过灵活的分布式并行处理系统计算和存储海量数据。

这些进展导致了传统数据分析和大数据分析之间的一些明显差异。大数据安全分析不是大数据技术的简单合并(如事件、日志和网络流量)。大数据安全需要收集和处理许多内部和外部的安全数据源,并快速分析这些数据,以获得整个组织的实时安全态势。一旦分析了这些安全数据,下一步就是使用这种新的智能作为基线,调整安全战略、战术和系统。

大数据分析技术可用来改进信息安全和态势感知能力。例如,可以使用大数据来分析金融交易、日志文件和网络流量,以识别异常和可疑活动,并将多个来源的信息关联到一个全景视图。

4) 大数据安全分析技术变革

大数据安全分析的目的是提供一个全面和实时的 IT 活动视图,以便安全分析师和高管都可以做出及时的基于数据驱动的决策。从技术角度看,这需要新的安全系统具备以下特性:

(1) 大规模处理 安全分析和取证引擎将需要有效地收集、处理、查询和解析 TB 至 PB 级数据,包括日志、网络数据包、威胁情报、资产信息、敏感数据、已知的漏洞、应用活动以及用户行为。这就是为什么类似 Hadoop 的大数据核心技术很适合新兴的安全分析要求。此外,大数据安全分析可能会部署在分布式体系上,因此底层技术必须能够实现大量分布式数据的分析。

(2) 高级智能 最好的大数据安全分析工具将成为智能顾问,利用正常行为的模型,适应新的威胁/漏洞。为此,大数据安全分析将提供组合的模板、启发式扫描,以及统计和行为模型、关联规则、威胁情报等。

（3）紧密集成　为了适应不断变化的安全威胁，大数据安全分析必须与IT资产进行互操作，并利用自动化实现安全智能。除此之外，大数据安全分析还应与安全控制策略紧密集成并实现自动化。在安全分析时，来自移动设备的网络流量异常也应提供安全检测。理想情况下，安全分析系统可用于自动执行事件处置活动，以作为紧急情况下的一种主动防御形式。

一个全面实时的安全态势感知、大数据安全分析系统将成为应对风险管理和事件检测/响应的重要手段，如法规遵从性、安全调查、控制跟踪/报告和安全性能指标。

5）大数据分析的挑战

大数据安全分析的目标是获得实时的安全智能。虽然大数据分析技术有了显著的发展，但要实现其真正的潜力，目前还有许多必须克服的困难。以下仅仅是一些需要解决的问题：

（1）数据溯源　用于分析数据的真实性和完整性。大数据可以追溯它使用的数据源，每个数据源的可信度都需要验证。

（2）隐私　云计算安全联盟（CSA）与美国国家标准技术研究院（NIST）的大数据安全和隐私工作组，计划制定新的指导方针，探索减少新的技术手段，形成最佳原则白皮书，以减少由于大数据分析造成的隐私侵犯。

（3）保护大数据存储　一方面大数据存储环境的安全，另一方面是大数据本身的安全。

（4）人机交互　大数据可能有助于各种数据源的分析，但相比用于高效计算和存储开发的技术机制，大数据的人机交互没有受到重视，这是个需要增强的领域。使用可视化工具帮助分析师了解他们的系统是一个良好的开端。

6）以大数据安全分析获得安全智能

数据驱动的信息安全可以回溯到银行欺诈检测和基于异常的入侵检测系统。欺诈检测是最明显的大数据分析应用。信用卡公司几十年来一直在进行欺诈检测，然而采用专门定制的基础设施实现大数据欺诈检测是不经济的。现成的大数据工具和技术关注医疗和保险等领域的欺诈检测分析。

在入侵检测的数据分析背景下，出现了以下演化过程：

第一代：入侵检测系统。安全架构师实现了分层安全的需要，因为具有100%安全保护的系统是不可能的。

第二代：安全信息和事件管理（SIEM）。管理来自不同入侵检测传感器的警报和规则是企业配置的一个重大挑战。SIEM系统聚合和过滤多个来源的警报，并向信息分析师提出可操作的信息。

第三代：大数据安全分析（第二代SIEM）。大数据工具的一个重大进展是有潜力提供切实可行的安全智能，减少相关的时间、整合和背景多样化的安全事件的信息，也为取证目的提供相关的长期历史数据。分析日志、网络数据包、系统事件一直是一个重大问题，然而传统技术不能提供可以长期和大规模分析的工具，原因如下：

(1) 存储和保留大量的数据在经济上不可行。因此,在一个固定的保留期之后(如 60 天),大多数删除事件日志和记录的其他计算机活动。

(2) 在大型结构化数据集上执行分析和复杂查询的效率是很低的,因为传统的工具没有利用大数据的技术。

(3) 传统的工具没有设计分析和管理非结构化数据。因此,传统的工具有刚性的定义架构,而大数据工具(如 Piglatin 脚本和正则表达式)可以查询灵活的格式中的数据。

(4) 大数据系统使用集群化的计算基础设施,因此系统更加可靠和可用。

新的大数据的技术,如与 Hadoop 生态系统和流处理有关的数据库,使大型异构数据集的存储和分析以空前的规模和速度发展,这些技术将改变以下安全分析[7]:从许多企业内部来源和外部来源(如漏洞数据库)大规模的采集数据;对数据进行深入分析;提供一个与安全相关的整合的信息全景视图;实现数据流的实时分析。

值得注意的是,即便有了大数据工具,仍然需要系统架构师和分析师们很了解他们的系统,以便适当配置大数据分析工具。

发现和应对威胁所花的时间越多,违约的风险也就越大。安全智能的主要目标是在正确的时间和适当的范围内为客户提供正确的信息,以显著减少检测和响应破坏网络威胁的所需时间。衡量一个组织的安全智能有效性的两个关键指标是平均检测时间和平均响应时间。平均检测时间(Mean Time To Detect,MTTD)是指平均花费在识别威胁,需要进一步分析和应对工作的时间;平均响应时间(Mean Time To Response,MTTR)是指平均花费在响应,并最终解决事件的时间。

安全智能成熟度模型举例见表 5 - 2。

7) 用于安全目的的大数据分析案例

(1) 网络安全 Zions Bancorporation 在其出版的案例研究中宣布,它使用 Hadoop 集群和商业智能工具解析了比传统的 SIEM 工具更快更多的数据。在他们的传统体系,搜索一个月的数据需要 20~60 min;而在他们新采用的 Hadoop 和 Hive 的分布式计算平台系统运行查询,约 1 min 就得到相同的结果。数据仓库安全驱动不仅使用户能够挖掘有意义的安全信息源,如防火墙和安全设备,还能从网站流量、业务流程和其他日常事务获得信息。将非结构化数据和多个分散的数据集合并成一个单一的分析框架,这是大数据处理的一个主要方式。

(2) 企业事件分析 惠普实验室成功地解决了几个大数据安全分析的挑战。首先,他们引进大型图形推理方法,确定了企业网络中由恶意软件感染的和由企业主机访问的恶意域名。具体而言,主机域名访问图构建了从大企业的事件数据集到企业的每台主机之间的边缘。然后,从一个黑名单和白名单描述了最小的真实信息,用于判别恶意主机或域名的可能性。其次,他们还对 ISP 中数亿计的 DNS 请求和响应组成的 TB 级 DNS 事件进行了分析。目标是使用丰富的 DNS 信息来源识别僵尸网络、恶意域名和其他恶意的网络活动。

(3) 网络流量监测识别僵尸网络 BotCloud 研究项目利用 MapReduce 方法分析了大

表5-2 安全智能成熟度模型表

安全智能成熟度	MTTD/MTTR	安全智能能力	组织特征	风险特征
0级 首目的	MTTD 月 MTTR 周/月	无	(1) 预防为主的心态。有防火墙、a/v等； (2) 基于垂直分割的技术和职能的孤立记录，而没有集中式的可视日志记录； (3) 虽有威胁和妥协的指标，但没有人去检查； (4) 没有正式的事故响应过程，只有个人"英雄模式"的努力	(1) 合规风险； (2) 对内部威胁视而不见； (3) 对外部威胁视而不见； (4) 对APT视而不见； (5) 国家一级的或与网络攻击有关的IP可能被盗
1级 最小合规	MTTD 周/月 MTTR 周	(1) 目标日志管理和SIEM； (2) 目标服务器取证（如文件完整性监视）； (3) 最小的和强制的合规，集中在监测和响应	(1) 通常有一个合规要求的投资，或者有个确定的较好保护环境的特定领域，虽然有合规风险是由审查报告审查，由于报告没有审查，和管理不合规的流程不存在而有风险； (2) 到保护域的威胁可视性有所提高，但仍然缺乏有效的人员和流程评估和优化威胁； (3) 没有正式的事故响应流程，仍然是个人"英雄模式"的努力	(1) 合规风险大大降低但取决于审计的深度； (2) 对大多数内部威胁视而不见； (3) 对大多数外部威胁视而不见； (4) 对APT视而不见； (5) 国家一级的或与网络攻击有关的IP可能被盗
2级 安全合规	MTTD 时/天 MTTR 时/天	(1) 整体日志管理； (2) 更广泛的对准风险服务器的取证； (3) 有针对性的环境风险智能； (4) 针对漏洞的智能； (5) 针对威胁的智能； (6) 目标计算机分析； (7) 建立了一些监测和响应流程	(1) 想超越最小"检查框"合规的办法，寻求效率和改进的保证； (2) 已经认识到对大多数威胁是视而不见，并希望找到一个对检测和响应潜在的高影响的威胁的实质性改进办法，重点放在风险监测最高的区域； (3) 已经建立正式的对高危警报流程，并明确磋商； (4) 已建立基本而正式的对事件的响应流程	(1) 迅速的修复能力和高效的合规态势； (2) 觉察到内部威胁，觉察到外部威胁； (3) 对APT还是视而不见，但有可能检测到指标和证据； (4) 对网络犯罪有修复能力，但对那些利用APT类型能力的侵害还不给力； (5) 对国家级的攻击仍然有漏洞

（续表）

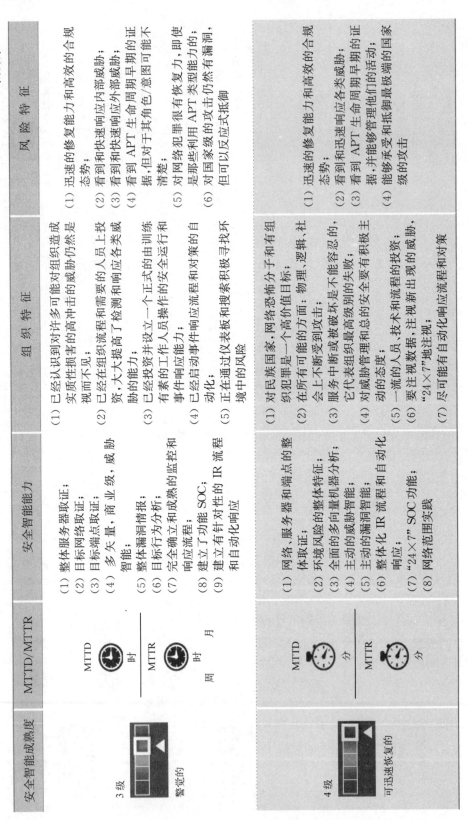

安全智能成熟度	MTTD/MTTR	安全智能能力	组织特征	风险特征
3 级 警觉的	MTTD 时 MTTR 周 月 时	(1) 整体服务器取证； (2) 目标网络取证； (3) 目标端点取证； (4) 多矢量、商业级、威胁智能； (5) 整体漏洞情报； (6) 目标行为分析； (7) 完全确立和成熟的监控和响应流程； (8) 建立了功能SOC； (9) 建立有针对性的IR流程和自动化响应	(1) 已经认识到对许多可能对组织造成实质性损害的高冲击击的威胁仍然是视而不见； (2) 已经在组织流程和需要的人员上投资，大大提高了检测和响应各类威胁的能力； (3) 已经投资并设立一个正式的由训练有素的工作人员操作的安全运行和事件响应能力； (4) 已经启动事件响应流程和对策的自动化； (5) 正在通过仪表板积极搜索积极寻找环境中的风险	(1) 迅速的修复能力和高效的合规态势； (2) 看到和快速响应内部威胁； (3) 看到和快速响应外部类威胁； (4) 看到APT生命周期早期的证据，但对于共角色/意图可能不清楚； (5) 对网络犯罪很有恢复力，即使是那些利用APT类型能力的； (6) 对国家级的攻击仍然有漏洞，但可以反应式抵御
4 级 可迅速恢复的	MTTD 分 MTTR 分	(1) 网络、服务器和端点的整体取证； (2) 环境风险的整体分析； (3) 全面的多向量机器智能； (4) 主动的威胁智能； (5) 主动的漏洞智能； (6) 整体化IR流程和自动化响应； (7) "24×7" SOC功能； (8) 网络范围围实践	(1) 对民族国家、网络恐怖分子和有组织犯罪是一个高价值目标； (2) 在所有可能的方面：物理、逻辑、社会上不断受到攻击； (3) 服务中断或被破坏是不能容忍的，它代表组织最高级别的失败； (4) 对威胁管理和总的安全有积极主动的态度； (5) 一流的人员、技术和流程的投资； (6) 要注视数据，注视新出现的威胁，"24×7"地注视； (7) 尽可能有自动化响应流程和对策	(1) 迅速的修复能力和高效的合规态势； (2) 看到和迅速响应各类威胁； (3) 看到和迅速响应APT生命周期早期的证据，并能够管理他们的国家级的活动； (4) 能够承受和抵御最极端的国家级的攻击

量网络流量数据,确定僵尸网络感染的主机。BotCloud 依靠 BotTrack 审查主机,使用 PageRank 和分群算法的组合,跟踪僵尸网络中的指挥和控制(C & C)渠道。僵尸网络检测分为以下步骤:创建依赖图,使用 PageRank 算法和 DBScan,从代表每个主机(IP 地址)作为节点的网络流量记录构建依赖关系图。在图形边缘的数量是影响计算复杂性的主要参数。因为得分通过边缘传播,中间 Mapreduce 键-值对的数量取决于链接的数量。

(4) 高级持续威胁(APT)的检测 大数据分析非常适用于 APT 检测。检测 APT 的挑战是:需要在大量的数据中筛选异常,同时必须审核来自不断增加的不同信息源的数据。这种大量的数据检测任务看起来像大海捞针。在大数据背景下,传统的边界检测防御系统对有针对性的攻击已经失效,因为它们无法与组织的网络规模日益扩大趋势保持同步,因此 APT 检测需要新的方法。

① 蜂巢:对 APT 检测的行为分析。RSA 实验室的 APT 检测原型系统被命名为蜂巢。初步结果表明,蜂窝每天每小时能够处理的数据大约为 10 亿条日志消息,可以从中发现策略违规和恶意软件感染情况。除了检测 APT 外,系统也支持针对其他应用程序的行为分析,包括 IT 管理(如在组织内通过检查使用模式确定关键服务和未经授权的 IT 基础设施)和基于行为的身份验证(如验证基于他们与其他用户和主机互动的用户,他们通常访问的应用程序,或他们的正常工作时间)。因此,蜂窝提供了一个洞察到组织安全环境的机制。

② 使用大型分布式计算来揭开 APT。通过使用 MapReduce,一个精心设计的检测系统有可能长时间更加有效地处理由许多类型的传感器(如 Syslog、IDS、防火墙、网络流量和 DNS)捕获的任意格式高度非结构化数据。此外,大规模并行处理机制 MapReduce 比传统的基于 SQL 的数据处理系统能够使用更精密的检测算法。MapReduce 使用户有能力将任何检测算法纳入 Map 和 Reduce 函数。该功能可以根据工作的具体数据,使分布式计算的详细信息对用户透明。探讨大型分布式系统的使用,有可能马上帮助分析更多的数据,能在 APT 分析中涵盖更多的攻击路径和可能的目标,更深入揭示环境中目标的未知威胁。

(5) WINE 平台进行大数据分析安全 全球智能网络环境(Worldwide Intelligence Network Environment,WINE)对大规模数据分析提供了一个平台,Symantec 利用 WINE 收集现场数据(如防病毒遥测和文件下载),并实施严格的试验方法。WINE 下载和聚合来自世界各地的数以百万计的主机数据源,并使其保持最新状态。

① 数据共享及溯源。WINE 平台不断抽样和聚合多个 PB 大小的数据集,它提供了大量的恶意软件样本和上下文信息,以便了解恶意软件传播和隐藏技术,包括恶意软件如何能访问不同系统,一旦控制了恶意软件,它会执行什么操作,以及恶意软件如何最终仍被打败。

这些数据集包括防病毒遥测和入侵保护遥测,分别记录了已知的基于主机的威胁、网络威胁的事件。这些数据集和容量超过 1 PB 的相关数据以高速率进行收集,WINE 为了保持最新的数据集,并使其易于分析,存储了每个遥测源的代表样本。WINE 中的样品包含主机的所有事件,使研究人员能在不同的数据集中搜索事件的相关性。

② WINE 分析实例：确定 0day 攻击的时间。0day 攻击利用了尚未公开的一个或多个漏洞。这种漏洞使网络犯罪分子能攻击任何目标而不被发现，从财富 500 企业到世界各地的数以百万计的消费者个人电脑。WINE 平台结合二进制文件声誉和防病毒遥测数据集，以及分析全球各地 1100 万主机上采集的现场数据来测量 0day 攻击的时间。这一分析结果突破了大数据安全技术研究的历史。很长一段时间以来，安全社区认为 0day 攻击无法发现，但过去的研究无法提供这一现象的显著统计证据。这是因为 0day 攻击是罕见的事件，它不太可能在蜂巢中或在实验室中观察到。

5.3　大数据隐私保护

隐私是一种与公共利益、群体利益无关，当事人不愿他人知道或他人不便知道的个人信息。在网络世界中隐私有多种表现形式，例如以下信息都应该属于隐私范围：

(1) 网络用户在申请上网开户、个人主页、免费邮箱，以及申请服务商提供的其他服务(购物、医疗、交友等)时，登记的姓名、年龄、住址、身份证、工作单位、健康状况等信息。

(2) 个人的信用和财产状况，包括信用卡、支付宝、上网卡、上网账号和密码、交易账号和密码等。

(3) 邮箱地址、QQ 号码、微信号、网站注册用户名和昵称等。

(4) 个人的网络活动踪迹，如 IP 地址、浏览记录、活动内容等。

斯诺登事件让全世界知道了美国的"棱镜"计划，谷歌、微软、Facebook、雅虎等互联网巨头都向美国政府提供服务器后门，让美国国家安全局可以获得包括电子邮件、搜索记录、视频、语音通话、照片、文件传输、社交信息等海量数据。据《华盛顿邮报》2010 年的研究表明，美国国家安全局每天拦截并存储的电子邮件、电话和其他通信记录多达 17 亿条。斯诺登同时披露，美国政府大量入侵中国的电脑并窃取情报。

在信息时代，不仅个人身份数据广泛存在于政府、银行、医院、学校等众多组织的电脑网络中，同时我们每天上网浏览、搜索、社交、购物等行为数据，都存储在网络公司的服务器中。亚马逊和淘宝记录着我们的个人注册信息与购物习惯，谷歌和百度记录着我们的网页浏览习惯，QQ 和微信记录着我们的言论和社交关系网。

大数据的来源范围非常广阔，包括社交网站、交易信息、位置信息、行为轨迹、电子邮件等有价值的信息，如果对电子邮件、搜索记录、交谈记录、文件传输记录、社交网站行为等海量数据进行分析，并关联现实中的一些个人行为(如信用卡、电话录音等)，基本能够还原一个人的行为及生活轨迹，势必对用户隐私产生威胁。这些个人隐私信息被泄露后，其人身安全可能受到影响；同时，由于互联网管理制度的落后，没有对互联网中隐私数据的所有权和使用权进行界定和制定合理的标准，将使得用户隐私泄露后用户权利不能得到维护。

据国家互联网应急中心报告显示,2012 年中国境内有 1 400 多万台主机被境外木马或僵尸网络控制服务器所控制,还有 50 多个网站用户信息数据库在网上公开流通或私下售卖,其中被证实为真实信息的数据近 5 000 万条。

用户隐私权利问题涉及网络空间的民生,是个人数据的所有权问题,也就是说用户能不能对自己的数据做主的问题,涉及个人隐私如何保护,网络信任如何保证,每个人对个人的信息所拥有的权利如何保障。

由于大数据分析工具与平台的不断成熟,越来越多的企业能够采集、存储海量数据并通过分析这些数据来增大开辟新业务的可能性。与此同时,大量企业不需要的涉及用户隐私的个人数据也被采集并存储在企业的业务系统中,不仅增加了企业管理数据的难度,也导致了数据安全问题,造成了大数据挖掘与个人隐私保护之间的矛盾。

5.3.1　大数据隐私特点分析

大数据的汇集加大了个人隐私数据泄露的风险[8],基于隐私数据提供的个性化服务为用户带来了便利,隐私和便利之间不可避免地出现了冲突。

(1) 个人隐私数据泄露的风险来源于以下两个方面:

① 互联网企业对个人隐私信息的搜集。从技术的角度,当前已经完全有可能保存所有需要保存的信息。而从互联网企业的角度,为了提供更加精准的服务,在激烈的竞争中胜出,搜集用户信息也是必然的选择。据央视报道,苹果 iPhone 会在用户不知情的情况下记录手机用户使用应用的时间、地点,以及其他位置信息,而即便用户关闭了 iPhone 上的定位系统,这些信息仍会被记录下来,并回传到苹果的服务器。可见,对用户信息的全面关注和搜集,已经成为互联网行业的普遍现象。

② 通过数据挖掘进一步暴露隐私。大数据的意义并不限于存储数据,事实上大数据的核心价值在于对被存储的数据进行分析以获取更有价值的信息。数据挖掘是大数据分析的主要手段。通过数据挖掘对于用户隐私将产生重大的威胁:本来是大量零散的、无害的信息,一旦通过数据挖掘,往往就会分析得到一些关键的重要信息,威胁到个人隐私。

(2) 大数据分析带来的个人隐私保护问题[9-11],主要体现在以下方面:

① 对大数据的分析利用可能侵犯个人隐私。大数据时代个人是数据的来源之一,企业大量收集个人数据,并通过一套技术、方法对与个人相连的庞大数据进行整合分析,对企业而言是挖掘了数据的价值;但对个人而言,却是在个人无法有效控制和不知晓的情况下,将个人的生活情况、消费习惯、身份特征等暴露在他人面前,这极大地侵犯了个人的隐私。

② 隐私保护问题已经引起用户的关注。大数据能够使我们以前所未有的方式审视检测事物,通过大数据的挖掘分析,各个领域能够做出更为明智的决定,如 Google、Amazon、Twitter 和 Facebook 等通过对用户搜索习惯、购物习惯、心中所好、社交关系等的洞察,获取了大量商业利益。大数据时代个人浏览网页、逛社交网站、网络购物的一举一动都将被监控,这将构成

对用户隐私的极大侵犯。这一问题已经引起了用户的关注。据国外科技公司一项针对 11 个国家的大约 11 000 人的调查,大部分用户认为自己的私人数据被跟踪,仅有 14％的受访者表示,互联网公司对他们的个人资料的使用是诚实的;68％的受访者表示,如果搜索引擎能够提供不被跟踪的功能,他们将非常愿意使用。另有调查显示,越来越多用户认为当前的数据采集模型是以免费的网络内容或服务换取用户的个人数据,用户有被剥削的感觉。

③ 企业对个人数据和隐私的态度不一。目前,有很多企业都在从事个人数据的采集、分析和利用等活动,但企业对个人数据和隐私的态度不一。Google 等互联网企业加紧采集个人数据,对隐私问题不够重视。例如,2012 年 Google 调整隐私政策,将旗下 60 多个平台的互联网服务所搜集的用户数据整合在一起,并以此加强对广告主的吸引力,但是 Google 将用户数据整合并未征求用户同意,没有保证用户的知情权和选择权,用户不会知道哪些信息被使用和用来做什么。Instagram 于 2012 年底公布了新的隐私政策和服务条款,允许广告主更灵活地在广告中使用照片、用户名和肖像,用户和媒体普遍理解为,该公司将享有出售用户照片的永久权利,既不必支付报酬,也不用事先告知,其中包括将照片用于广告用途。其他一些专门从事数据挖掘和分析的公司,如 Factual 公司在数据分析业务中会有意将个人信息加以剔除,公司提出其专注于秉持正确的数据收集及切入点;但也有诸如 Spokeo 等的公司,会直接进行个人数据交易,并在客户行为报告中加入很多令人难以接受的极端细节,如在针对个人客户的档案中引用有关家庭成员及业余爱好的图片。

④ 用户个人信息控制权减弱。与传统环境相比,现在人们对个人信息的控制权明显降低了。传统环境下信息传播模式代价高,用户对自己的个人信息还保持有微弱的控制权。但是在当今大数据时代,个人在社交网站上的信息很容易被访问、收集和传播,通过对不同社交网络中个人信息进行整合分析,很容易建立包括目标人履历、喜好、朋友圈及信仰等信息在内的信息体系。数字信息的易复制性和长期保存性,使那些对我们不利的污点信息也很容易被别有用心的人获取,从而造成我们对个人信息控制权的减弱。

(3) 大数据环境下个人隐私问题存在以下三个方面的特点:

① 涉及个人隐私的信息并非自愿上传。互联网上很多信息并非是个人自愿上传的,尤其是行为数据,如个人的网页浏览记录、搜索记录等,被无时无刻监控。同时,移动互联网发展迅速,无论在何时何地,手机等各种网络入口以及无处不在的传感器都会对个人数据进行采集、存储、使用,而这一切都是在用户无法控制的情况下发生的。

② 个人信息使用授权问题更加复杂。用户在使用服务前必须签署服务协议,服务协议冗长,用户很难真正了解。而且,采集的数据不再是以前的单一使用目的,很多数据在收集很久后会发掘新的应用,无法提前预知,因此无法在采集的时候就获取授权。还有的数据是通过机器对机器的批量采集形成的,难以解决授权问题。

③ 跟踪数据流动很难。大数据技术的广泛应用导致跟踪数据流动很难,用户无法知道数据确切的存放位置,用户对其个人数据的采集、存储和使用难以有效控制。同时,数据的传输、存储面临更多的安全威胁,网络攻击、信息窃取等安全事件频繁爆发,存在较大信息

安全隐患。

5.3.2　大数据隐私保护对策

大数据技术的普及,使个人在网上的一切活动变成了以各种形式存储的数据,如何确保这些数据不被滥用、不被未经授权地泄露给第三方,是一大难题。大数据时代加强我国个人隐私保护的几点建议[12-14]如下:

(1) 加强对数据收集和使用企业的监督管理。2012年底我国出台了《关于加强网络信息保护的决定》,明确了企业收集、使用公民个人电子信息的义务,包括明示收集、使用的目的、方式和范围,经被收集者同意,不得违反法律或双方约定收集、使用,公开其收集、使用的规则等。该款规定要求数据收集、使用等经用户同意,并进行合理使用。要确保企业履行上述义务,政府部门必须加强监督管理,通过制定标准规范或制定实施细则等方式,细化数据收集和使用企业的义务;建立有效的政府调查和介入机制,在用户投诉等情况下,政府能迅速介入进行调查取证,对违反法律规定的行为予以处理。

(2) 引导企业给予用户更多的个人数据控制权。目前,大多数互联网企业采取在网站上公布服务的格式条款,并由用户选择"同意"或"不同意"的方式,使用户消极地同意企业对个人数据的收集、使用。此种模式下,用户尽管做出了"同意"的表示,但并不信任数据收集企业对个人数据的使用,这从长远看对互联网产业的发展不利。企业为向用户提供精准的、个性化的服务,必然需要收集用户相关数据和信息,但是企业必须实现在收集用户数据和保障用户权益之间的平衡,过度收集和数据滥用都将引起用户反感。为此,企业应当给予用户更多的个人数据控制权,给用户更多的选择权、保障用户的知情权,并对用户数据合理使用。例如,企业可以让用户选择是否将个人数据用于广告,是否允许第三方机构使用以及第三方将如何使用,个人数据在互联网企业的保存期限等,将企业收集了用户哪些数据、数据用于何种目的等透明化,将数据如何使用等告知用户。

(3) 企业可以将隐私级别划分成不同等级,并分别实施不同的保护机制。例如:

① 隐私级别1(Speed):这个级别的数据中没有包含敏感信息,对应的数据区域采用弱加密的方式,以获得更多的服务性能。

② 隐私级别2(Hybrid):这个级别的数据中包含了一些敏感信息,对应的数据区在以不大幅影响系统性能的前提下,采用较复杂的加密算法。

③ 隐私级别3(Security):这个级别的数据中包含大量的重要信息与敏感数据,对应的数据区牺牲性能而采用最高级别的加密算法以保证数据安全。

(4) 完善互联网企业服务行业自律公约。互联网企业要想在大数据时代的背景下走得更长远,就要努力构建本行业的通用规章,维护用户信息安全,建立客户信任感,从大数据中获得持久利益。

① 改变秘密收集用户信息的现状。尊重用户知情权,向其告知企业商收集用户个人信

息的情况,给予用户是否授权运营商收集和利用自身信息数据的权利,并在服务条款里阐明个人信息数据的使用方式和使用期限。

②努力寻求社交网络个人信息拥有者、数据服务提供商及数据消费者之间共同认可的行业自律公约,保证数据共享的合法性,使第三方在使用社交网络数据时保证用户个人信息的隐私和安全,以营造安全的数据使用环境。

（5）进一步提高用户的隐私保护意识。在大数据时代,用户既是数据的消费者,也是数据的生产者,用户有权利拥有自己的数据,掌握数据的使用,也有权利毁坏或贡献出数据。大数据时代没有绝对的隐私,为享受更个性化、精准化的服务,用户必然需要让出自己的相关数据。但是用户要知道自己对个人数据有哪些权利,对于企业过度的数据采集和数据滥用要保持警惕。同时,在使用服务过程中,要在重要环节保留证据,可采取截图、保留交易记录等手段,必要时通过法律手段维护自己的权益。

（6）提高用户的信息安全素养。提高信息安全素养是社交网络用户在大数据时代主动保护个人信息安全的有力措施。具体来说,信息安全素养包括信息安全意识、信息安全知识、信息伦理道德和信息安全能力等具体内容。信息安全知识的丰富,有助于人们了解木马、钓鱼网站的特性特点,从而提高信息安全意识,明确信息安全在大数据时代的重要性,以及了解保护个人和他人信息安全的职责和义务,遵守信息法律伦理,并在一定程度上具有防范计算机网络犯罪和病毒攻击、及时备份重要资料的信息安全能力。

5.3.3　大数据的隐私保护关键技术

技术是加强隐私保护一个重要方面,世界经济论坛发布的一份报告提出要依靠技术来保护隐私,将技术作为隐私保护的一项重要措施。公司高管及隐私保护专家一致认为,解决隐私保护问题最好的办法就是将隐私保护规则与高科技结合起来。

大数据环境下,随着分布式计算的广泛应用,在多点协同运行、数据实时传输和信息交互处理过程中,如何保证各独立站点和整个分布式系统的敏感信息以及隐私数据的安全,如何平衡高效的数据隐私保护策略算法与系统良好运行应用之间的关系,这些都成为急需解决的重要问题。

大数据环境下数据呈现动态特征,面对数据库中属性和表现形式不断随机变化且相互关联的海量数据,基于静态数据集的传统数据隐私保护技术面临挑战。

大部分现有隐私保护模型和算法都是针对传统的关系型数据,不能将其直接移植到大数据应用中。原因在于攻击者的背景知识更加复杂也更难模拟,不能通过简单对比匿名前后的网络进行信息缺损判断。

目前,用于大数据隐私保护的主要技术包括数据发布匿名保护技术、社交网络匿名保护技术、数字水印技术、数据溯源技术、数据的确定性删除技术、保护隐私的密文搜索技术、保护隐私的大数据存储完整性审计技术等几个方面。

从目前国内外的技术发展情况来看,有关大数据隐私保护的主要安全技术方法[15-18]如下:

1) 数据发布匿名保护技术

就结构化数据而言,要有效实现用户数据安全和隐私保护,数据发布匿名保护技术是关键点,但是这一技术还需要不断发掘和完善。现有的大部分数据发布匿名保护技术的基本理论的设定环境大多是用户一次性、静态地发布数据。如通过元组泛化和抑制处理方式分组标识符,用 k 匿名模式对有共同属性的集合进行匿名处理,但这样容易漏掉某个特殊的属性。但是一般来说现实是多变的,数据发布普遍是连续、多次的。在大数据复杂的环境中,要实现数据发布匿名保护技术较为困难。攻击者可以从不同的发布点、不同的渠道获取各类信息,帮助他们确定一个用户的信息。

2) 社交网络匿名保护技术

包含了大量用户隐私的非结构化数据大多产生于社交网络,这类数据最显著的特征就是图结构,因而数据发布保护技术无法满足这类数据的安全隐私保护需求。一般攻击者都会利用点和边的相关属性,通过分析整合,重新鉴定出用户的身份信息。所以,在社交网络中实现数据安全与隐私保护技术,需要结合其图结构的特点,进行用户标识匿名以及属性匿名(点匿名),即在数据发布时对用户标识和属性信息进行隐藏处理;同时对用户间关系匿名(边匿名),即在数据发布是对用户之间的关系连接有所隐藏。这是社交网络数据安全与隐私保护的要点,可以防止攻击者通过用户在不同渠道发布的数据,或者是用户之间的边联系推测出原本受匿名保护的用户,破解匿名保护。或者是在完整的图结构中,应用超级节点进行图结构的部分分割和重新聚集的操作,这样边的匿名就得以实现,但这种方法会降低数据信息的可用性。

3) 数字水印技术

水印技术是指将可标识信息在不影响数据内容和数据使用的情况下,以一些比较难察觉的方式嵌入到数据载体里。一般用于媒体版权保护中,也有一些数据库和文本文件应用水印技术的。不过在多媒体载体上与数据库或者文本文档上应用水印技术有着很大的不同是基于两者的数据的无序和动态性等特点并不一致。数据水印技术从其作用力度可以分为强健水印类,多用于证明数据起源,保护原作者的创作权之类;而脆弱水印类可用于证明数据的真实与否。但是水印技术并不适应现在快速大量生产的大数据,这是需要改进的一点。

4) 数据溯源技术

对数据溯源技术的研究一开始是在数据库领域内的,现在也被引入到大数据隐私保护中来。标记来源的数据可以缩短使用者判断信息真伪的时间,或者帮助使用者检验分析结果正确与否。其中,标记法是数据溯源技术中最为基本的一种手段,主要是记录数据的计算方法(Why)和数据出处(Where)。对于文件的溯源和恢复,数据溯源技术也同样发挥了极大的作用。

5）数据的确定性删除技术

数据安全销毁（Secure Data Deletion）是近年来大数据安全中的新的热点问题。由于用户在使用大数据服务的过程中，不再真正意义（物理）上拥有数据，如何保证存储在云端、不再需要的隐私数据能够安全销毁成为新的难点问题。传统的保护隐私数据的方法是在将数据外包之前进行加密。那么大数据的安全销毁实际上就转化为（用户端）对应密钥的安全销毁。一旦用户可以安全销毁密钥，那么即使不可信的服务器仍然保留用户本该销毁的密文数据，也不能破坏用户数据的隐私。现有大量的系统是通过覆盖来删除所存储的数据，但是使用覆盖的方法严重依赖于基本的物理存储介质的性质。对现在广泛使用的云计算以及虚拟化模型来说，数据所有者失去了对数据存储位置的物理控制。因此，基于存储介质的物理性质的安全数据删除方法并不能满足现在的需求。确定性删除技术是在假设数据使用者不保存数据加密密钥这样一个强的安全假设下设计的，无法满足数据的后向安全性。若数据使用者成功访问过一次数据并保存数据加密密钥，即使密钥管理者回收控制策略、删除与其相关联的控制密钥，数据访问者依旧可以恢复明文数据，这样就不能达到数据确定性删除的效果。一种解决办法是数据所有者可以周期性地更新数据加密密钥，但这需要消耗大量的计算能力和通信带宽。

6）保护隐私的密文搜索技术

所谓的密文搜索主要是通过关键词语的搜索实行隐私保护，在具体的搜索过程中需要形成有效的可搜机制，并针对密钥对称和可搜索密钥开展有效的加密工作。当搜索者进行加密数据搜索时，相关的数据使用者可使用可搜索的非对称加密，为搜索者提供最终结果。

（1）隐私关键词　使用者会从自身角度出发制定一个密码关键词，实行隐私的保护。但是这种形式存在一定的安全问题，不法分子通过某种攻击方式就可获取，如分析词频、文件、关键词攻击等。

（2）不可关联性陷门　陷门的安全性是在确保相同结合关键词的前提下实行的，如果在陷门中没有满足此类要求，那么在一定程度上也会造成关键词的外泄。

（3）接入模式　现阶段很多接入模式并没有列入保护搜索的内容中，主要原因是因为往内接入模式是通过获取密码信息来实行隐私保护的一种运作形式，实际应用代价较大，范围规模过大不利于现实应用。

7）保护隐私的大数据存储完整性审计技术

隐私数据在大数据服务器中是否能够在完好存入后，又可以完整性地取出是当前很多用户关心的主要问题之一，但是这种情况对现阶段任务存数量大的存储服务器来说带来了不小的压力和负担，因为这种隐私数据的完整性审计会消耗大量的网络带宽。针对这种情况，可以通过群组有效用户的方式实现大数据的完整性审计，这种方案在运行的过程中主要减少了用户的负担，并将维护完整性数据所需要的消耗成本转移给云端进行承担，但是这种方案在设计的基础上，还要充分考虑多个审计任务同时进行的情况，加大技术支持，并对方案内容进行全当面的拓展，保证在多个任务下的审计能力支持，提高保护审计效率，减少审计时间。

5.4 大数据合规管理

大数据存储和应用方式出现了新的变化,随着国内外监管机构对于合规要求的深入,大数据的合规管理面临更加严峻的挑战。

(1)大数据合规要求众多。以数据安全合规为例,目前的合规要求包括:公安部关于信息系统安全等级保护方面的要求、国际标准 ISO27001 关于信息安全管理体系的要求、工信部关于客户信息安全保护方面的要求、网信办关于即时通信工具服务的要求等。

(2)大数据的合规管理需要采用更加规范和严谨的方法。正如前面章节所述,大数据的安全风险巨大,为了确保大数据合规,就需要更加全面细致的梳理企业大数据合规的要求,并采用有效的技术手段和系统平台对大数据合规管理予以支撑,确保大数据的持续合规。

对于拥有大数据的企业而言,一旦合规管理出现问题,就可能影响正常的经营活动,甚至可能给企业带来灾难性后果。

(3)不同主权国的合规要求不同。大数据时代,数据跨地域甚至是跨国界流动成为常态,数据作为一种核心的数字资产,其合规管理面临跨国界的监管要求,问题既十分突出,又特别重要。针对科技发展带来的隐私问题,近年来欧盟、美国等加快调整隐私保护思路,寻求建立新的隐私和合规管理规则。

5.4.1 美国数据合规管理状况

1974 年出台的《隐私法》是美国数据合规管理方面最重要的联邦法律。目前,美国尚未针对网络环境下隐私保护问题进行专门、系统的立法,涉及网络隐私保护的联邦立法中影响较大的是 1986 年颁布的《电子通信隐私法案》,规定了通过截获、访问或泄漏保存的通信信息侵害个人隐私权的情况、例外和责任,禁止"向公众提供电子通信服务"的供应商将服务过程中产生的通信内容提供给任何未经批准的实体。此外,涉及隐私保护的法律还有 1970 年的《公平信用报告法》、1998 年的《儿童网络隐私保护法》等。

2012 年 2 月,美国白宫发布了《网络世界中消费者数据隐私:全球数字经济中保护隐私及促进创新的框架》,介绍了《消费者隐私权利法案》七项原则,包括网络用户有权控制哪些个人数据可以被收集和使用,企业必须负责任地使用用户信息等,同时督促多方利益主体参与推动执行,要求联盟贸易委员会加强执法。这项措施是政府一项更大规模的旨在改善网络隐私工作的一部分内容,互联网公司可以自愿选择是否采用这些原则,但公开承诺过遵守这些原则但事后又违反原则的互联网公司将面临强制诉讼。

5.4.2　欧盟数据合规管理状况

欧盟现行的《数据保护指令》颁布于 1995 年,是欧盟数据保护规章的核心,规定了一系列需要所有成员国实施的规则。随着网络信息技术的日新月异,现行的《数据保护指令》内容有些过时。2012 年 1 月,欧盟委员会向欧洲议会和欧盟成员国部长理事会提交了一个全面的数据保护立法改革提案,加强网络信息安全保护。该提案立法精神有四大支柱:一是建立全欧洲统一的数据保护法律,改变各国根据《数据保护指令》各自立法具体实施有差别的问题;二是对于在欧洲市场经营但非欧洲本土的公司,同样要求必须遵守欧洲数据保护法律;三是赋予个人一项被遗忘的权利(the right to be forgotten),如没有法定原因保留,个人有权要求删除涉及个人隐私的数据,包括互联网搜索服务商提供的有关个人数据的链接;四是明确单一数据保护监管机构处理机制,个人和企业均可以在本国数据保护监管机构处理涉及欧盟区域其他国家的数据保护诉讼事件,为个人和企业提供便利。

尽管一些机构认为该提案对于个人信息的保护过于严格,不利于信息的流动和科技行业的创新,但自从美国“棱镜”秘密情报监视项目曝光后,对于尽快通过法律保护欧盟公民隐私的呼声越来越强烈,预计该提案的通过指日可待。

5.4.3　我国数据合规管理现状

为了改变我国在个人信息保护方面的社会意识淡薄和立法执法基础薄弱的不足,我国政府近年来加快了个人信息安全保护的立法和修法进程,2012 年 12 月 28 日,全国人大常委会通过的《关于加强网络信息保护的决定》进一步强化了以法律形式保护公民个人信息安全,明确了网络服务提供者的义务和责任,并赋予政府主管部门必要的监管手段。但这些法律法规仍存在规制范围狭窄、公民举证困难、缺乏统一主管机构等不足。

目前,我国保护个人信息的规定主要体现在行业规章制度上,或者零散地分布在部分法律法规中,缺乏系统性和可操作性。2013 年 2 月 1 日,我国首个个人信息保护的国家标准——《信息安全技术公共及商用服务信息系统个人信息保护指南》正式实施,虽然标准规定了个人敏感信息在收集和利用之前,必须首先获得个人信息主体明确授权,但毕竟只是一个标准,缺乏法律约束力。

随着大数据挖掘分析将越来越精准、应用领域不断扩展,个人隐私保护和数据安全变得非常紧迫。在隐私保护方面,现有的法律体系面临着两个方面的挑战:一是法律保护的个人隐私主要体现为“个人可识别信息(Personally Identifiable Information, PII)”,但随着技术的推进,以往并非 PII 的数据也可能会成为 PII,使得保护范围变得模糊;二是以往建立在“目的明确、事先同意、使用限制”等原则之上的个人信息保护制度,在大数据场景下变得越来越难以操作。而我国个人信息保护、数据跨境流动等方面的法律法规尚不健全,这也成为制约大数据产业健康发展的重要原因之一。

◇ 参 ◇ 考 ◇ 文 ◇ 献 ◇

[1] JackFree. 全网约有 4 万 MongoDB 数据库完全不设防[EB/OL]. [2015 - 02 - 16]http://www.freebuf. com/news/59143. html.

[2] 工业和信息化部电信研究院. 工信部电信研究院大数据白皮书(2014 年)[M/OL]. 北京:工业和信息化部电信研究院, 2014 [2014 - 05]. http://www. cctime. com/html/2014 - 5 - 12/20145121139179652. html.

[3] Cloud Security Alliance (CSA). Top Ten Big Data Security and Privacy Challenges. 2013,April. Online.

[4] Cloud Security Alliance (CSA). Big Data Security and Privacy Handbook 100 Best Practices in Big Data Security and Privacy. Online.

[5] 沈昌祥. 大数据时代的信息安全等级保护[EB/OL]. (2014 - 09 - 02) http://lifox. net/point/1524. html.

[6] Enterprise Strategy Group (ESG). The Big Data Security Analytics Era Is Here [R]. 2013.

[7] Cloud Security Alliance (CSA). Big Data Analytics for Security Intelligence [R]. 2013.

[8] Executive Office of the President. BIG DATA:SEIZING OPPORTUNITIES, PRESERVING VALUES [R]. (2014) http://www. whitehouse. gov/sites/default/files/docs/big_data_privacy_report_may_1_2014. pdf.

[9] 陈明奇,姜禾,张娟. 大数据时代的美国信息网络安全新战略分析[J].信息网络安全,2012,8.

[10] 林兆骥,高峰. 大数据时代的新媒体安全技术研究[J].电信网技术,2013,11.

[11] 王忠,殷建立. 大数据环境下个人数据隐私泄露溯源机制设计[J].中国流通经济,2014,8.

[12] 颉翔. 大数据时代个人信息安全法律问题研究[D]. 北京:北京交通大学硕士论文,2014,6.

[13] 李晖,孙文海,李凤华,等. 公共云存储服务数据安全及隐私保护技术综述[J].计算机研究与发展,2014,1.

[14] 闫晓丽. 大数据分析与个人隐私保护[J].中国信息安全,2014.3.

[15] 冯登国,张敏,李昊. 大数据安全与隐私保护[J].计算机学报,2014,1.

[16] 刘雅辉,张铁赢,靳小龙,等. 大数据时代的个人隐私保护[J].计算机研究与发展,2015,2.

[17] 孟小峰,张啸剑. 大数据隐私管理[J].计算机研究与发展,2015,2.

[18] 郭三强,郭燕锦. 大数据环境下的数据安全研究[J].计算机软件及计算机应用,2013,2.

第6章

大数据质量管理

本章首先分析了大数据特性,大数据质量管理复杂性及原因,在大数据质量基本概念和质量度量维度分析的基础上,提出了大数据质量管理参考框架;其次,结合六西格玛法和大数据的特性,介绍了大数据质量管理项目实施方法;最后,介绍了目前主流的大数据质量管理方法和工具。

6.1 大数据特性及其质量管理的复杂性

6.1.1 大数据的特性分析

组织在信息化过程中,传感器、智能设备、社会协同和商务数字化等技术的应用,致使数据呈爆炸性的趋势增长。金融、电信、零售、医疗、数字媒体、保险等数据密集型领域,都已经开展了大数据相关的研究和应用,尝试从大数据发掘价值、获取洞察,从而有效地协助组织降低风险、提高效率和创造价值,为产业的发展和转型提供支撑。

从目前大数据应用和发展的视角看,大数据具有以下特性:

(1) 大数据来源仍以组织内部数据为主。工业 4.0、BANK3.0、互联网＋、智慧城市等新理念的产生,促进了智能机器人、移动设备、供应链系统、物联网等数字化技术的广泛应用,为海量数据采集、存储和应用提供了基础。2012 年 IBM 开展了 Big Data @ Work 的调研分析,对 95 个国家、26 个行业的 1 144 名专业人员进行了访谈。调研结果发现:仅 7% 的受访者认为社交媒体数据是大数据,大部分受访者认为大数据来源主要以组织内部数据为主。

(2) 大数据应用仍依赖于数据的整合(关联)。数据整合是数据分析项目的关键要素,对大数据来说尤为重要。在大数据应用和分析过程中,需要将海量的非结构化数据通过有效整合和分析,才能达到数据洞察的效果。正如 Boyd and Crawford[①] 所指出的"大数据本质上是相互关联的,各个数据源通过数据间建立关联关系而实现价值"。大数据技术能将"非数字、非结构化及结构化"的数据关联起来,将"人员、交易、社交、金融、空间、时间"等分散数据集关联起来,基于单个个体和群体来进行关系和模式分析,并从中挖掘价值。

(3) 大数据分析的目的是预测。传统的数据分析挖掘是基于历史数据的处理分析,其目的是寻找造成问题的原因。例如,银行发现其近期存款波动较大,可以分析近半年的交易数据,寻找产生波动的原因。而大数据分析的首要目的是预测,为即将可能发生的事件

---

① Danahboyd 和 Kate Crawford《Six Provocations for Big Data》,September 21, 2011.

做好准备,如将负面影响最小化,抓住可能到来的机遇。大数据时代,"是什么"比"为什么"更加重要,正如《大数据时代:生活、工作与思维的大变革》[1]一书所描述的"建立在相关关系分析法基础上的预测是大数据的核心","通过去探求'是什么'而不是'为什么',帮助人们更好地了解这个世界"。

(4) 大数据服务更加精细化(个性化)。大数据技术为数据的采集、存储、分析、挖掘和服务等提供了有效的支撑,能够协助组织对客户进行精准的分类,探索消费模式和行为,从而帮助组织更好地理解客户。个性化和精细化的数据分析和应用,能够获得更加准确的客户行为,预测和识别也更加精确,从而能为客户制定更加丰富、更加个性化的服务,获取最大的客户满意度和收益。

6.1.2 大数据质量管理的复杂性

大数据质量对于大数据的应用至关重要。大数据分析应用时,必须首先评估数据质量,以保证大数据的质量达到可接受的程度。需要特别指出的是,大数据价值的发掘和体现必须建立在一定的数据质量基础之上,认为大数据基数超大,可以忽视其数据质量的观点是不全面的。

大数据质量管理比传统数据质量管理更加复杂,主要表现为以下几个方面:

(1) 数据源多、数据种类多 数据来源的复杂和多样性,使得数据整合的难度大大增加。各个数据源在维度上需要保持一致,不然整合就无从谈起;另一方面数据种类多,使得来源于不同组织的数据整合难度剧增。

(2) 不受控制的重复使用 在大数据应用过程中,各种结构化或非结构化数据集被多个使用者共享和使用。不同的业务场景和不受控制的约束,意味着每种应用都有各自的数据使用方式,带来的直接后果是相同数据集在不同业务场景中的诠释不同,为数据的有效性和一致性带来了隐患。

(3) 质量控制的权衡 对于来源于组织外部的大数据,很难在数据产生过程中采用控制手段来保障质量,当内外部的数据不一致时,数据使用者必须做出权衡:修正数据使其与原始数据不一致,或牺牲数据质量来保持与原始数据一致性。

(4) 数据的"再生" 大数据新的理念和特征拓展了数据的生命周期中的"再生"环节。传统的数据管理过程中,历史数据往往在其生命周期的后期转为冷存储或损毁。而在大数据分析和应用中,历史数据与实时数据能够有效地整合和应用,意味着在大数据生态链中,大数据质量管理将关注不同阶段的跨生命周期管理能力。

6.1.3 大数据质量管理复杂性的原因分析

传统数据主要来源于组织内部,在业务处理流程中产生,数据采集流程在组织内能够得到有效控制,数据质量工具能整合到业务处理流程中,实现数据质量测量和验证。但在大数据环境下,来源多样、结构各异的大数据的质量管理具有较高的复杂性,主要原因可以总结为以下几个方面:

(1) 数据解释　来组织内外部的数据含义的业务含义存在一定的差异。

(2) 数据量　在海量数据分析和处理方面,传统的关系型数据库及管理平台面临较大的挑战。

(3) 控制力弱　来源于外部的数据不能有效地进行质量控制,不能对错误数据进行追溯。

(4) 一致性维护　数据清洗会导致其与原始数据不一致,影响对业务应用流程的跟踪,甚至引起对分析结果的怀疑。

(5) 数据生命力　大数据存储方式扩展了数据获取时间和范围,使得数据可能在数据存储期间发生变化,为数据生命力带来风险和挑战。

6.2　大数据质量的概念和维度

6.2.1　大数据质量的基本概念

"质量"一词对多数人并不陌生,与人们的生活息息相关。ISO9000 关于质量的定义是"一组固有特征满足要求的程度",质量管理大师朱兰将其称为"适合性(fit for use)"。

数据是表示事物各种属性基本元素,通常情况下,只要符合数据应用的需要,就可以将它视为合格数据,即数据质量合格。结合质量的定义分析可知,数据质量就是"一组固有特征满足表示事物属性的程度"或"每个元素对于某种应用场景的适合度"。数据质量不但依赖于数据本身的特征,还依赖于使用数据时所处的业务环境,包含数据业务流程和业务用户。

从本质上说,大数据与传统数据质量定义方面差异不大,仅是对事物属性特征表示方式的差异,从这个意义上讲,传统的数据质量概念仍然适合大数据质量的概念,大数据质量也可以定义为"大数据合乎需求的程度"。

6.2.2　大数据质量的维度

高质量数据必须是合乎需求的数据,可以根据数据是否合乎需求来定义数据质量的高低,具体到实际的应用中,需要结合具体的数据特征来衡量。数据质量可以用多种度量维度来衡量(评估),每种度量维度衡量了数据某个或某类特征满足质量目标的程度。

目前,在数据质量的可度量性方面已经取得了一系列研究成果,其中以麻省理工学院 Richard Y. Wang 等[2] 提出的数据质量度量维度为典型代表。在此基础上,结合当前大数据质量度量维度的研究,将大数据的度量维度分为四大类、19 个维度,见表 6-1~表 6-4。

表 6-1 大数据固有质量的度量维度

维 度 名 称	维 度 描 述
可信性	数据真实和可信的程度
客观性	数据无偏差、无偏见、公正中立的程度
可靠性	数据从其来源和内容角度对其信赖的程度
价值密度	大数据的价值可用性
多样性	大数据类型的多样性

表 6-2 大数据环境质量的度量维度

维 度 名 称	维 度 描 述
适量性	数据在数量上对于当前应用满足的程度
完整性	数据内容是否缺失,以及当前广度和深度应用的满足程度
相关性	数据对于当前应用来说适用和有帮助的程度
增值性	数据对当前应用是否有益,以及通过数据使用提升优势的程度
及时性	数据满足当前应用对数据时效性的要求程度
易操作性	数据在多种应用中便于使用和操作处理的程度
广泛性	大数据来源的广泛程度

表 6-3 大数据表达质量的度量维度

维 度 名 称	维 度 描 述
可解释性	数据在表示它的语言、符号和单位,以及定义清晰的程度
简明性	数据严谨、简明、扼要表达事物特征的程度
一致性	数据在信息系统中按照相同一致方式存储的程度
易懂性	使用者能够准确地理解数据所表示的含义,避免产生歧义的程度

表 6-4 大数据可访问性质量的度量维度

维 度 名 称	维 度 描 述
可访问性	数据可用且使用者能方便、快捷地获取数据的程度
安全性	对数据的访问存取有严格的限制,达到相应安全等级的程度

6.3　大数据质量管理参考框架

6.3.1　参考框架概述

大数据质量管理参考框架是大数据质量管理的基础。在数据治理方面,相关行业和组织开展了一系列研究,取得了一系列成果,如国际货币基金(IMF)的《数据质量评估框架》、中国银行业监督管理委员会的《银行监管统计数据质量管理良好标准》、欧洲质量管理基金会的 EFQM(EFQM:《Framework for Corporate Data Quality Management》)模型、瑞士圣加仑大学信息管理研究院等组织的 CDQM 框架等。

大数据质量管理框架覆盖组织在大数据生态链中的所有质量管理相关活动,为组织提供了数据治理管理的方法论,以支撑组织开展大数据质量管理工作,指导决策者将大数据质量管理纳入组织日常工作,建立团队来管理组织的数据资产,确保数据质量能够满足业务运行和管理决策的需要。

结合国内大数据质量管理领域的特点,提出大数据质量管理参考框架(BDQM),如图6-1所示。

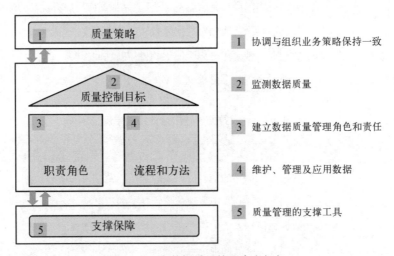

图6-1　大数据质量管理参考框架

由图6-1分析可知,大数据质量管理参考框架把相关活动分为质量策略、质量控制目标、职责角色、流程和方法、支撑保障五个部分。

(1)质量策略　大数据质量工作受到组织内部各种业务驱动因素的影响,需要多个内部机构参与,因此必须提升到组织层面,与组织整体业务策略相一致,配合组织业务策略实施,实现组织战略目标。

（2）质量控制目标　大数据质量管理需要符合一系列的大数据标准（规则）、规章制度和流程，因而必须持续监测已定义的质量测量指标和绩效指标，并及时将监测情况向利益相关方汇报。

（3）职责角色　大数据质量管理需要数据采集、使用、管理等工作定义岗位、角色和职责，清晰界定相关角色的责权利，并通过质量认责机制，确保大数据质量管理工作能够高效、有效执行。质量认责机制的核心是分离大数据使用者和管理者两个角色：大数据使用者负责提出业务需求，大数据管理者对大数据全生命周期中的质量负责。

（4）流程和方法　组织按照统一标准和规范，开展大数据的管理和使用，确保数据质量满足要求。同时，必须将大数据质量相关标准化工作嵌入到日常业务处理流程中，严格执行大数据质量规范指引。

（5）支撑保障　支撑保障包括组织有效实施大数据质量管理相关活动的各类技术工具、软件和系统，组织必须对其进行统一规划、管理和持续改进。

6.3.2　大数据质量策略

大数据质量是快速应对业务变化、符合监管和法规要求、客户管理、业务流程整合和标准化等工作的前提，大数据质量策略对质量管理文化、职责和角色、流程和方法、服务级别协议等具有深远的影响。

大数据质量策略是组织策略的一部分，管理层对大数据质量的态度直接影响大数据质量管理实施的效果。大数据质量策略的目标是传达业务发展策略，为业务策略的执行和成功提供保证，主要工作包括：

（1）结合组织业务经营策略和大数据策略，制定、评估和更新组织级的大数据质量策略，主要包括以下活动：

① 确定、分析、记录和沟通大数据质量对组织业务目标、绩效、业务创新的影响。

② 规范、审核和更新大数据质量管理的目标和流程，使其满足利益相关者的需要和期望，并且与业务创新、发展和管理策略保持一致。

③ 确保大数据质量管理策略有效执行，防止不协调的情况发生。

④ 定义大数据质量管理参与机构的工作边界和范围，如数据分级、责任部门等。

⑤ 定义大数据质量分级控制策略下的内外部数据管理、多源异构数据整合、内外部数据一致性控制、冷数据和热数据的融合、数据重用等。

（2）组织高管要积极参与大数据质量策略的制定，确保大数据质量框架的开发、共享、实施和改进，并与管理体系的协调一致，主要包括以下活动：

① 协调开展大数据质量管理体系的开发、管理和实施。

② 确保质量管理体系的开发、协调和实施，并进行测量、评估和改进。

③ 确保大数据质量管理体系的清晰定义和授权。

④ 定义和更新相关过程和活动的优先级，保证与业务、成本效益的协调。

6.3.3 大数据质量控制目标

大数据质量控制目标是实现内外部数据质量的监测度量,通过定量化评估、识别和检测,明确大数据质量与业务流程间的关系,完成大数据质量报告的编制等,主要工作包括:

(1) 识别大数据质量对业务影响,在数据所有者和使用者配合下,选择、定义和维护合适的大数据质量监测维度及检查规则,主要包括以下活动:

① 根据业务需求和优先级,识别和定义大数据质量维度,关注基于大数据的个性化应用、预测和决策、服务创新等业务需求。

② 梳理数据缺陷与业务绩效流程间的关系,实施数据缺陷因果分析;根据结果确定大数据监测点、检测方法和质量测量方法。

③ 确定大数据质量维度的上、下阈值和目标,对大数据质量持续监测。

④ 实施多数据源数据供应、标准化、清洗等质量改进工作。

⑤ 针对智能设备自动采集的数据,实施跨流程的质量关联核查,监测多数据源关联的一致性检查。

(2) 建立、维护关键业务数据(Key Business Data, KBD)的知识库和质量规则库,主要包括以下活动:

① 确定纳入关键业务数据知识库中的数据元素。

② 基于确定的关键业务元素,建立和更新组织级关键业务数据知识库。

③ 基于监测数据的质量维度的测量规则,建立和维护数据质量规则库。

案例:银行关键业务数据 KBD

关键业务数据 KBD 是对组织正常业务处理流程产生影响的数据,一般情况下,当 KBD 出现问题时候,会导致生产效率降低或流程崩溃。关键业务数据 KBD 是基本数据元素和数据整合需要的关联数据,具有最高级的数据质量要求。

KBD 数据一般包括:

➢ 业务办理流程中业务办理必需的,如到银行开设账户姓名和身份证号、贷款中的各种证明等。

➢ 报送政府监管部门需要的,如贷款业务中的贷款卡号、组织规模等。

➢ 数据整合需要的关联数据,主要包括参考数据和主数据,如客户编号、产品编号、渠道、机构编号等和有助于对客户进行识别的数据。目前,随着移动通信和互联网的发展,客户的移动电话号码、邮箱等标示信息也变为进行数据整合和识别的重要关联要素。

➢ 跨多个业务部门共享的数据。

➢ 元数据,即各个系统和外部采购数据的数据字典。

（3）大数据质量持续监测和后续行动，主要包括以下活动：

① 开发、实施和改进用于数据质量维度指标的度量方法。

② 开发和定义数据质量测量的维护流程。

③ 持续监测数据质量维度的阈值，发现异常时，触发数据质量改进活动。

④ 实施数据的清洗、标准化、内容完善等数据质量改进活动。

6.3.4 职责角色

大数据质量管理必须与相关质量岗位、角色纳入到组织架构中，明确责权利，保证高效、有效地完成质量管理的任务和工作。其主要内容包括：

（1）定义、管理和改进大数据质量管理的人力资源，主要包括以下活动：

① 定义和持续更新大数据质量管理需要的岗位角色和职责。

② 定义和持续更新大数据质量管理需要的决策和活动。

③ 明确定义和建立大数据质量报告路线和授权，以协调大数据质量管理的各个角色（大数据管理者、大数据所有者、大数据使用者等）的工作。

④ 定义和实施调解策略，以解决质量管理中不同角色间冲突。

⑤ 管理从事大数据质量工作的人员聘任、职业开发和规划。

（2）建立和维护组织内员工的大数据质量管理意识，主要包括以下活动：

① 积极沟通大数据质量策略和目标，将策略和目标融入组织文化中，鼓励利益相关者积极参与质量工作，消除变革阻力。

② 确保从事大数据质量管理的员工具备必需的知识、技能和信息，以便能胜任大数据质量管理工作。

（3）授权组织内员工承担大数据质量管理责任，主要包括以下活动：

① 鼓励和支持个人、团队参与大数据质量改进活动。

② 实施大数据质量管理培训，培养员工管理大数据的能力。

③ 分享大数据质量活动中遇到的问题、经验教训和最佳实践。

6.3.5 流程和方法

流程和方法是大数据质量控制目标实现的重要保障。对于核心业务流程中各类数据，按照"第一次就做好、做对"的原则进行主动管理和维护，采取"预防代替救火队"的数据质量措施，确保组织内数据达到高质量的目标。在组织核心业务流程中主动管理、使用和维护大数据，保证组织内大数据在其全生命周期中保持高质量水平。其主要内容包括：

（1）系统化地设计、管理和改进大数据质量管理流程，主要包括以下活动：

① 识别、审批和优化质量活动需要的财务费用、人员和技术等资源。

② 开展大数据管理质量培训,加深对大数据质量规范、管理流程的认识。

③ 设计、改进和提供大数据产品(如客户主数据、供应商)和服务(如数据集成服务、数据支持服务)。

④ 配置服务水平协议 SLA,提供解决方案(如数据产品或服务)。

⑤ 向大数据使用者营销现有的大数据产品和服务。

(2) 定义和改进大数据的采集、应用和维护任务,主要包括以下活动:

① 定义组织的数据使用者和其他利益相关者。

② 建立覆盖数据全生命周期管理的知识库。

③ 设计、实施、监测和改进数据采集、使用和维护流程,以保证其符合监管和业务规则要求。

④ 建立和实施数据自动采集智能设备(传感器、录音、录像、移动 APP 等设备、软件)的定期检查、校准制度和流程,确保数据采集质量。

⑤ 依据对数据质量的期望,开展大数据质量评估,保证数据质量和可用性。

⑥ 积极推进数据质量改进的相关分析、清洗、标准化、内容完善等。

6.3.6　支撑保障

大数据质量支撑保障主要是通过质量辅助技术工具、软件和系统,支撑大数据质量管理活动,保证大数据质量符合数据标准、业务规则和数据质量规则等。其主要内容包括:

(1) 利用工具软件和系统开展相关的规划、管理和改进,主要包括以下活动:

① 定义大数据质量管理支撑的活动,如数据清洗、数据建立、数据剖析、数据质量仪表盘等。

② 规划大数据质量软件工具,包括数据清洗、数据缺陷预防、数据剖析、数据再造和矫正等,充分使用大数据平台已具备的分布式数据并行处理和数据复制能力,与大数据管理平台全面融合集成在一起。

③ 开发、部署各类大数据质量辅助技术工具、软件和系统,并对组织相关员工进行使用和维护培训。

(2) 记录和持续了解大数据质量管理活动的现状与未来的应用功能差异。

6.4　大数据质量项目实施方法

大数据质量管理参考框架从组织层面明确了大数据质量管理框架,指导决策者如何将大数据质量工作纳入日常工作。组织在解决各类数据质量问题时,常常通过项目实施方式解决。

数据质量领域研究学者和专家结合自身实践,先后提出了一系列质量管理的项目实施方法,其中以全面信息质量管理(TIQM)、全面数据质量管理(TDQM)、数据管理十步法、六西格玛等。

与传统数据质量管理一样,数据 GIGO(Garbage In Garbage Out,垃圾进垃圾出)规则仍然发挥作用,但在由于大数据的多样性、广泛性和价值密度低等特性,使得对"数据垃圾"的认识存在较大差异。本节结合六西格玛管理方法和工作实践,提出了大数据质量项目管理的六西格玛方法,在具体的项目实施过程中,可分为"定、测、析、改、控"五个阶段,需要特别说明的是,在定义阶段,必须考虑大数据的质量特性,明确大数据质量分析的维度,如考虑多样性、广泛性、价值密度低等特点。

基于六西格玛的大数据质量项目管理方法如图 6-2 所示。

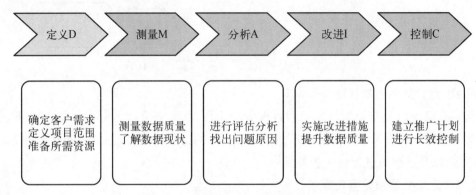

图 6-2 六西格玛数据质量项目管理方法

由图 6-2 分析可知,各个阶段的任务如下:

(1)定义 确定业务需求,定义项目范围,所需的资源,为项目确定以业务需求一致的成功衡量指标,即确定数据质量分析的维度、规则、评估指标等,尤其是内外部数据管理、多源异构数据整合、内外部数据一致性控制、冷数据和热数据的融合、数据重用等需求,从而为数据质量分析提供标准和依据。

(2)测量 根据数据质量测量分析维度、规则等,对选定的数据进行检查。

(3)分析 根据检查的结果,进行评估分析,找出存在的数据问题,以及问题的主要原因,生成并提交数据质量改进方案报告。

(4)改进 根据数据质量改进方案报告,对数据做出改进,提升数据质量。

(5)控制 建立长效机制,将质量工作纳入业务流程管理中,保持持续保证数据质量的提升。

6.4.1 定义阶段

大数据质量管理定义阶段是规划阶段,主要目的是确定数据质量管理的范围。定义阶段完成的任务包括确定数据质量管理目标,获取数据质量需求,根据需求内容选择需要控制数据质量的业务和系统范围和评估方式。

定义阶段完成的任务如图6-3所示。

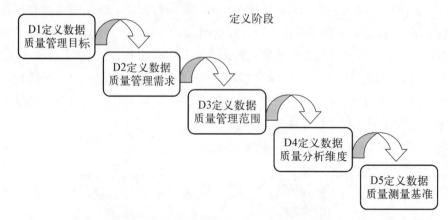

图6-3 六西格玛数据质量项目定义阶段任务

1) D1 定义数据质量管理目标

数据质量管理是希望通过一系列数据管理手段,在业务和技术部门协同配合下,保证数据满足业务流程管理、风险管控和价值创新、分析的需要,为设定的业务目标提供数据支持,该目标就是数据质量管理的业务目标。

2) D2 定义数据质量管理需求

数据质量管理需求是对数据质量管理目标的细化,从所支持的目标应用功能角度提出的数据质量范围及状态定义。

数据质量管理需求是确定数据质量管理范围、设计数据质量规则、选择关键质量评估指标,是确定数据质量改进方案和持续性进行质量控制的信息基础。

数据质量需求一般有三种方法。

(1) 经验总结方法 针对已发现的数据质量问题提出质量管理需求。

(2) 业务流程、管理需求分析方法 在分析组织业务流程、管理需求过程中提取其中数据质量要求。

(3) 业务创新、价值创造的分析方法 根据业务战略规划和创新的需求,组织可以通过借鉴行业或者外部同类业务需求提出初步需求,在结合业务发展过程中,提出详细需求。例如,某金融组织可以在业务需求的基础上,结合客服中心客户投诉录音进行情感分析,开发有效的客户服务手段,提高客户的满意度。

案例:数据质量管理需求的确定

例如,某银行在进行监管资本业务需求分析过程中,发现很多贷款客户地址、联系人等基本信息、年销售额等财务信息以及个别债项缺失严重;因此提出如下数据质量要求。

根据计算风险加权资产 RWA(Risk Weighted Assets)时判别中小组织客户的业务逻辑功能点,对应的数据质量需求可设定为:

> 提高债务人基本信息完整性。
> 提高组织客户的财务指标数据完整,并按季更新。
> 债项基本信息完整。

除了上述数据质量业务需求外,数据质量管理需求还需要包括管理性的数据质量的评估指标需求,该可以设定数据质量评估等级。

数据质量问题等级典型地可分为五级:非常严重、严重、不足、关注、正常,在数据质量管理需求中为每个数据质量管理需求定义每一等级所对应的指标值范围。

3) D3 定义数据质量管理范围

根据数据质量需求来确定数据质量的管理范围,一般可分为业务范围、技术范围和系统范围。

(1) 业务范围　业务范围一般根据数据质量需求中的数据范围来选择。每个业务下的关键数据项作为数据质量管理的内容,根据数据质量管理需求,确定需要进行质量管理的数据项所涉及的业务范围,作为后续选择数据质量管理系统范围的依据。

> **示例:关键业务及其数据范围的确定**
>
> 关键应用范围确定:根据数据质量管理需求确定需要进行质量管理的数据项所涉及的业务范围,作为后续选择数据质量管理系统范围的依据。例如,在银行关键数据质量需求分析中,业务范围可以确定为银行信贷管理和抵质押物管理。
>
> 关键数据范围确定:挑选数据质量管理需求中的关键数据范围进行质量管理,挑选关键业务数据项 KBE 的原则是选择对实现业务流程,或者计算过程的影响性程度大的数据项。对应的关键数据范围确定为:客户法人名称、合同余额、利率、到期期限、客户年销售额、押品价值。

(2) 系统和技术范围的确定　根据数据质量管理业务范围和系统环境定义,选择需要管理数据质量的应用系统、数据字段作为数据质量管理的系统范围和技术范围。在应用范围和数据范围确定后,根据系统应用架构和数据流架构的定义,选择关键应用系统数据源作为数据质量管理的控制点。同时,结合关键数据范围、数据源的映射,挑选出与关键业务数据 KBE 对应的数据字段,填写数据质量管理的相关表格,作为测量阶段范围的确定。

> **示例:系统和技术范围的确定方法**
>
> 系统和技术范围的确定主要考虑以下几个方面:
> > 数据采集能力:采集数据范围的完整程度、采集的难易程度。

> ➤ 数据可信度：数据真实可信的程度。
> ➤ 数据及时性：数据更新的时效性是否及时。
> ➤ 集成能力：数据质量控制功能与控制点现有功能实现集成的可行性。

4) D4 定义数据质量管理维度

大数据分析应用中面临的多数据源、数据间的关联一致性、数据源的多样性等问题，这就要求在关注字段级数据质量维度的同时，还要关注跨数据源的一致性和多样性。

例如，对电商平台的客户留言、支付结算交易的数据进行整合分析，就需要深入分析这两个数据源之间的关联度；现在调查公司面向青年群体调研时候，开始使用社交媒体的数据代替电话访谈和面对面调研，但在开展面向广泛大众的调查时候，就需要将社交、电话、面对面多个数据源有机结合，具体实现过程中，可以选择完备性、唯一性、有效性、一致性四个维度作为重点管控的维度。

5) D5 定义数据质量测量基准

为了评估数据质量的好坏，需要为每个测量规则定义评估指标，并为每个评估指标设定一个或一组基线（目标值）和阈值，通过比较实际测量结果和基线的差距，获得数据质量状态的量化结果。

例如，评估基线值的设定方式通常为：在需求分析的数据质量需求中提出，或者是取数据质量指标评估值的历史平均值，实际中使用前者居多。如果被测量的数据是从数据源经过多次转换或迁移而来的，选择的被测量系统又不便于实际执行数据质量测量工作，可测量中间各环节的错误数据百分比，对指标进行推算。

在大数据应用分析阶段，由于数据质量基线指标目标是可以预测的，其目标值可以低于一般业务流程、管理和监管的质量目标值。但在大数据应用的后期，根据预测结果来进行价值创造时，数据质量目标值就必须与流程等目标值一致。

6.4.2 测量阶段

大数据质量管理测量阶段的任务是根据上一阶段的结果，确定关键数据范围和管理维度的映射关系，详细规划质量分析的规则和分析方法，并执行实际的测量动作。数据质量测量阶段获得数据质量状况的原始信息，是数据质量分析阶段的输入信息。

根据测量目的不同，数据质量测量可分为一次性测量和定期测量两类。

（1）一次性测量的目的是定性分析问题数据类型，获得数据质量状况的定性检查。

（2）定期测量是测量、分析、改进方案都已经确定在控制状态下的测量，是周期性按照已确认的数据检查规则定量分析数据质量状况，是数据质量报告体系的一部分。

测量阶段完成的任务如图6-4所示。

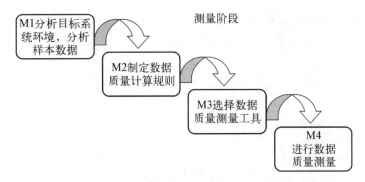

图 6-4 六西格玛数据质量项目测量阶段任务

1）M1 分析目标系统环境

分析目标系统环境完成三项任务：调查目标系统的数据环境,选择匹配的数据质量工具,分析样本数据。在详细设计数据质量测量方案前,需要了解数据所在系统的数据环境,根据数据环境选择质量测量工具。

典型的数据环境因素包括：操作系统平台类型、数据存储管理方式、数据访问方式和样本数据取样方式。

2）M2 制定数据质量计算规则

在数据质量度量维度定义阶段,确定了需要管理的数据项和质量维度的映射,根据数据质量管理需求、数据业务定义,本阶段的任务是确定质量维度指标的计算规则。

数据质量测量规则与数据业务定义、实际数据错误类型都有关系,需要根据样本数据质量分析、每轮测量的分析结果不断调整质量维度指标的计算规则,直至经过改进阶段确认其测量规则的有效性,并最终提交给控制阶段作为数据日常性管理规则。

质量维度指标的计算规则确定后,为分析阶段提供了详细内容。根据分析需要,分析阶段将对样本问题数据进行分析或访谈,以确定数据质量问题类型和问题原因。例如,样本问题数据通常包括四类：关键字类、状态类、最后维护信息类和被检查的数据项。

3）M3 选择数据质量测量工具

常用的数据质量测量工具主要有数据剖析软件、各类数据处理语言脚本(SQL、R、Python)等。目前,主流的商业化或开源的数据质量管理平台都包含数据剖析工具,这些工具能直接连接各类数据库,能够结合大数据平台的部署使用,并且方便、快捷、效率高等。在面对比较复杂的质量维度度量计算规则时候,技术人员也通过编写 SQL、R、Python 脚本来完成此项工作。

4）M4 进行数据质量测量

使用选择质量测量工具,获得每个测量规则的质量指标值,以及问题数据样本文件。测量结束后,将实际测量指标值填入数据质量管理相关的表格。

6.4.3 分析阶段

大数据质量管理分析阶段的任务是分析数据质量测量结果,形成并提交数据质量统计报告,并分析问题原因和确定相应的改进方法。

数据质量分析报告是数据质量管理组织的信息来源,数据问题原因和改进任务是质量改进阶段的输入。

分析阶段执行的任务如图6-5所示。

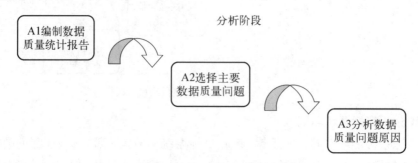

图6-5 六西格玛数据质量项目分析阶段任务

1) A1 编制数据质量统计报告

数据质量测量结束后,根据测量明细结果计算数据质量评估指标值,基于数据质量评估值,把数据质量问题划分为不同的严重程度等级,再根据数据质量问题严重等级,选择不同类型的数据质量报告,根据数据质量统计报告不同严重等级,向不同的级别汇报。数据治理按照管理职能分为三层:决策层、管理层、执行层。

2) A2 选择主要数据质量问题

数据质量问题不可能一次完全解决,问题数据会不断出现,应将有限的资源集中解决主要的问题。一般情况下,可选择对数据治理目标业务影响最大的几个质量问题,作为后续数据质量分析和质量改善方案的对象。选择方法一般使用"80/20"原则,即综合考虑数据项质量严重程度,选择评分值最大的前几个作为数据质量问题分析的对象。

组织可根据数据质量统计结果,制作帕雷特图,如图6-6所示。

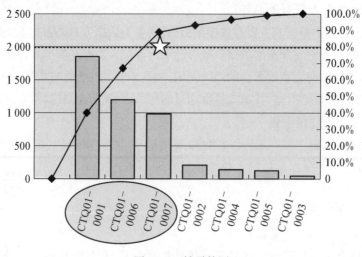

图6-6 帕雷特图

由统计图分析可知,前三项错误最多的数据质量加权评分值占比之和,已经超过所有问题数据质量加权评分值总和的80%,是数据质量主要关注的问题。

3) A3 分析数据质量问题原因

针对测量阶段获得的异常数据,从中挑选具有代表性的异常数据记录,通过访谈或调查方式,分析造成数据的原因,并将问题原因归类,作为识别和定义数据质量改进点的信息依据。

此阶段常用到的质量辅助工具有头脑风暴、访谈和鱼骨图,可用前两个方法收集材料,然后用鱼骨图进行归纳。根据业界的最佳实践,数据质量问题原因可归纳为四组,分别对应业务需求、流程、技术手段、人员职责。

针对风险数据质量进行原因分析的鱼骨图示例如图 6-7 所示。

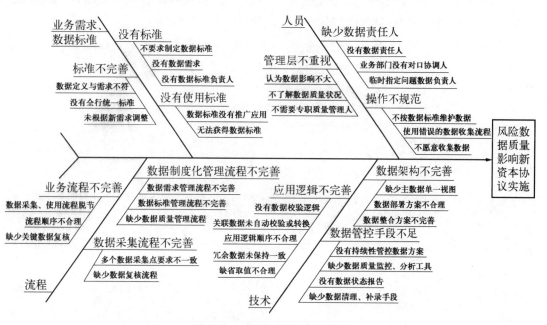

图 6-7　风险数据质量鱼骨图

在进行大数据质量分析原因时,对于来自企业内部的数据,要根据上述步骤进行分析,寻找原因,但对于来自外部的大数据时,由于很难了解外部组织的业务处理流程,一般无法进行数据质量原因分析,可以跳过此环节。

6.4.4　改进阶段

大数据质量管理改进阶段的目标是识别数据质量方向,通过设定一系列目标任务,去改善数据质量状况,并对数据改进情况进行监控。在数据质量改进阶段,输入是质量分析阶段所确定数据质量问题,以及造成这些问题的原因。数据质量改进阶段的任务如图 6-8 所示。

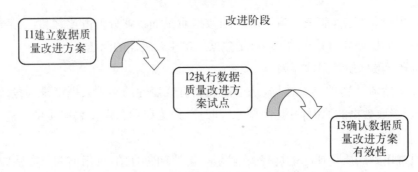

图 6-8　六西格玛数据质量项目改进阶段任务

1) I1 制定数据质量改进方案

数据质量分析阶段确定了数据质量问题改进的(以规则为粒度选择)范围、数据质量问题的原因。本阶段的任务是制定与其相匹配的改进方案。

经验表明多个不同的质量问题对应的原因可能是相同,可将按问题原因类型归纳,分析可控制或改善该类错误的方法或方向。数据质量改进方案的主要方向见表 6-5。

表 6-5　数据质量改进方案的主要方向

改进大类	改　进　方　向
业务需求	完善数据需求,完善元数据内容,完善数据标准,完善应用逻辑
技　术	完善应用逻辑,元数据管理系统,完善数据校验逻辑,完善数据整合应用,完善数据部署方案,数据质量跟踪,报告系统,数据分析,监控工具
流　程	数据需求管理,元数据管理,完善数据采集流程,数据标准管理,完善业务流程,建立数据质量报告流程
人员职能	获得管理层对数据的认同、支持,确定数据责任人,建立数据质量管理组织,定义相应规章制度

2) I2 执行数据质量改进方案试点

根据定义的改进任务和时间,按照项目管理制度下达任务、完成任务定义中的任务,达到设定的目标。

3) I3 确认数据质量改进方案有效性

改进任务试点完成后,需要验证分析阶段的问题定位是否准确,改进任务是否有效地改善了数据质量,再根据确认结果是否需要将改进任务在控制阶段进行推广,作为日常性任务持续执行。

在数据质量改进阶段,一般采取下列的数据质量改进策略:

(1)针对劣质数据记录非常少的情况,采取过滤方案,将这少量劣质数据从大数据集内分离来,在后续大数据应用中使用过滤掉劣质数据的新数据集,就避免劣质数据对分析应用的影响,但同时也要将滤掉的劣质数据情况告知大数据使用者,让其了解,以便对大数据的分析结果应用时予以参考。

（2）针对数据质量的其他情况,为了整合多个不同数据源的数据,确保数据一致性和可用性,更多是对大数据集进行劣质数据的修正,使用数据剖析、标准化、数据清洗、实体匹配、充实内容等数据质量处理技术来提高数据的可用性,将修正后的新大数据集提供给后续的大数据使用者。

6.4.5 控制阶段

大数据质量管理控制阶段的主要工作时将改进方案交付给业务和技术部门,作为日常业务营运的一部分,帮助业务和技术部门定期测量数据质量状况,根据报告流程定义报送相应的风险数据管控组织。

控制阶段执行的任务如图6-9所示。

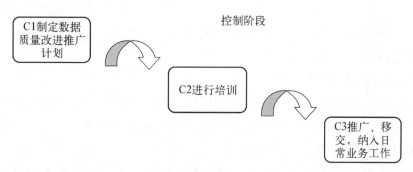

图6-9　六西格玛数据质量项目控制阶段任务

1）制定数据质量改进推广计划

为了使其全面实现组织对项目数据质量的期望目标,并保证长期保持期望目标之内,可针对组织内部的实际情况,制定行之有效的推广计划,在人、财、物及信息系统优化等方面做好准备,重点整理改进阶段与改进方案配套的各种资料、规章制度、操作手册、质量手册和培训材料等。

一个完整的数据质量手册有不同层次的细节,从指导方针到角色和责任,详细地阐述这些准则和规范,数据质量手册既要解决管理问题、实现和操作问题等,还要解决数据产品本身的问题。

2）开展培训

培训是数据质量改进方案得以顺利成功实施的最重要环节,培训工作要做到细而全。培训内容是否详细、清楚,是参训人员学习掌握相关知识关键,参训人员包括大数据采集员、大数据专员、大数据拥有者、大数据使用者等利益相关者,可通过课堂培训、电脑培训、组织内网公告、内部通信或简单的电子邮件等方式,将信息在组织内部传播。

3）推广、移交，纳入日常业务工作

该任务的目标是将项目的产出、数据质量工作从项目组移交到组织的现有职能部门中。项目组成员可能来自组织的各相关业务条线和部门，需要他们将相关成果用回到工作岗位，并变为日常工作，从而实现数据质量管理的可持续发展。

6.5　大数据质量管理常用方法和工具

本节主要介绍大数据质量管理中常用的质量管理工具，以及如何利用相关数据质量管理辅助工具开展工作。相关工具的详细介绍可参考相关专业书籍。

6.5.1　常用质量管理工具

目前，在质量管理领域，有一系列常用的数据质量管理工具，主要分为传统的质量管理工具、新的质量管理工具和其他质量管理工具。

1）传统的质量管理七大工具

传统的七种工具包含分层法、检查表、帕累托图、因果分析图、直方图、散布图、控制图。

（1）分层法　又称层别法、分类法、分组法，是整理数据的重要方法之一。分层法是把收集来的原始数据按照一定的目的和要求加以分类整理，以便进行比较分析的一种方法，应用于大数据质量管理中，可以进行有目的的分类整理，以达到进一步了解整体数据特征的状况。

（2）检查表　又称调查表、核对表、统计分析表。检查表是用来系统地收集资料（数字与非数字）、确认事实并对资料进行粗略整理和分析的图表，应用于大数据质量管理中，可以用于大数据收集、汇总完整性、正确性的分析检查，了解大数据的初步质量。

（3）帕累托图　又称排列图、主次图。帕累托图是依据质量改进项的重要程度，从高到低进行排列而采用的一种简单图示技术，在大数据质量管理中，可以应用于影响大数据的主要因素、主要问题的排列，识别数据质量改进等。

（4）因果分析图　又称石川图、鱼骨图、特色要因图、树枝图等。因果分析图是以结果为特性，以原因作为因素，在它们之间用箭头联系起来，表示因果关系的图形。因果分析图能简明、准确表示事物的因果关系，进而识别和发现问题的原因和改进方向，应用于大数据质量管理中，可以应用于大数据质量管理的问题分析，找到造成问题发生的原因，这种处理问题的方法是一种系统分析方法。

（5）直方图　又称频数直方图。直方图是将数据按其顺序分成若干间隔相等的组，以组距为底边，以落入各组的频数为高的若干长方形排列的图，应用于大数据质量管理中，可以应用于大数据质量特性值分布状态的了解,是否是标准的正态分布,关键问题是如何合理分组。

（6）散布图　又称散点图、相关图。散布图是描述两个因素之间关系的图形,用于说明两因素是否相关或相关关系的强弱,应用于大数据质量管理中,可以应用于大数据的分析研究,分析大数据不同维度变量的关系,是否具有相关性,并根据相关性进行预测分析。

（7）过程控制图 SPC　又称管理图、休哈特图。过程控制图是区分过程中的异常波动和正常波动,并判断过程是否处于控制状态的一种工具,应用于大数据质量管理中,可以应用于大数据特性的时间轴变化状态,来了解大数据特性的变化趋势和上下范围。

2）新的质量管理七大工具

质量管理新七种工具包含关联图、亲和图、系统图、矩阵图、矩阵数据分析法、PDPC 法和网络图。

（1）关联图　是对原因-结果、目的-手段等关系复杂而相互纠缠的问题的表述,在逻辑上用箭头把各要素之间的因果关系连接起来,从而找出主要因素的方法。

（2）亲和图　是指把收集到大量的各种数据、资料,按照其之间的亲和性（相近性）归纳整理,使问题明朗化,从而有利于问题解决的一种方法,应用于大数据质量管理中,可以应用于大数据研究,而归纳整理收集到的意见、观点和想法等资料,利于大数据的研究分析,由于收集意见需要时间,不适用解决紧急问题。

（3）系统图　是表示某个质量问题与其组成要素之间的关系,从而明确问题的重点,寻求达到目的所应采取的最适当的手段和措施的一种树枝状示图。系统图也是一种倒立树状逻辑因果关系图,应用于大数据质量管理中,可以应用于大数据研究方法工作的展开,为达到研究目的,找到适合的方法,不断分解明确工作中角色职责。

（4）矩阵图　是从作为问题的事项中找出成对的因素群,分别排成行和列,在其交点上表示成对因素间相关程度的图形。矩阵图法是通过多元思考明确问题的方法,应用于大数据质量管理中,可以应用于大数据研究分析,不同因素的关系,来确定研究的方向和方法。

（5）矩阵数据分析法　是当矩阵图上各要素之间的关系能够定量表示时,通过计算来分析、整理数据的方法。主要是数量化方法和主成分分析法等方法的具体应用,它属于数学上的多元分析方法,应用于大数据质量管理中,可以应用于大数据研究分析,不同定量因素的关系,来确定研究的方向和方法。

（6）过程决策程序图　是指为实现某一目的进行多方案设计,以应对实施过程中产生的各种变化的一种计划方法,应用于大数据质量管理中,可以应用于大数据研究计划的制定,在不同场景和变化中,模拟分析可能的结果,来确定实施的计划。

（7）矢线图　是一种利用网络技术来制定最佳日程计划并有效管理实施进度的一种方法,应用于大数据质量管理中,可以应用于大数据研究计划的制定,找到影响计划的关键路径,来确定切实可行的计划安排。

3）质量管理其他的工具

质量管理其他的工具是数据流图、头脑风暴法、智能设备校准等。

（1）数据流图 是将根据数据的移动方向，从数据采集到数据迁移，加工、使用和销毁全生命周期中关键点连接在一起，图中同时标出各点数据的形式的一种图示技术，应用于大数据质量管理中，可以应用于大数据质量管理工作方法的积累，不断优化大数据质量管理工作，提升效率和效果。

（2）头脑风暴法 是指采用会议的形式，引导每个参加会议的人围绕某个中心议题，充分解放思想，激发灵感，在自己头脑中掀起风暴，毫无顾忌、畅所欲言地发表独立见解的一种集体创造思维的方法，应用于大数据质量管理中，可以应用于大数据研究工作中。

（3）智能设备校准 主要是应用于数据采集设备主要应用于大数据的自动采集，是大数据质量管理的前端，也是大数据质量的重要因素。

6.5.2 数据质量辅助工具

在数据质量管理方面，还有一些常用的数据质量辅助工具，主要是为数据质量管理过程提供自动化和管理支持。需要明确的是，自动化的工具并不能确保大数据的"完整性"或"准确性"，而是需要不断优化和改善的。

常用的数据质量辅助工具主要有：

1）数据剖析工具

数据剖析工具主要用于业务规则的发现，分析系统数据文件和数据库中的数据表中字段之间的关系。这种分析可以协助识别影响数据迁移、转换的定量（基于公式的）或定性的（关系型）条件，还可以发现条件中的异常或错误。

对于数据库表中的每一字段，数据剖析工具能提供不同值的频度分布，提供了对每个字段类型和用途的洞察分析。跨字段分析（字段间分析）可以发现多个字段间值的依赖关系，跨表分析则会发现实体之间的主外键关联关系。

数据剖析也可以用来对定义的业务规则进行主动测试。数据质量人员可以通过它来区分符合数据质量要求的记录和不符合的记录，同时反过来还能有助于形成数据质量报告。

2）数据缺陷预防工具

自动化缺陷预防工具不但可以用来在数据录入时防止数据错误，还可以用来生成测试数据。数据缺陷预防工具可以协助业务规则定义，支持使用数据的应用系统调用这些规则。该工具能够在数据源头强化数据完整性规则检查，以在数据问题发生前，防止缺陷数据进入系统。

正确使用数据缺陷预防工具，可以从通过识别数据缺陷的根本原因入手。这些原因可能是下面几种情况的组合：

（1）有缺陷的程序逻辑。

（2）不充分的程序编辑。

（3）不理解的数据元素定义。

（4）不是统一的元数据。

（5）没有域定义。

（6）没有一致的流程。

（7）没有数据验证流程。

（8）缺少数据录入培训。

（9）数据录入的时间不足。

（10）质量数据录入缺乏动机。

3）元数据管理和质量工具

元数据管理是对元数据的收集和控制进行严格管理。元数据管理的自动化工具一般具有以下功能：

（1）在数据对象创建时捕捉元数据。

（2）元数据的通用存储和共享。

（3）控制元数据的不一致和冗余。

（4）确保符合数据命名标准。

（5）数据重组和修正的过程的元数据维护。

（6）评估数据模型的规范化。

（7）评估数据库设计的完整性。

4）数据再造和校正工具

数据再造和校正工具，可以用来校正数据，或者给错误数据打上标志，数据校正工具可用于数据标准化、重复数据识别，一般具有以下功能：

（1）提取数据。

（2）标准化数据。

（3）匹配和整合重复数据。

（4）将数据再造为符合架构的数据结构。

（5）基于算法和数据匹配的丢失数据填补。

（6）应用数据的更新。

（7）将数据值从一个域转换到另一个域。

（8）将数据从一种类型转换为另一种据类型。

（9）计算衍生和汇总数据。

（10）基于整合和外部数据源匹配的数据质量管理。

（11）将数据加载到目标数据架构中。

◇参◇考◇文◇献◇

［1］　维克托·迈尔-舍恩伯格,肯尼思·库克耶. 大数据时代：生活、工作与思维的大变革［M］. 盛杨燕,周涛译. 杭州：浙江人民出版社,2014.

［2］　Wang. R, Strong. D. Beyond Accuracy：What Data Quality Means to Data Consumers ［J］. Journal of Management Information Systems，1996，12(4)：5-34.

第 7 章

大数据生命周期

数据本身存在着从产生到消亡的生命周期,在数据的生命周期中,数据的价值会随着时间的变化而发生变化,数据的被采集粒度与时效性、存储方式、整合状况、呈现和展示的可视化程度、分析的深度,以及和应用衔接的程度,都会对于数据的价值的体现产生影响。大数据的治理需要结合大数据生命周期的各阶段的特点,采取不同的管理和控制手段。

本章主要介绍大数据的生命周期及各阶段的内容和实践。主要包括企业如何使用"正序"和"倒序"两种方法确定大数据范围;不同阶段和策略的大数据采集规范、时效,以及采集过程中的安全与隐私;不同热度的数据存储、备份策略;大数据的批量数据整合、实时数据整合、主数据管理;大数据的可视化、可见性的权限、展示与发布流程管理;大数据分析与应用;大数据归档与销毁等方面的实践。与传统数据生命周期出发点不同,大数据生命周期实践中,主要关注的是如何在成本可控的情况下,有效地使大数据产生更多的价值。

7.1　概述

大数据的生命周期是指某个集合的大数据从产生和获取到销毁的过程。企业在大数据战略的基础上,定义大数据范围,确定大数据采集、存储、整合、呈现与使用、分析与应用、归档与销毁的流程,并根据数据和应用的状况,对该流程进行持续优化。大数据生命周期的过程如图 7-1 所示。

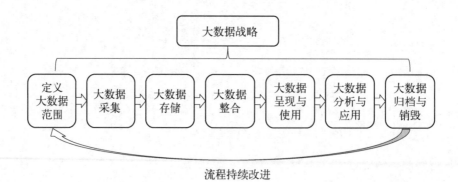

图 7-1　大数据生命周期

大数据的生命周期管理与传统数据的生命周期管理虽然在流程上比较相似,但因出发点不同,导致两者存在较大的差别。节省存储成本是传统数据生命周期管理重要的考量之一,注重的是数据的存储、备份、归档、销毁,考虑的是如何在节省成本的基础上,保存有用的数据。目前,数据获得和存储的成本已经大大降低。大数据生命周期管理是以数据的价值为导向,对于不同价值的数据,采取不同类型的采集、存储、分析与使用策略。

大数据的生命周期管理基于大数据的规划。大数据的规划从方法论的角度来讲,与传统的IT规划并无区别。首先,应以企业的战略和目标作为输入,并参照行业最佳实践,形成大数据的整体战略目标;其次,围绕着大数据的整体战略目标,结合企业数据现状形成差距分析;再次,确定大数据各生命周期的策略,以及大数据建设的策略;最后,形成大数据生命周期管理方案,以及各大数据系统与应用建设的具体解决方案。

典型的大数据规划的方法论如图7-2所示。

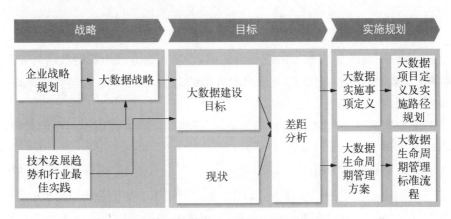

图7-2 典型的大数据规划方法论

根据企业的大数据战略,在大数据规划中需要明确以下内容:

(1)大数据在企业战略中的定位 明确大数据在企业战略中的定位。从"企业的数字化"到"数字化企业",大数据在企业的战略中有越来越高的定位。所谓数字化企业,是指那些由于使用数字技术,改变并极大地拓宽了自己战略选择的企业。在真正的数字化企业中,上至宏观战略决策,下到具体业务操作,都必须采用数字化管理方法和手段。如果没有量化的数字,战略决策就没有依据,业务革新就没有方向。

(2)企业大数据获取策略 明确企业的大数据来源。有些企业的数据主要来源是内部,有些则是外部,有些则以运营大数据为生。对于与外部存在数据交互的企业,需要明确企业在大数据市场上的定位。

(3)企业大数据整合策略 根据应用的需求,明确企业数据整合的策略。确定哪些数据需要实时化整合,哪些数据需要进行批量整合,数据通过哪些枢纽性对象形成关联,数据整合与企业价值链的关系等方面。

(4)企业大数据应用策略 明确大数据应用的具体应用方向。企业应该建立大数据应用地图,并明确地图上各项应用的优先级,确保有限的资源能够快速转化为价值。

（5）企业大数据产品与服务规划　大数据如何为企业的决策、运营、营销提供服务，如何为外部客户提供服务。一般来讲，企业需要对于大数据产品和服务进行整体规划。

（6）企业大数据 IT 建设规划　如何通过 IT 的建设，为大数据的应用与产品提供有效的技术平台，通过何种技术快速处理大数据，有效分析大数据。

上述所明确的定位、策略和规划，将作为企业大数据生命周期标准流程的输入。

7.2　大数据范围确定

在进行大数据生命周期管理之前，首先要对大数据范围进行定义。大数据范围的定义分为"正序"和"倒序"两个方向。

正序的大数据范围，以大数据的规划为输入，以满足企业或组织的战略与业务目标为导向，为实现大数据的战略，定义需要采集的数据的范围，数据的整合与存储策略，数据的分析与应用方向，数据的展示与发布形式等。

倒序的大数据范围，以数据现状梳理为输入，首先明确企业或组织内有哪些数据来源，有哪些数据的采集方式，可以从外部采集到哪些数据，数据的容量是多少。以此为出发点，规划各类数据的采集方式、存储方式和应用方式。

企业或组织应结合正序和倒序方式，正序方式可用于必要性分析，倒序方式可用于可行性分析。正序和倒序的结果进行差异分析后，就能够进一步地明确企业的大数据生命周期管理和大数据实施的事项。

7.3　大数据采集

7.3.1　大数据采集的范围

为满足企业或组织不同层次的管理与应用的需求，数据采集分为三个层次。

第一层次，业务电子化。为满足业务电子化的需求，实现业务流程的信息化记录。在本阶段中，主要实现对于手工单证的电子化存储，并实现流程的电子化，确保业务的过程被真实记录。本层次数据采集的关注重点是数据的真实性，即数据质量。

第二层次，管理数据化。为满足企业管理的信息需求，实现对企业和相关方信息的全面采集和整合。在业务电子化的过程中，企业逐步学会了通过数据统计分析来对企业的经营和业务进行管理。因此，对数据的需求不仅仅满足于记录和流程的电子化，而是要求对企业内部信息、企业客户信息、企业供应链上下游信息实现全面的采集,并通过数据集市、数据仓库等平台的建立,实现数据的整合,建立基于数据的企业管理视图。本层次数据采集的关注重点是数据的全面性。

第三层次,数据化企业。在大数据时代,数据化的企业从数据中发现和创造价值,数据已经成为企业的生产力。在这一阶段,企业的数据采集向广度和深度两个方向发展。在广度方面,企业不仅仅需要采集内部数据,也需要采集外部的数据,数据的范围不仅仅包括传统的结构化数据,也包括文本、图片、视频、声音、物联网等非结构化数据。在深度方面,企业不仅对每个流程的执行结果进行采集,也对流程中每个节点执行的过程信息进行采集。本层次数据采集的关注重点是数据的价值。

以保险的车险理赔业务为例。在第一层次,保险公司关注的是报案信息录入、案件查勘、定损信息录入、核赔流程电子化、理算电子化。在第二层次,保险公司对理赔流程的信息采集更为全面,在业务的每个过程中,尽可能多地采集客户信息、案件信息(包括案件对方的信息),查勘、定损的情况,如果是由第三方进行定损,则会尽量采集第三方定损人员的信息,在此基础上进行统计和分析,满足对于客户管理、第三方管理、成本管理等方面的要求。在第三层次,保险公司不仅要采集理赔过程中的信息,也会通过外部数据采集,了解客户的信用状况、性格特征,也可以了解到客户对保险公司理赔服务的反馈信息,通过采集车联网数据,了解客户的驾驶特征。同时,在业务环节中,采集报案电话语音、查勘过程的图片与视频,更全面地了解案件情况。对理赔流程的每个节点,每一次与客户接触的过程、时间、地点、事件等进行采集,支持后续基于分析进行业务流程的优化。

大数据时代的数据采集,除了采集传统的结构化数据外,还需关注以下类型的数据采集:

(1) 业务或管理系统的日志采集。

(2) 文本数据和文档数据的采集(包括邮件数据)。

(3) 语音数据的采集。

(4) 图片数据的采集。

(5) 视频数据的采集。

(6) 机器产生数据的采集,包括机械、电子设备的采集,如车联网数据。

(7) 生活数据采集,如可穿戴设备采集、家用电器数据采集。

(8) 用户上网行为采集。

(9) 人和物的地理信息和流动信息采集。

7.3.2　大数据采集的策略

大数据采集的扩展,也意味着企业 IT 成本和投入的增加。因此,需要结合企业本身的战略和业务目标,制定大数据的采集策略。企业大数据的采集策略一般有两个方向。

第一个方向,尽量多地采集数据,并整合到统一平台中。该策略认为,任何只要与企业相关的数据,尽量采集并集中到大数据平台中。该策略的实施一般需要两个条件:首先,需要较大的成本投入,内部数据的采集、外部数据的获取都需要较大的成本投入,同时将数据存储和整合到数据平台上,也需要较大的 IT 基础设施投入;其次,需要有较强的数据专家团队,能够快速地甄别数据并发现数据的价值,如果无法从数据中发现价值,较大的投入无法快速得到回报,就无法持续。

第二个方向,以业务需求为导向的数据采集策略。当业务或管理提出数据需求时,再进行数据采集并整合到数据平台。该策略能够有效避免第一种策略投入过大的问题,但是完全以需求为导向的数据采集,往往无法从数据中发现"惊喜",在目标既定的情况下,数据的采集、分析都容易出现思维限制。

对于完全数字化的企业,如互联网企业,建议采用第一种大数据采集策略。对于目前尚处于数字化过程中、成本较紧、数据能力成熟度较低的企业,建议采用第二种大数据采集策略。

7.3.3 大数据采集的规范

为了满足企业战略的要求,哪些数据需要被采集,将会预先定义,对于预定义的数据采集,如果能够制定相应的大数据采集规范,并在各数据采集点实施这些规范,将会有效提升数据采集的质量和全面性。

企业可以根据不同类型的数据,或者不同应用的目的,建立不同的数据采集规范。数据采集规范应包含以下的内容:

(1) 规范制定的目的　明确本规范的适用方面和业务目的。

(2) 规范适用的范围　明确哪些数据采集点、哪些系统需要实现符合本规范的数据采集功能。

(3) 数据采集的内容　明确哪些数据应被采集,采集的数据应该符合什么格式。

(4) 数据质量的标准　明确采集的数据应该遵循的标准。

(5) 数据采集的方法　明确对于不同的数据,应该采用何种方式进行采集,采集后应该通过何种方式传送到数据平台。

7.3.4 大数据采集的安全与隐私

数据采集的安全和隐私涉及三个方面的问题。

1) 数据采集过程中的客户与用户隐私

大数据时代的数据采集,更多地涉及客户与用户的隐私。传统的数据采集,主要是在业务过程中采集客户与用户的自然属性和社会属性信息,以及与企业发生关系的业务信息。大数据时代中,客户的地点信息、行为轨迹(线上、线下)、生理特征(穿戴设备)、形象声音等信息都会得到采集。关于大数据与隐私的问题,已经在本书有关章节中进行了讨论,这里不做详细说明。从企业应用的角度,为避免法律风险,在大数据采集的过程中,如果涉及客户和用户隐私的采集,应注意以下方面:

(1) 告知客户和用户的哪些信息被采集,并要求客户进行确认。

(2) 客户和用户信息的采集应用于为客户提供更好的产品与服务。

(3) 向客户和用户明确所采集的信息不会提供给第三方(法律要求的除外)。

(4) 向客户和用户明确他们在企业平台上发布的公开信息,如言论、照片、视频等,不在隐私保护的范围之内。如果发布的内容涉及版权问题,需自行维权。

2) 数据采集过程中的权限

企业通过客户接触类系统和业务流程类系统采集的数据,为了应用于企业级的管理决策,一般会传送到数据类平台进行处理(如数据仓库、数据集市、大数据平台等)。这个过程也是数据采集过程的一部分。在此过程中,存在数据权限问题。

在 IT 治理达到一定水平的企业,每个 IT 系统都有业务归属部门,IT 系统的数据虽然属于整个企业,可以共享,但业务归属部门对这些数据具有管辖权。对较为关键的系统,企业往往会制定相应的管理办法,从该类系统中获取数据,需要经过相应流程的审批,其中包括归属业务部门审批。在建设企业级数据平台的过程中,上述治理结构会对数据平台的数据采集带来一些负面影响。每个数据源系统的数据接入,以及接入数据的变更,都需要通过对应业务部门的审批,这将大大提升系统建设的沟通成本。

针对该种情况,在数据平台类的项目启动之前,项目组应通过正式的方式获得授权,明确除用户密码等具有较高保密级别的数据外,所有系统的数据都应向数据平台开放。获得授权的方式可以是制定高级别的管理制度,也可以是获得企业高层的正式书面授权。

3) 数据采集过程中的安全管理

企业应为数据采集制定相应的安全标准。数据采集类系统需要根据采集数据的安全级别,实现相应级别的安全保护。在数据采集的过程中,必须要确保被采集的数据不会被窃取和篡改。在数据从源系统采集到数据平台的过程中,也需要确保数据不被窃取和篡改。

7.3.5 数据采集的时效

数据采集的时效越快,其产生的数据价值就越大。从管理者的角度,如果通过数据能实时地了解到企业经营情况,就能够及时地做出决策;从业务的角度,如果能够实时地了解客户的动态,就能够更有效地为客户提供合适的产品和服务,提高客户满意度;从风险管理的角度看,如果能够通过数据及时发现风险,企业就能够有效地避免风险和损失。

从技术发展的角度来看,随着目前大数据流式计算技术的日渐成熟,所有数据都进行实时化采集已经成为可能。但在实际应用的过程中,建议企业充分考虑数据实时化采集的成本。数据被实时化采集并传送到数据平台,对于 IT 系统会带来较大的压力,从而提升 IT 成本,因此哪些数据需要实时化采集,哪些数据可以批量采集,需要根据业务目标来划分优先级。

7.3.6　非结构化数据的采集

在传统的数据采集中,考虑得较多的是结构化数据的采集,而现在对于非结构化数据(如文档、邮件、网站,社交媒体、图片、音频和视频信息)的采集已成为当务之急。采集非结构化数据一般需要获取非结构化之中的有效信息。

传统的处理非结构化数据的方式,是为非结构化数据打标签。例如,图像信息在存储过程中,与相应的客户、业务、时间、场景描述等环境信息(元数据)结合起来,在为这些元数据建立索引之后,就可以实现图像检索。随着技术的发展,可以直接从非结构化数据中提取出相应的信息。例如,人脸识别技术可以直接将人脸和人对应起来;音频转换技术,不但可以将语音转化为文本,还可以识别语音中的情绪信息;文本识别技术,可以获取文本中的关键字,给文本加上索引标签。

不管是传统的人工加标签,还是通过新技术自动加标签,对于非结构化数据的处理,最重要的就是能够将非结构化数据与客户、业务、雇员、产品等信息进行关联,从而通过索引、分析等技术,发挥非结构化数据的价值。

7.3.7　大数据的清理

大数据清理的目的主要有两个:一是无关数据的清理,二是低质量数据的清理。通俗地讲,就是清理垃圾数据。大数据环境下的数据清理,与传统的数据清理有所区别。对传统数据而言,数据质量是一个很重要的特性,但对于大数据,数据可用性变得更为重要。传统意义的垃圾数据,也可以"变废为宝"。

对于不同的可用性数据,数据应建立不同的质量标准,应用于财务统计的数据和应用于分析的数据,在质量标准上应有所不同。有些用途必须严格禁止垃圾数据进入;有些用途的数据需要讲求数据的全面性,但对质量的要求不是那么高;有些用途,如审计与风险,甚至需要专门关注垃圾数据,从一些不符合逻辑的数据中发现问题。

因此,在大数据应用中不建议直接清理垃圾数据,而是将数据质量进行分级。不同质量等级的数据满足不同层次的应用需求。

7.4 大数据存储

7.4.1 数据的热度（热数据、温数据与冷数据）

大数据时代,首先意味着数据的容量在急剧扩大,这对于数据存储和处理的成本带来了很大的挑战。采用传统的统一技术来存储和处理所有数据的方法将不再适用,而应针对不同热度的数据采用不同的技术进行处理,以优化存储和处理成本并提升可用性。

所谓数据的热度,即根据数据的价值、使用频次、使用方式的不同,将数据划分为热数据、温数据和冷数据。热数据一般指价值密度较高、使用频次较高、支持实时化查询和展现的数据;冷数据一般指价值密度较低、使用频次较低、用于数据筛选、检索的数据;而温数据介于两者之间,主要用于进行数据分析。不同热度数据的区分见表7-1。

表 7-1 数据的热度区分

分 类	热 数 据	温 数 据	冷 数 据
数据价值密度	高	中	低
数据使用频度	高	中	低
数据使用方式	静态报表或查询	数据分析	数据筛选、检索
数据使用目的	基于数据进行决策	分析有意义的数据	寻找有意义的数据和数据的意义
数据存储量	低	中	高
数据使用工具	可视化展现工具	可视化分析工具	编程语言和技术工具
数据使用者	决策者、管理者	业务分析者	数据专家

7.4.2 不同热度数据的存储与备份要求

不同热度的数据,应采用不同的存储和备份策略。

冷数据,一般包含企业所有的结构化和非结构化数据,它的价值密度较低,存储容量较大,使用频次较低,一般采用低成本、低并发访问的存储技术,并要求能够支持存储容量的快速和横向扩展。一些拥有海量数据的企业,国外如 Facebook、Google,国内如阿里、腾讯等企业,一般都会和硬件厂商一起研发低成本的存储硬件,用于存储冷数据。

温数据,一般包含企业的结构化数据和将非结构化数据进行结构化处理后的数据,存储容量偏大,使用频次中等,一般用于业务分析。由于涉及业务分析,会涉及数据之间的关联计算,对计算性能和图形化展示性能的要求较高。但该类数据一般为可再生的数据(即通过其他数据组合或计算后生成的数据),对于数据获取失效性和备份要求不高。

热数据,一般包含经过处理后的高价值数据,用于支持企业的各层级决策,访问频次较高,要求较强的稳定性,需要一定的实时性。数据的存储要求能够支持高并发、低延时访问,并能确保稳定性和高可靠性。

对于热数据,一般要求采用支持高性能、高并发的平台,并通过高可用技术,实现高可靠性。对于温数据,建议采用较为可靠的,支持高性能计算的技术(如内存计算),以及支持可视化分析工具的平台。对于冷数据,建议采用低成本、低并发、大容量、可扩展的技术。

某电信企业的数据分层实现技术方案如图7-3所示。

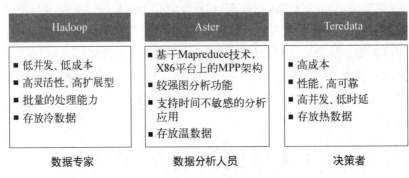

图7-3　数据分层实现方案示例

大数据是否需要备份,是目前企业应用中争论得较多的一个问题。大数据的数据量带来较高的备份成本,大数据本身的价值密度也为是否值得备份带来了疑问。可喜的是,目前的大数据技术都自带了备份方案,如 Hadoop 平台可以配置实现每份数据的 3 个备份,MPP 技术一般也都考虑了平台内的自备份功能。

对于冷数据和温数据,不需要额外备份。冷数据一般采用自身平台的备份功能,在平台内备份。温数据除了平台自身的备份功能外,还可以通过冷数据进行再生。但对于热数据,建议采用与其他生产类系统类似的备份方案。

7.4.3　基于云的大数据存储

云计算提供可用的、便捷的、按需的网络访问,接入可配置的计算资源池(服务器、存储、应用软件、平台)。这些资源能够快速提供,只需要投入很少的管理工作。云分为公有云和私有云。针对大数据的规模巨大、类型多样、生成和处理速度极快等特征,云计算对于大数据来讲,是一个非常好的解决方案。但使用云计算进行大数据的存储与整合的时候,必须考虑以下几点:

1) 安全性

由于数据是企业的重要资产,因此不管采用何种技术,都必须确保数据的安全性。在使用公有云的情况下,企业必须考虑自己的数据是否会被另外一个运行于同样公有云中的组织或者个人未经允许访问,从而造成数据泄露;在使用私有云的情况下,同样需要考虑私有云的安全性,在隔绝入侵者的同时,也需要考虑内部的安全性,确保私有云上未经授权的用户不能访问数据。

另外,数据是否可以放在云上,尤其是公有云上,也会受到法律法规的限制。某些行业(如金融行业)的数据保密要求较高,国家和主管机构会有相应的法律、法规和安全规范,对于数据的存储进行限制。

2) 时效性

数据存储在云上的时效性有可能低于本地存储。原因包括:物理设施的速度更慢,数据穿越云安全层的时效较差,网络传输的时效较慢。

对于时效性要求较高,或者数据量特别大的企业来讲,上述三个限制条件可能是实质性的,而且会带来高昂的网络费用。

3) 可靠性

配置在云上的基础设施一般是较为廉价的通用设备,因此发生故障的概率也较企业的专用设备更高,一般企业对于关键数据,都有相应的高可用方案、备份方案和灾备方案。

为保证云上数据的可靠性,云平台必须通过冗余的方式来确保数据不会丢失。数据越关键,配置的副本数量就会越多,需要租用的成本就会越高。同时,多个副本也会带来一些安全问题。当企业弃用云服务时,如何确保数据的所有副本都被删除,也是企业在启用云服务之前必须考虑的问题。

在当前阶段,对于企业的冷数据和温数据,可以适当考虑使用公有云服务。对于企业的热数据,应采用自有的数据中心或者私有云服务。

7.5 大数据整合

7.5.1 批量数据的整合

传统的数据整合一般采用 ETL 方式,即抽取(Elect)、转换(Transfer)、加载(Load),随着数据量的加大,以及数据平台自身数据处理技术的发展,目前较为通用的方式为 ELT 模式,即抽取、加载、转换。

1) 数据抽取

业务类系统或流程类系统负责数据的采集,但哪些数据需要整合到数据平台,则需要根据数据应用的需求进行定义。在进行数据抽取和加载之前,需要定义数据源系统与数据平台之间的接口,形成数据平台的接入模型文档。

数据的抽取会涉及安全与隐私问题,在 7.3.4 节中已经予以说明。在进行抽取数据的调研时,也会涉及授权问题,源系统的数据结构,以及每张表每个字段的业务含义的明确,样本数据的采集,都需要得到相应系统的所属部门的授权。在进行数据抽取之前,需要最后的授权。

源系统的数据分析是数据整合前最为关键和重要的一步。需要确认源系统中的数据结构、数据含义,与文档及业务人员理解的是否一致,是否存在偏差。同时,也需要对源系统数据的数据质量进行分析,了解数据质量状况,并出具数据质量分析报告。通过上述两种分析,能够识别出数据现状与业务期望之间的差别,该差别应反馈给需求提出方,需求提出方应根据数据的现状,调整需求和业务期望。

从源系统中抽取数据一般分为两种模式:抽取模式和供数模式。从技术实现角度来讲,抽取模式是较优的,即由数据平台通过一定的工具来抽取源系统的数据。但是从项目角度来讲,建议采用源系统供数模式,因为抽取数据对源系统的影响,如果都由数据平台项目来负责,有可能导致以下后果:源系统出现的任何性能问题都可以推诿到数据平台抽取工作上;源系统发生数据结构变更后不通知数据平台项目,导致抽取出错;源系统不对数据质量负责,要求数据平台项目负责。上述的三种情况会对数据平台项目带来重大的风险,最终导致数据平台项目失败。

2) 数据加载

传统的数据平台建设(如数据仓库建设)在完成数据抽取后,一般由 ETL 工具进行数据转换,即将源数据结构模型转换为数据平台的数据结构模型。大数据并行技术出现后,数据库的计算能力大大加强,一般都采用先加载后转换的方式。

在数据加载过程中,应该对源数据和目标数据进行数据比对,以确保抽取加载过程中的数据一致性,同时设置一些基本的数据校验规则,对于不符合数据校验规则的数据,应该退回源系统,由源系统修正后重新供出。通过这样的方式,能够有效地保证加载后的数据质量。在完成数据加载后,系统能够自动生成数据加载报告,报告本次加载的情况,并说明加载过程中的源系统的数据质量问题。

在数据加载的过程中,还需要注意数据版本管理。传统的数据仓库类平台需要保留不同时间点的历史数据,一般采用时间戳方式。大数据类应用,也建议采用这种方式。目前,大数据类平台(如 Hbase)在数据库结构中自带版本管理功能,如果得到有效的利用,将大大地减少开发工作量,并提升系统的效率。

3) 数据转换

数据转换分为四种类型:简单映射、数据转换、计算补齐、规范化。

简单映射,就是在源和目标系统之间一致地定义和格式化每个字段,只需在源和目标之间进行映射,就能把源系统的特定字段复制到目标表的特定字段。

数据转换,即将源系统的值转换为目标系统中的值。最典型的案例就是代码值转换,例如,源系统中直接以"男"、"女"来表示性别,在目标系统中采用"1"和"0"来表示,这就需要字段转换。

计算补齐，在源数据丢失或者缺失的情况下，通过其他数据的计算，经过某种业务规则或者数据质量规则的公式，推算出缺失的值，进行数据的补齐工作。

规范化，当数据平台从多个数据系统中采集数据的时候，会涉及多个系统的数据，不同系统对于数据会有不同的定义，需要将这些数据的定义整合到统一的定义之下，遵照统一的规范。

4）数据整合

在数据整合到数据平台之后，需要根据应用目标进行数据的整合，将数据关联起来并提供统一的服务。

传统的数据仓库是将数据整合为不同的数据域。针对不同的数据域，建立起实体表和维表，基于这些实体表和维表，为不同的应用提供多维的分析服务。

为支持统一的指标运算，一些数据仓库也建立了统一计算层，统一对于基于数据仓库上的各类指标进行统一计算，并提供给各集市进行展示。

为支持数据分析与挖掘应用，一些数据仓库生成面向客户、面向产品、面向员工的宽表，用于进行数据挖掘工作。

在大数据时代，上述数据整合方式仍然适用。通过不同的方式将数据关联起来，通过数据的整合为数据统计、分析和挖掘提供服务。

7.5.2 实时数据的整合

大数据的一个重要的特点就是速度。大数据时代，数据的应用者对于数据的时效性也提出了新的要求，企业的管理者希望能够实时地通过数据看到企业的经营状况；销售人员希望能够实时地了解客户的动态，从而发现商机快速跟进；电子商务网站也需要能够快速地识别客户在网上的行为，实时地做出产品的推荐。

处理实时数据的整合比批处理要复杂一些，一些基本的步骤，如抽取、加载、转换等依然存在，它们以一种实时的方式进行数据的处理。

1）实时数据的抽取

在实时数据抽取的过程中，需要注意一点，就是必须实现业务处理和数据抽取的松耦合。业务系统的主要职责是进行业务的处理，数据采集的过程不能影响业务处理的过程。实时数据抽取一般不采用业务过程中同步将数据发送到数据平台的方式，因为一旦采用同步发送失败或超时，就会影响到业务系统本身的性能。建议采用下述两种方式：

（1）定时的小批量的面向数据采集。通过数据抽取程序，定时小批量地从业务系统数据库中采集增量的数据，并发送到数据平台。采用这种方式时，建议采集频次可调节，在业务系统业务压力较大的情况下，可以放宽频次进行采集，以减少业务系统的压力。

（2）实时业务的异步数据发送。在实时业务完成后，通过异步交易的方式，将业务数据传送到数据平台,实现数据的实时采集。因为采用异步的方式,所以对源系统的不会形成压力。

2) 实时数据的加载

在实时数据加载过程中,需要对数据完整性和质量进行检查。对于不符合条件的数据,需要记录在差异表中,最终将差异数据反馈给源系统,进行数据核对。

实时数据加载一般采用的流式计算技术,快速地将小数据量、高频次的数据加载到数据平台上。

3) 实时数据的转换

实时数据转换与实时加载程序一般为并行的程序,对于实时加载完的数据,通过轮询或者触发的方式,进行数据转换处理。

4) 实时数据的整合

实时数据整合主要是根据实时的数据,进行数据的累计和指标的计算。对于多维分析和数据挖掘应用所需的数据,建议仍然由批量计算进行处理。

7.5.3 数据整合与主数据管理

主数据是指系统间共享的数据,如客户、账户、组织机构、供应商等。主数据是企业中最具价值的数据。与交易数据、流程数据、非结构化数据相比,它更为稳定。

在数据整合过程中,需要关注以下两个方面:

(1) 一切数据应尽量和主数据进行关联。数据只有关联起来才有价值,而主数据正是关联其他数据的枢纽点,对于企业来讲,一切数据只有和主数据关联起来才有意义。

(2) 利用大数据来提升主数据的质量。在数据整合的过程中,可以通过各系统采集到的数据对于主数据进行补充和纠正,以提升主数据的质量;也可以通过非结构数据的挖掘,获取有效信息,提升主数据质量。当然,各系统数据来源的可信度也需要进行识别和定义,避免低质量的数据覆盖了高质量的数据。

7.6 大数据呈现与使用

7.6.1 数据可视化

数据可视化是大数据发展的必然趋势,大数据的不断发展,要求每个人都能够从数据中发现价值,这就必然要求每个人都能看懂数据,能够从不同的角度分析数据。而数据的规模越来越大,属性越来越复杂,各类庞大的数据集无法直接通过读数的方式进行理解和分析,这对数据的可视化提出了要求。

数据可视化主要旨在借助于图形化手段,清晰有效地传达与沟通信息。数据可视化利用图形、图像处理、计算机视觉及用户界面,通过表达、建模以及对立体、表面、属性及动画的显示,对数据加以可视化解释。数据可视化的基本思想就是将每一项数据作为单个图元的元素表示,大量的数据集构成数据图像,同时将数据的各个属性以多维数据的形式表示,可以从不同的维度观察数据,从而对数据进行更深入的观察与分析。

数据的可视化依赖于相应的工具。传统的数据可视化工具包括 Excel、水晶报表、Jreport 等报表工具,包括 Cognos、BO、BIEE 等多维数据分析工具,也包括 SAS、R 语言等图形展示工具。新一代的基于大数据的数据可视化工具如 Tableau、Pentaho 等工具,集成了报表、多维分析、数据挖掘、Adhoc 分析等多项功能,并支持图形化的展示。未来将会有更多的数据可视化产品和服务公司出现。

7.6.2 数据可见性的权限管理

数据的展示需要进行权限管理,不同的人员可见的数据不同。数据可见性的权限管理应该考虑以下方面:

(1) 内外部可见性不同。企业对于内部和外部人员提供的数据可见性不同,对于客户或者供应商来讲,应该只能看到与自己相关的数据,以及企业允许其看到的数据,不可以看到其他客户和供应商的数据。

(2) 不同层级可见性不同。企业的高层、中层和一线员工能见到的数据的范围不同,数据的可见权限需要按照不同的层级进行划分。

(3) 不同部门可见性不同。不同部门可见的数据不同,一个部门如果需要看到其他部门的数据,需要获取数据所属部门的授权或者更高层的授权。

(4) 不同角色的可见性不同。在同一部门中,不同的角色可见的数据不同,数据的可见性应该按照不同的角色进行授权。

(5) 数据分析部门的特殊权限及安全控制。数据分析部门由于需要看到整体和细节的数据,因此需要特殊的授权。企业应该与数据分析部门人员签订保密协议,确保相关数据不会泄露给无权限的内外部人员。同时,企业还应该从技术上保障数据分析部门人员只能在系统中进行数据分析,不能够将数据带离,从而避免数据的泄露。

7.6.3 数据展示与发布的流程管理

企业应制定统一的流程,对数据的展示和发布进行管理。需要纳入统一管理的数据包括:

(1) 企业上报上级主管部门的数据。

（2）上市企业进行信息披露的数据。

（3）企业级的数据指标，尤其是 KPI 指标。

（4）企业级的数据指标口径。

企业应明确上述数据或指标的主管责任部门，所有上述数据或指标需要由主管责任部门统一发布，其他部门或人员无权进行发布。

企业内的部门级指标应向企业指标主管责任部门进行报备，并设立部门内指标管理岗位进行统一的管理。

7.6.4　数据的展示与发布

数据是现代企业的重要资产，企业拥有的各类数据的数量、范围、质量情况、指标口径、分析成果等也应该进行展示和发布。企业应该明确数据资产的主管责任部门，制定数据资产的管理办法。数据资产的主管责任部门负责对于数据资产的状况进行展示和发布。

元数据管理平台是数据资产管理的重要工具，对于各类数据的状况，建议通过技术元数据和业务元数据进行记录，并进行展示。

7.6.5　数据使用管理

1）数据使用的申请与审批

数据的使用一般分为系统内的使用和系统外的使用。系统内的使用包括通过应用软件或者工具，对数据进行统计、分析、挖掘，所有对于数据的查看和处理都在系统内进行，能够进行的操作也通过系统得到了相应的授权。系统外的使用，是指为了满足数据应用的要求，将数据提取出系统，在系统外对数据进行相关处理，这一类的数据使用需要制定相应的流程进行申请和审批。对于不同类型的数据，需要有不同的审批流程。审批流程中应该包括以下人员的审批：

（1）数据申请者。

（2）申请者主管部门负责人。

（3）数据所有权或管辖权部门负责人（如有必要，可包含管辖岗位责任人）。

（4）数据资产管理部门负责人。

（5）数据提取执行部门负责人（大部分时候与数据资产管理部门重叠）。

典型的数据使用审批流程如图 7-4 所示。

2）数据使用中的安全管理

对于提取出系统进行使用的数据，在数据使用的过程中，需要注意以下事项：

（1）对于敏感数据需要进行脱敏处理。例如，客户身份识别信息、客户联系方式等信息属于敏感信息，在提取数据时应该进行脱敏处理。数据脱敏的方式可以分为直接置换，或

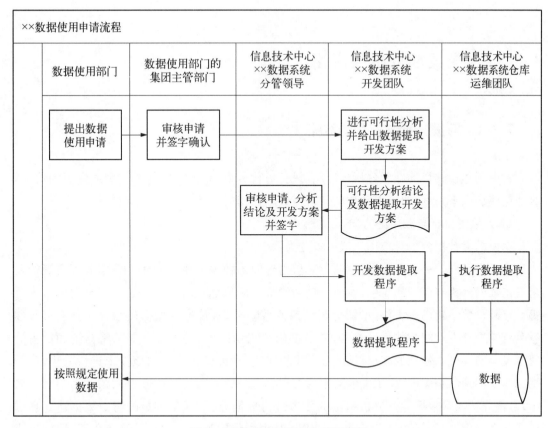

图 7-4 数据使用审批的流程示例

采用不可逆的加密算法等。

（2）对于数据的保存与访问，需要遵照国家的保密法规、企业的保密规定以及企业的信息安全标准。企业应该对保密和敏感信息制定相应的标准，对该类信息的存放、访问和销毁的场所、人员、时间等进行详细的规定。

（3）对于不能脱敏但在处理过程中必须要使用的真实数据，企业需要建立专用的访问环境，该环境区别于生产环境，具有可访问和操作但不能将数据带离环境的特性。

3）数据的退回与销毁

在以下几种情况下，存在数据的退回处理：

（1）使用方发现提取的数据不能满足使用的需求，退回数据，重新进行提取。

（2）使用方对于提取的数据进行了处理，处理的数据对于源数据有价值，将处理过的数据交回，用于对源数据进行修正或补充。

（3）涉及一定密级的数据，使用完成后，按照保密流程进行数据的退回处理。

数据退回后，对于涉及密级或者敏感性的数据，应将保存在系统外的数据备份进行销毁，避免数据的泄露。对数据存放的设备，必须通过一定的技术手段将数据进行彻底的删除，确保无法复原。

7.7　大数据分析与应用

7.7.1　数据分析与应用的策略

大数据建设的目的在于分析与应用,只有进行分析与应用,才能够体现大数据的价值,企业应该从以下角度,明确大数据的分析与应用的相关策略。

1) 大数据分析与应用的方向

企业的大数据分析与应用一般可以分为两个方向:

第一个方向——业务驱动,以业务需求为导向的数据分析与应用。根据业务发展的要求提出数据分析与应用的需求,业务人员明确分析的目标,数据分析人员根据该目标,进行统计、分析、数学建模等工作,形成分析结果或数学模型,技术开发人员结合业务需求和数据分析结果开发应用类软件。例如,销售部门提出精准营销的需求,要求将营销和销售的资源投向购买概率较高的客户;该业务需求提出后,业务分析人员对该需求进行分析,从而提出需要识别高响应率、高二次购买率的客户,并要求每个月提供 30 万的精准营销客户名单;数据分析人员根据业务分析提出的要求进行数据分析,基于客户的历史数据建立高响应率与高二次购买率的客户识别模型;IT 人员根据该模型开发名单的筛选程序,定期生成名单提供给销售部门。

第二个方向——数据驱动,从数据出发,发现数据价值,推广到应用。数据分析人员对数据进行研究,发现数据间的关联关系,提出新发现的业务分析方向和应用方向,并提供给业务部门。典型的应用模式就是:数据分析部门定期为业务部门提供相应的数据分析报告,告知在数据分析过程中发现的一些数据与业务的相关性。

在实际应用的过程中,往往两种方式相结合:数据部门在处理业务部门提出的需求中,往往会有更深一步的数据探索;而业务部门基于数据分析的结果,往往会调整分析目标,并提出进一步分析的需求。

在数据分析与应用成熟度较低的企业中,业务部门提出数据分析与应用的需求往往不能聚焦。在数据分析资源有限的情况下,数据分析部门应该优先承接对于业务部门的关键绩效指标(Key Performance Indicator, KPI)直接相关的数据分析与应用需求,分析与应用的成效也应以是否提升了业务部门的 KPI 为导向。

2) 数据分析的方法论

在大数据时代,如何进行数据分析一直是一个有争论的话题。在《大数据时代》这本书中,维克托·迈尔-舍恩伯格(Viktor Mayer-Schönberger)、肯尼思·库克耶(Kenneth Cukier)比较倾向于在大数据的条件下,采用简单的统计分析找出数据之间的相关性,即能够发挥数据的价值。但在《信号与噪声》这本书中,纳特·西尔弗则指出,仅仅依据于相关性,而不注重因果性,有可能得出的结论与现实南辕北辙,因为数据的噪声会干扰分析的结果。对于大数据是否浅度的分析就已足够,因果性是否真的不再重要?

站在企业应用的角度上,建议从以下的角度进行考虑:

(1)数据分析的应用领域　如果数据分析目的,仅仅是应用于操作级的决策,例如某超市决定今天将哪两种商品放在同一货架上进行销售,可以仅通过大数据的浅度统计分析,找出数据间的关联性,即可以进行应用。但对于影响到企业方向的战略级决策,不仅仅要找到相关性,还需要找到因果性。

(2)数据本身的全面性　在数据较为丰富的情况下,数据已经能够比较全面地反映真实,通过简单的数据分析,即可找到业务的规律和提升点。但数据如果不是很充足,就应该采用传统的数据分析与建模方法。

(3)数据分析的进展程度　在简单分析已经投入应用,并产生成效的情况下,要进一步发掘数据的价值,就必须进行数据的深度分析。

3) 数据分析中的算法与技术应用

目前,数据分析与挖掘大部分采用通用的分析、建模工具和通用的算法。企业在数据分析与应用达到一定的成熟度后,应逐步选择行业特征和自身特征的数据分析与建模算法,或者开发新算法。

目前的数据分析与建模,大部分还是由人通过算法建立和调整模型,机器学习的应用面还比较窄。人工建模的问题是建模的周期较长,模型的调整不能够及时适应实际业务的变化。在原有数据分析与建模成果已经落地并产生效用的情况下,原有模型往往已经不再适用,需要调整。未来机器学习技术,将部分替代人工建模,在数据建模和模型的自动调整方面发挥作用。

7.7.2　数据分析与建模

数据分析与建模,就是采用数据统计的方法,从数据中发现规律,用于描述现状和预测未来,从而指导业务和管理行为。

数据分析与建模,从应用的层次上讲,分为五个层次,如图7-5所示。

(1)静态报表　是最传统的数据分析方法,甚至在计算出现之前,已经形成了这样的分析方法,通过编制具有指标口径的静态报表,实现对于事物状况的整体性和抽象性的描述。

(2)数据查询　即数据检索,以确定性或者模糊性的

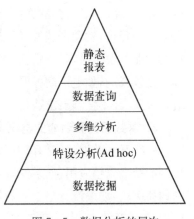

图7-5　数据分析的层次

条件检索所需要的数据,查询结果可能是单条或多条记录,可以是单类对象,或者是多种对象的关联。在数据库技术出现后,即可支持数据的查询。

（3）多维分析　结合商业智能的核心技术 OLAP,可以多角度、灵活动态地进行分析。多维分析由维（影响因素）和指标（衡量因素）组成。基于多维的分析技术,可以立体地看待数据,可以基于维度,对于数据进行"切片"和"切块"分析。

（4）特设分析（Ad hoc）　是针对特定的场景与对象,通过分析对象及对象的关联对象,得出关于对象的全景视图。客户立体化视图和客户关系分析是典型的特设分析。特设分析还可以用于审计和刑侦。

（5）数据挖掘　是指从大量的数据中,通过算法搜索隐藏在其中信息的过程,用于知识和规律的发现。

以上五个层次的数据分析,自上而下:数据量的要求越来越大,维度越来越多;对数据计算能力的要求越来越高;对使用人员的能力要求越来越高,应用的人员越来越少;数据精度的要求越来越低;越来越少地依赖人工判断,越来越多地依赖数据判断;技术的难度越来越高。

企业应根据业务发展的需求,以及实际的技术和数据的情况,确定要实现的数据分析的层次。

7.7.3　数据应用

大数据可以通过分析结果的呈现为企业提供决策支持,也可以将分析与建模的成果转化为具体的应用集成到业务流程中,为业务直接提供数据的支持。大数据的应用一般分为两类。

1）嵌入业务流程的数据辅助功能

在业务流程中嵌入数据的功能,嵌入的深度在不同的场景下是不同的。在某些场景下,基于数据分析与建模结果形成的业务结果,将变为具体的业务规则或推荐规则,深入地嵌入业务流程中。典型的案例就是银行的反洗钱应用,以及信用卡的防欺诈应用。通过数据分析与建模,发现洗钱或者信用卡欺诈的业务规律,并建立相应的防范规则,当符合相应规则的业务发生时,就一定会触发相应反洗钱或者防欺诈的流程。在某些场景下,嵌入的程度是较浅的,如电子商务网站的关联产品推荐,仅仅为客户提供产品推荐功能,辅助客户进行决策,并不强制要求购买。

2）以数据为驱动的业务场景

一些基于数据的应用离开数据分析和建模的结果,应用场景也无法发生。例如,上面提到的精准营销应用,如果没有数据分析与建模的支持,精准营销就不会发生;基于大数据的刑侦应用,如果没基于大数据的扫描和刑侦相关的数据模型,以及大数据的特设分析应用,就无法进行;电子商务网站的比价应用,如果不能够采集各电商网站的报价数据,并通过大数据技术进行同一产品识别和价格排序,就无法实现比价功能。这些都是以数据为驱动的业务场景。

未来以数据为驱动的业务场景将越来越多,没有数据、没有数据分析能力的企业,将无法在这些场景下进行竞争。

7.8　大数据归档与销毁

7.8.1　数据归档

在大数据时代,存储成本显著降低的情况,企业希望在技术方案的能力范围之内尽量存储更多的数据。但大数据时代同样带来了数据的急剧增长,因此数据归档仍然是数据管理必须考虑的问题。与传统的数据备份和数据归档不同的是,大数据时代的数据归档更需要关注数据选择性恢复的功能。

在大数据的正常运行过程中,热数据到温数据、温数据到冷数据的转换可以认为是归档的过程。在这个过程中,数据根据热度的变化,从高价的设备上逐步转移到低价的设备上,其可访问性逐步降低,但仍然具有可访问性。

哪些数据需要归档,主要与监管法规的要求及企业的战略有关。传统的数据归档主要依据数据的数龄,在大数据时代,可依据数据的热度或者依据数据的价值。企业根据监管法规的要求及企业的策略,明确热数据、温数据和冷数据之间的界限,确定企业的数据归档策略,并依据该策略对数据进行归档处理。

不同的数据有不同的归档场景,制定某种数据的归档策略时,应该对数据使用的需求进行分析,根据分析的结果,结合法规、风险、策略、访问成本,以及数据价值等方面,梳理数据的归档场景。数据归档实际上也是一个 ETL 的过程,为了保证归档后数据的可访问性,在归档时需要考虑数据的存储、检索与恢复。

归档过程中,需要考虑数据压缩与格式转换的问题。在数据热度很低的情况下,从成本的角度,应该考虑对于数据进行压缩。压缩可以通过手工,也可以通过一些数据库层级或者硬件层级的工具进行。数据压缩会导致访问困难,因此企业在明确哪些数据可以压缩的时候,必须要有明确的策略。随着技术的发展,压缩的技术应尽量选择可选择性恢复的数据压缩方案。

目前,一个较为流行的趋势是将数据转换为一种持久的数据格式。例如,将数据转换为 XML 这种具有自描述特性的格式。

非结构化数据的归档,主要应该关注向数据注入有序的和结构化的信息,以方便数据的检索和选择性恢复。

7.8.2　数据销毁

随着存储成本的进一步降低,越来越多的企业采取了"保存全部数据"的策略。因为从业务和管理的角度,以及数据价值的角度上讲,谁也无法预料未来会使用到什么数据。但随着数据量的急剧增长,从价值成本分析的角度,存储超出业务需求的数据未必是一个好的选择。有时候一些历史数据也会导致企业的法律风险,因此数据的销毁还是很多企业应该考虑的选项。

对于数据的销毁,企业应该有严格的管理制度,建立数据销毁的审批流程,并制作严格的数据销毁检查表。只有通过检查表检查,并通过流程审批的数据,才可以被销毁。

第 8 章

大数据治理实施

　　本章阐述大数据治理实施的原理、操作和实践,包括大数据知识实施的目标和动力,需要解决的关键问题,以及解决每个问题所需要的阶段、步骤和重点关注的要素。针对解决大数据治理实施的相关问题,构建了一个大数据治理实施的总体框架(见图 8 - 1),指导大数据治理实施。

图 8 - 1　大数据治理实施的总体框架

8.1　大数据治理实施的目标和动力

　　大数据治理实施最直接的目标就是为组织建立起大数据治理的体系,借鉴项目管理、数据治理和 IT 治理等领域的实施方法论,并结合大数据治理的特征,形成一个通用的大数据治理实施框架,并重点阐述实施的各个阶段、关注的关键要素,以及各个阶段的产出物。

　　实施大数据治理,首先必须明确大数据治理的目标和动力,从而让企业的决策者和管理者对实施大数据治理有一个基本的认识和判断。

8.1.1　大数据治理实施的目标

　　实施大数据治理的直接目标就是建立大数据治理的体系,即围绕大数据治理的阶段、阶段成果、关键要素等与实施相关的因素,建立起一个完善的大数据治理体系,这个体系包括支撑大数据治理的战略蓝图和阶段目标,岗位职责和组织文化、关键域与流程,以及软硬件资源。实施大数据治理的长期目标是通过大数据治理,为企业的利益相关者带来价值,这种价值具体体现在三个方面,分别是服务创新、获取价值、管控风险。

　　实施大数据治理的最终目标和直接目标之间的关系,如图 8 - 2 所示。

1) 实施的直接目标

　　大数据治理实施的直接目标是建立战略蓝图和阶段目标,岗位职责和组织文化、关键域与流程,以及软硬件资源。以下重点介绍软硬件环境、流程和规范,以及阶段目标。

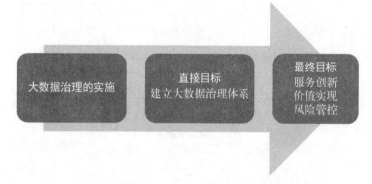

图 8-2　大数据治理实施的直接目标和最终目标

首先,需要建立大数据治理的软硬件环境。以大数据质量管理的软硬件环境地搭建为例,在传统的数据存储过程中,往往把数据集成在一起,而大数据的存储方式,很多情况下都是在其原始存储位置组织和处理数据,而不需要大规模的数据迁移[1]。此外,大数据的格式不统一,数据的一致性差,必须使用专门的数据质量检测工具,这样就要求我们搭建专门的质量管理软硬件环境。这个软硬件环境能够支持海量数据的质量管理,而且能够满足用户及时性需求,需要考虑离线计算、近实时计算和实时计算等技术的配置。

其次,需要建立完善的大数据治理实施的流程体系和规范。完善的流程是保障大数据治理制度化的重要措施[2],以某国有大型能源企业开展的大数据治理实施工作为例,这家公司在近几年开始实践大数据治理,经过不断的探索,建立了大数据治理的三大流程:数据标准管理流程、数据需求和协调流程,数据集成和整合流程形成了大数据治理常态化工作的规范。

最后,需要制定大数据治理实施的阶段目标。大数据治理是一个持续不断的完善过程,但是不能把一个工作规划成一个永无止境的任务。大数据治理必须分阶段的逐步开展,每一个阶段都应该制定一个切实可行的目标,保证工作的有序性和阶段性。明确的目标将会促使大数据治理实施能够按质按量的顺利完成。

2) 实施的最终目标

组织实施大数据治理的最终目标是希望建立完善的治理体系,从而确保服务创新、价值实现、管控风险,如图 8-3 所示。组织拥有诸多利益相关者,包括管理者、股东、员工、顾客等,同样是"价值实现",对不同的利益相关者而言意义并不相同,甚至有时候会带来冲突。大数据治理是在所有利益相关者的不同价值利益间做出协调与平衡。从长远的角度看,实施大数据治理就是利用最重要的资源——数据,提高企业资源的利用效率,在可接受的风险下实现收益的最大化。

价值实现包含多种形式,如企业的利润和政府部门的公共服务水平。大数据治理会降低企业的运营成本,为企业带来利润。随着信息化建设的发展,企业已经建设了包括数据仓库、报表平台、风险管理、客户关系管理在内的众多信息系统,为日常经营管理提供管理

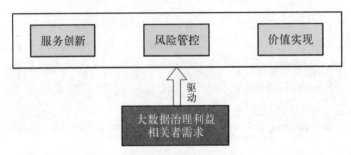

图 8 - 3　大数据治理的最终目标

与决策支持。但是由于各种原因,在信息资源标准体系建设、信息共享、信息资源利用等方面也存在许多不足。例如,数据量大导致管理困难,客户数据分散在多个源系统,缺乏统一的管理标准,引起数据缺失、重复或者不一致等,严重影响着业务发展。大数据治理可以帮助企业完善信息资源治理体系,实现数据的交换与共享的管理机制,有效整合行业信息资源,降低数据使用的综合成本。

风险管控是大数据治理实施创造的重要价值之一。大数据治理发掘了大数据的应用能力,提高组织数据资产管理的规范程度,从而降低数据资产管控的风险。例如,大数据治理可以提高数据的可用性、持续性和稳定性,避免由于错误操作引发的系统运维事故。这一点在金融行业尤其明显——金融机构可能会因为业务范围、地区差异、信息技术等各个环境的不同而对相同的数据有不同的理解和处理方式,从而不能最大化、最高效、最合理的利用有效的数据,造成数据使用的延误和决策的失误[3]。因此,大数据治理可以有效地避免上述的风险,实现风险管控。

服务创新是指利用组织的资源,形成不同于以往的服务形式和服务内容,满足用户的服务需求或者提升用户的服务体验。在大数据治理的背景下,充分发挥大数据资产的价值,可以实现服务内容和形式的创新。例如,Google 通过分析用户搜索的关键词,提供流行性感冒预测。这是一种提升原有服务体验的创新。

8.1.2　大数据治理实施的动力

大数据治理实施的动力是来源于业务发展和风险合规的需求,这些需求既有内部需求,又有外部需求,可以分为四个层次,分别是:战略决策层、业务管理层、业务操作层和基础设施层。

战略决策层主要负责确定大数据治理的发展战略以及重大决策。对应的人员都是组织的决策和高层管理人员,如企业信息技术总监、首席数据官和首席执行官等。战略决策层实施大数据治理的动力在于利用大数据辅助企业高层管理者的重大决策,支持企业风险管控、价值实现和服务创新,从而建立并保持企业的竞争优势。

业务管理层负责企业的具体运作和管理任务,从人员的角度看,他们可能是 IT 项目经理、IT 部门主管,或者 IT 部门经理。业务管理层实施大数据治理的动力在于提升管理水平,降低大数据的运营成本,提高大数据的客户服务水平,控制大数据管理的风险等。

业务操作层是负责某些具体工作或业务处理活动的人员,不具有监督和管理的职责[4]。在业务操作层,大数据治理实施的动力就是规范和优化大数据应用的活动和流程,提升大数据的业务处理水平,具体包括大数据应用的效果和质量,大数据应用的可持续性、时效性、有效性和可靠性等。

基础设施层是指一个完整的、适合整个大数据应用生命周期的软硬件平台。大数据治理实施建立起一个统一、融合以及无缝衔接的内部平台,连接所有的业务相关数据,包括无线传感器、移动终端,甚至是用户产生的不同数据源的结构化数据和非结构化数据,从而让数据能够被灵活地部署、分析、处理和应用。对基础设施层而言,大数据治理能够实现基础设施的规范、统一管理,为大数据的业务操作、业务管理和战略决策提供基础保障。

基于以上的分析,总结出实施大数据治理的四层动力模型,如图 8-4 所示。

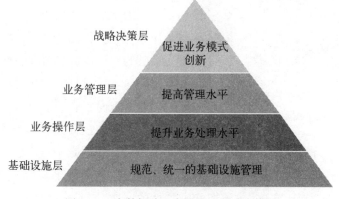

图 8-4　大数据治理实施的四层动力模型

8.2　大数据治理实施过程

任何活动都有过程,大数据治理的活动也不例外。目前,行业内对大数据治理实施过程的划分还没有统一的定义,企业都有自己的理解和认识。大数据治理实施的过程包含建立大数据治理体系,以及不断优化大数据治理体系的过程。因此大数据治理实施的过程包含了两个层面的工作:一个层面是具体的大数据治理项目实施的过程;另一个层面是把成功实施的项目转化为日常工作,并且进行持续改进的过程。这一点也在实践中得到了印证——某大型能源企业集团在大数据治理的实践中,把治理活动分为两大类,分别为专项治理活动和常态治理活动。其中,专项治理活动就是上文所描述的项目实施层面的活动,而常态治理活动则对应日常活动。基于以上的分析,数据治理实施过程可以划分为两个层面九个阶段的工作。

第一个层面是大数据治理项目实施的七阶段,具体包括:识别大数据治理机遇、评估大数据治理现状、制定大数据治理目标、制定大数据治理方案、执行大数据治理实施方案、运行与测量、评估与监控。

第二个层面的工作是大数据治理的日常运营工作,包括两个方面:大数据治理的例行活动、大数据治理的持续改进。

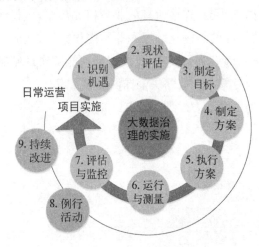

图 8-5　大数据治理实施过程

大数据治理实施过程如图 8-5 所示。

1) 识别机遇

对组织而言,大数据治理的实施并不是越快越好,而是应该寻找恰当的时机,发现组织中有针对性的具体问题,力争通过实施大数据治理,获得立竿见影的阶段性效果。大数据治理是一项复杂而且需要不断改进的工作,对企业而言工作量巨大,如果不采用局部突破的方法,就很难获取阶段性成果,因此识别机遇,寻找到合适的阶段性任务,对大数据治理实施而言非常重要。某大型能源企业集团在开展大数据治理工作之前,就面临着同样的问题。近几年,该大型能源企业集团做了集团信息化规划,对主要业务流程进行了梳理和优化,在这个过程中,企业碰到了数据治理问题,这样开始了随后的数据治理工作,针对性地解决存在的数据标准化、一致性和完整性的问题,同时也开始加强数据安全性的考虑,包括供应商数据的安全性管理、招投标数据加密等问题。当发现恰当的大数据治理实施机会时,就可以进入到大数据治理的下一个阶段——大数据治理现状评估。

2) 现状评估

大数据治理的现状评估调研包括三个方面:首先是对外调研,即了解业界大数据有哪些最新的发展,行业顶尖企业的大数据应用水平,行业内主要竞争对手的大数据应用水准;其次,开展内部调研,包括管理层、业务部门、IT 部门和大数据治理部门自身,以及组织的最终用户对大数据治理业务的期望;最后,自我评估,了解自己的技术、人员储备情况。在此基础上进行对标,做出差距分析及分阶段的大数据治理成熟度评估。

一般而言,大数据治理成熟度可以划分为五个阶段:初始期、提升期、优化期、成熟期和改进期。依据不同的阶段,大数据治理的实施方案有所不同。

3) 制定阶段目标

大数据治理阶段目标的制定是大数据治理过程的灵魂和核心,它指引组织大数据治理的发展方向。大数据治理的阶段目标没有统一的模板,但有一些基本的要求:

(1) 简洁全面　既能简明扼要地阐述问题,又能涵盖内外利益相关者的需求。

（2）明确　清晰地描述所有利益相关者的愿景和目标。

（3）可实现　目标经过努力是可达成的。

4）制定大数据治理实施方案

规划大数据治理实施方案就是为了阐明大数据治理方案如何执行,包括涉及的流程和范围、阶段性成果、成果衡量标准、治理时间节点等内容。大数据治理实施方案提供了一个从上层设计到底层实施的指导说明,帮助企业实施大数据治理。

5）执行大数据治理实施方案

执行治理方案就是按照大数据治理规划中提出的操作方案,按部就班地执行,这部分工作就是具体地建立大数据治理体系,包括建立软硬件平台,规范流程,建立起相应的岗位,明确职责并落实到人。实施治理方案的阶段性成果就是建立初步的大数据治理制度和运作体系。

6）运行与测量

大数据治理的运行与测量是指组建专门的运行与绩效测量团队,制定一系列策略、流程、制度和考核指标体系,来监督、检查、协调多个相关职能部门,从而优化、保护和利用大数据,保障大数据作为一项组织战略资产能真正发挥价值。例如,有些开展大数据治理的企业会把数据质量等方面的指标纳入业务管理人员的关键绩效指标体系中予以考虑,从而把大数据治理工作与业务工作结合在一起,促进大数据治理体系的运行。

7）监控与评估

建立大数据治理的运行体系后,需要监控大数据治理的运行状况,评估大数据治理的成熟度。借鉴 IBM 信息治理委员会成熟度模型的分类[5],建立一组用于大数据监控与评估的事项,见表 8-1。

表 8-1　大数据监控与评估示例

序号	评估事项	具 体 内 涵
1	业务成果	是否已经确定了大数据治理计划的关键业务人员(例如,市场营销部门负责社交媒体治理,供应链管理部门负责 RFID 治理,法律部门负责数据保留策略,人力资源部门负责治理与员工相关的社交媒体;运营和维护部门负责传感器数据治理)
2	组织架构	是否为所在组织的大数据应用提供了一个确定的职责范围(例如,事务数据、Web 和社交媒体数据、机器间数据)
3	管理人员	对现有管理人员的职位描述加以扩展(例如,客户数据管理人员需要负责社交媒体方面的工作)
4	大数据风险管理	是否是大数据治理中的关键组成部分
5	策略	是否已经归档了大数据治理策略
6	大数据质量管理	对于与大数据相关的质量问题(数据可能有较高的价值,也可能价值并不显著)是否达成了一致意见

（续表）

序号	评估事项	具　体　内　涵
7	大数据生命周期管理	大数据的存储量是多少，预计年增长率是多少
8	信息安全和隐私	首席信息安全官是否是大数据治理实施计划的关键支持者
9	技术架构	Hadoop、NoSQL 以及与当前架构相关的其他新兴大数据技术架构的共存策略是什么
10	分类和元数据	业务数据（业务词汇表）是否包含了与大数据相关的关键业务术语
11	审计信息日志、记录和报告	是否有数据库管理员、技术提供商和其他类型的第三方能够对敏感的大数据进行未加密的访问（例如，地理定位数据、电话通话详情记录单、公共社区智能仪表读数和医保索赔等）

例如，某大型能源企业集团在开展大数据治理的过程中，也经历了上述同样的阶段，用该企业集团自己的专有术语来描述，就是经历了"立法"阶段和"执法"阶段。"立法"阶段相当于运行与测量阶段，主要是建立数据治理的框架和标准、管理规范，以及建立企业级数据模型，按照大数据治理的标准合规，制定一系列策略、流程、制度和考核指标体系，来监督、检查、协调多个相关职能部门的大数据治理工作；"执法"阶段相当于监控与评估阶段，依据大数据治理的规范和标准，对新建的治理项目进行全过程管控。

8）大数据治理的例行活动

大数据治理的例行活动和持续改进属于日常运营层面的工作。大数据治理的例行活动是把大数据治理的日常活动转化为日常例行工作，包括数据治理标准、元数据管理的标准规范的完善和修订工作。例如，某国有大型银行实施大数据治理后，建立的全集团范围统一的数据质量标准，并把这个标准转化成集团信息系统验收的标准规范之一，要求以后新建设的所有信息系统的验收都要经过数据质量标准的审核，保证数据符合质量要求。这样就把大数据治理活动转化为例行活动。

9）大数据治理的持续改进

大数据治理的持续改进贯穿大数据治理实施的整个过程，是确保大数据战略成功的基石。持续改进是为了解决出现的新问题，采用 PDCA 等方法，不断优化大数据治理的策略和流程，不断提升相关人员的技能，确保大数据治理工作的成功。

8.3　大数据治理实施路线图

前面的章节介绍了大数据治理实施过程，从项目管理的角度着重强调了大数据治理的七个阶段,以及在项目实施成功后,需要把大数据治理项目转化为企业的日常管理工作所必须的环节:例行活动和持续改进。本节内容将着重阐述实施大数据治理的七个阶段中的每个阶段所需要完成的主要工作、活动和阶段性成果,为大数据治理实施人员提供一份可操作的路线图。

与大数据治理实施的过程相比,大数据实施路线图更强调实践,实施路线图从项目管理的角度阐述大数据治理的实施,阐述大数据治理实施各个阶段的明确目标、详细的工作流程及活动,以及可测量的实施结果[6]。

根据大数据治理总体框架所阐述的内容,大数据治理实施过程应遵循统一的原则,并涉及大数据治理的各个关键域,包括战略与组织、大数据架构、数据安全隐私与合规、数据质量、大数据生命周期。大数据治理实施路线图就是阐明在大数据治理实施的过程中,各个阶段的主要工作和活动,以及相应的主要阶段性成果。

1) 机遇识别阶段

机遇识别阶段是发现有针对性的具体问题,力争通过实施大数据治理,实现立竿见影的阶段性效果。因此,这个阶段的主要工作是培养员工的创新思维和意识,建立一支保障有力的实施团队,在发现创新机会时,应充分评估实施的价值、风险,以及实施项目所涉及的业务流程和范围。机遇识别阶段的主要成果之一是产生一份大数据治理的需求分析报告。

2) 现状评估阶段

现状评估阶段可充分了解内外部的信息,进行现状评估及差距分析,通过成熟度评估,了解当前所处的阶段。现状评估阶段的主要成果是产生一份大数据治理的现状评估报告。

3) 制定实施目标

制定大数据治理的实施目标,通过差距分析,把战略机遇转化为可以落地的项目。最终的结果是产生一份大数据治理的规划报告,阐明实现上述战略所需要开展的工作和项目。

4) 制定实施方案

实施方案规划说明大数据治理方案如何执行。从战略规划的角度看,实现大数据治理战略,需要开展诸多工作、建设诸多项目。方案规划就是分析这些方案涉及的范围和流程,设计实现的步骤和阶段,为实现整个战略制定一份路线图。实施方案规划阶段的主要成果是产生一份大数据治理实施方案。

5) 执行实施方案

按照制定的实施方案,包括进度计划、资金和人员投入的计划等,开展项目的具体实施工作。当项目工作完成后,按照预想建立的验收标准,对项目的建设内容进行审核,最终上线并通过验收。

6) 运行与测量

新建设的项目就带来了新的运营和维护的工作,这些工作需要组建运营团队来承担。

既可以把这些人为分配给企业内部相关的工作人员来承担，也可以考虑组件新的团队来承担。同时，需要制定性能监控指标，及时测量新建项目的运营状况。

7) 评估与监控

项目实施完成后是否达到了预先计划的目标，需要进行实施后评估。具体而言，就是把实施前制定的目标与实施后达到的具体效果进行比对，发现实施过程中可能存在的偏差，也需要检验实施前制定的目标是否合理。

利用已经建立的性能测量指标，监控新系统的性能。发现问题，应予以及时解决。

大数据治理实施路线图，具体包括大数据实施的过程、各阶段详细的工作流程和活动，以及相应的阶段性成果，见表 8-2。

表 8-2　大数据治理实施路线图

序号	大数据治理实施的过程	大数据治理实施路线图包含的详细工作流程和活动	各阶段的主要内容成果
1	机遇识别	(1) 培养组织内人员从事大数据治理的意识，并组建一个有力的实施团队； (2) 分析大数据治理实施的价值； (3) 分析大数据治理实施的风险； (4) 选择大数据治理实施所针对改善的流程、组织架构的范围	需求调研及分析报告
2	现状评估	(1) 现状分析； (2) 分析预期实现的目标； (3) 成熟度评估	(1) 现状评估报告； (2) 成熟度评估报告
3	制定阶段目标	(1) 大数据治理战略规划； (2) 分析现状和预期目标之间的差异，探索可能存在的发展机遇，并转化为相关的项目； (3) 定义需要的项目	大数据治理的战略规划报告
4	制定实施方案	开发和执行项目执行的计划	系列项目实施方案规划
5	执行实施方案	(1) 实现项目； (2) 把项目实施后新增加的工作内容转化成日常工作中	项目上线并验收
6	运行与测量	把运营与测量指标归纳到组织的整体绩效评价指标体系中	建立绩效考核指标
7	评估与监控	实施后评估，并结合性能指标，监控项目的运行状况	实施后评估报告

8.4 大数据治理实施的关键要素

目前,全世界范围内的众多企业和机构都认识到大数据资产的重要性和价值。但是高层管理人员并未充分利用这些资产,原因在于数据缺乏准确性、一致性、相关性和及时性。因此,大数据治理被推到了前线,许多公司正在竭尽全力地研究如何有效设计和实现大数据治理。

大数据治理实施需要重点关注以下几个方面,分别是组织架构、战略目标、岗位责任、治理标准、合规管理和控制[7,8],如图 8 - 6 所示。

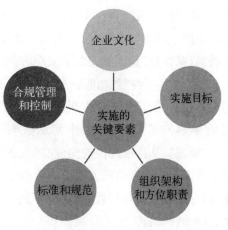

图 8 - 6 大数据治理实施的关键要素

8.4.1 实施目标

根据业务发展需求,设立合理的阶段性实施目标,才能指导大数据治理实施项目的顺利完成。

从长远发展的角度,大数据治理实施项目的目标需要和大数据治理价值实现蓝图相关联。正如第 3 章所描述的,大数据治理价值实现蓝图指明了大数据治理工作的前景和作用,是大数据治理实施的重要前提。只有从价值实现的角度思考大数据治理,才能够充分发挥大数据治理实施的价值。依据前面阐述的内容,大数据的价值实现包括四个阶段,分别是业务监控和探查、业务优化、数据货币化、驱动业务转型。大数据治理实施首先应该明确价值实现蓝图。

以传统的银行业为例,在商业银行的转型过程中,发展模式将会从规模驱动转变成为更加注重集约式、内涵式、以效益和质量为核心的新模式,这就是通过业务优化的方式实现大数据治理的价值,就必须借助于管理提升和内部挖潜,而大数据治理正是提供了这一转型利器[9]。

大数据价值实现蓝图是一个循序渐进的过程,从支持企业战略转型、业务模式创新的战略层面制定大数据治理的目标,规划中长期的治理蓝图,将会促进大数据治理项目实施目标与企业大数据治理的长期目标保持一致。

8.4.2 企业文化

企业文化是在一定的条件下，企业生产经营和管理活动中所创造的具有该企业特色的精神财富和物质形态。它包括文化观念、价值观念、企业精神、道德规范、行为准则、历史传统等，其中价值观是企业文化的核心。为了促进大数据治理的成功实施，企业管理者应该努力营造一种重视数据资产，充分挖掘数据价值的企业价值观，可以称之为"数据文化"。这种"数据文化"具体体现以下三个方面：

（1）培养一种"数据即资产"的价值观。在很多企业，最初数据纯粹是数据，报表提交给管理者之后，就没有其他作用了。但是当多种数据融合，能够让企业的管理者重新认识产品，了解客户需求，优化营销，那么数据就变得有价值了，数据成为一种资产，它可以交易、合作、变现。从比较规范的角度，可以把数据资产任务看做是能够给企业带来经济收益的数据资源。大数据治理就需要企业倡导这样的价值观——从发挥价值的角度，重新审视企业的数据资源。培养"数据即资产"的企业价值观，可以发现新的大数据治理的需求，引导大数据治理实施工作的开展。

（2）倡导一种创新跨界的企业文化。以往的企业经营，注重发挥人力、物力、财力资源的价值，而大数据治理则启发员工和管理者充分发挥数据的价值，推动新业务的产生和发展。在实施大数据治理的企业中，应倡导创新跨界的企业文化，启发员工和管理者从创新跨界的角度，发挥数据资产的价值，触发产品和服务创新。

（3）倡导建立"基于数据分析开展决策"的企业文化。对企业的决策者和管理者而言，大数据治理需要建立一种"基于数据开展决策"的管理规范，而这种企业文化的倡导，能够引导、号召企业的决策者和管理者有意识地建立这样的管理规范，促进大数据治理实施活动。

8.4.3 组织架构和岗位职责

实施大数据治理同样需要建立相应的组织架构，明确相应的岗位职责。

实施大数据治理需要建立完善的组织架构，一般应包括：定义大数据治理规章和制度，定义大数据治理的岗位责任职责，建立大数据治理委员会，建立大数据治理工作组，确定大数据责任人等内容。组织架构在大数据治理过程的重要性逐渐被企业所认知，并成为大数据治理的关键。

大数据治理组织架构要实现由无组织向临时组织，由临时组织向实体与虚拟结合的组织，最终发展到专业的实体组织。企业必须建立大数据治理的组织机构，设立各类职能部门，加强大数据治理的专业化管理，并建立起专业化的大数据治理实施团队。在顶层成立由高层管理人员、信息管理部门和业务部门主要负责人组成的大数据治理委员会；中间层成立大数据治理工作组,主要由各业务部门业务专家、信息部门技术专家、数据库管理专家组成;最底层成立大数据治理实施小组,主要由各信息系统项目组成员、大数据治理项目组成员组成。

当前,实施大数据治理的组织多以临时组织的方式存在,这样的组织类似于项目部,对企业来说组织机构的建立和培养上没有连续性,缺少数据管理经验和知识的有效传递和积累;随着实施大数据治理工作的推进,要求在大数据治理中建立有权威性、实体存在的组织机构,且要求能够在企业中一直存在并持续发展壮大。以某国有大型银行为例,他们与美国银行(Bank of America)合作开展大数据治理工作。该银行在数据仓库的规划、数据标准的制定、元数据管理、数据质量监管(包括定期查找问题、整改、评价和考核)等方面做了大量的数据治理工作。随着数据治理工作的推进,该银行建立了专门的大数据治理机构——大数据治理部,该机构由主管副行长、总行数据管控处、分行数据分析中心组成,形成了较完备的大数据治理业务条线。在该集团的组织架构中,大数据治理部已经形成了一个常态的组织架构,与业务部门一样开展日常工作。

伴随着组织架构的发展,岗位专业化是大数据治理发展的必然趋势。在大数据治理的要素之中,人是大数据治理工作的执行者,即使组织架构设立再合理,如果人的岗位职责不明确,那么也会造成职责混乱,执行者无所适从,工作效率低下。大数据治理需要整个治理团队的协同工作,每个岗位既要完成自己职责范围内的工作,又需要与其他岗位进行良好的沟通和配合。

8.4.4　标准和规范

大数据标准和规范的制定是实现大数据治理标准化、规范化,以及实现数据整合的前提条件,也是保证大数据治理质量的前提条件。

标准不是一成不变的,会因为企业管理要求、业务需求的变化而变化,也会因为社会的发展、科学的进步而不断地变化,这就要求企业对标准和规范进行持续的改进和维护。

大数据的标准包括数据标准和度量标准两类。企业制定大数据标准是实施大数据治理工作的前提,因为大数据企业在开展大数据治理工作后,对于工作结果的考核和验收,都需要标准和规范的辅助。

数据标准是大数据标准化和规范化工作的核心。通常情况下,企业在进行大数据治理时,都是从大数据标准管理入手,按照既定的目标,根据数据标准化、规范化的要求,整合离散的数据,定义数据标准。数据标准是度量标准的基础。

大数据治理实施过程中的度量标准也是不可缺少的。度量标准是用来检查实施过程是否偏离既定目标,用来度量治理的成本及进度。度量标准的制定是大数据治理过程中,评估原有数据价值,监控大数据治理执行,度量大数据治理效果的关键因素。原有数据的价值如何,企业需要花费多大的成本实施大数据治理,这些问题都需要有能够度量大数价值的标准,按照度量后的原有数据价值,确定数据的重要性优先级,以确定对大数据治理的投入。同时,大数据治理效果也需要度量标准来检验。通过对治理效果的度量、分析,主动采取措施纠正、改善大数据治理的工作。

8.4.5　合规管理和控制

在大数据治理实施的过程中,企业应该有意识地建立大数据治理实施的合规管理和控制。大数据治理实施过程有其通用性,逐步总结其中的共性问题,并逐步建立实施过程的合规管理和控制体系,可以保证实施过程效率更高、结果更好,逐步形成多重控制相互作用、共同管控的治理状况。大数据治理的控制主要包含以下两种方式:

1) 流程化控制

流程化控制是大数据治理实施最普遍的控制方式,发展至今,流程化的控制演变成为多元化的流程控制。为了加强大数据治理的流程化管控,不仅有数据业务上的控制,也要有数据技术上的控制,而且还有数据逻辑上的控制。

2) 工具化控制

当今信息化技术飞速发展,支撑大数据治理实施的工具不断涌现,通过软件工具进行控制也是大数据控制的一种方法,这种控制方法能够严格执行既定的控制要求。大数据治理实施的软件工具是对大数据治理的有效支撑和辅助,采用成熟、先进、科学的大数据治理的软件工具,可以高效、规范地实施大数据治理,是大数据治理工作成功的关键。

8.5　大数据治理实施框架

大数据治理实施框架把与大数据治理相关的因素集成在一起,为大数据治理实施人员提供一份全面、概括而系统的思考蓝图。

首先,大数据治理的实施通常是由问题驱动的,每个阶段都需要解决特定的问题,因此在实施框架部分,需要明确定义每个阶段需要解决什么问题,这也是衡量每个阶段是否成功的标志之一。

其次,通过前面章节的阐述,已经基本明确了大数据治理实施的三个关键点——大数据治理实施的过程、实施路线图及解决的重点问题。

基于以上的分析,在大数据治理实施框架中,将具体刻画三个方面的内容:大数据治理实施的过程,每个阶段需要解决的具体问题,以及每个实施阶段的重点。

1) 大数据治理实施阶段解决的具体问题

根据前面部分的论述,大数据治理实施过程包括七个阶段,每个阶段的具体工作和活动及相应的阶段性成果见表8-3。结合每个阶段的工作，我们可以分析出每个阶段具体需要解决的问题，见表8-3。

表8-3 大数据治理实施的框架

序号	大数据治理实施的过程	大数据治理实施路线图包含的详细工作流程和活动	各阶段的主要内容成果	各个阶段解决的主要问题
1	机遇识别	(1) 培养组织内人员从事大数据治理的意识，并组建一个有力的实施团队； (2) 倡导大数据治理的企业文化； (3) 分析大数据治理实施的价值； (4) 分析大数据治理实施的风险； (5) 选择大数据治理实施所改善的流程，涉及的组织架构范围	需求调研及评估报告	驱动因素是什么
2	现状评估	(1) 现状分析； (2) 分析预期实现的目标； (3) 成熟度评估	(1) 现状评估报告； (2) 成熟度评估报告	处于什么位置
3	制定阶段目标	(1) 大数据治理战略规划； (2) 分析现状和预期目标之间的差异，探索可能存在的发展机遇，并转化为相关的项目； (3) 定义需要的项目； (4) 建立大数据治理的标准和规范	大数据治理的战略规划报告	希望达到什么目标
4.	制定规划方案	(1) 开发和执行项目执行的计划； (2) 规划大数据治理项目的组织架构和岗位职责	系列项目实施方案规划	需要做什么
5	执行实施方案	(1) 建立大数据治理实施团队； (2) 实现项目； (3) 把项目实施后的成果转化到日常业务中	项目上线并验收	如何达到
6	运行与测量	(1) 把运营与测量指标归纳到组织的整体绩效评价指标体系中； (2) 项目管理，基于已有的标准和规范控制项目的质量	建立绩效考核指标	实现了吗
7	监控与评估	依据标准和规范开展实施后评估	实施后评估报告	如何持续这种势头

2) 大数据治理实施各阶段的重点

大数据治理实施同样要符合项目管理的要求，每个阶段的工作重点有所不同。依据项目管理的要求，项目实施是一个从抽象到具体，从高层逐渐细化的过程。在项目实施的每个阶段，工作的侧重点不同：在项目的启动阶段，关注组织文化和项目团队的建设；而在中期阶段,则关注项目进度、质量和成本的管理;在项目的末期,关注项目的评估和控制。结合项目管理的一般规律,大数据治理实施过程的各个阶段应该关注的重点见表 8-4。

表 8-4　大数据治理实施各阶段的重点任务

序号	大数据治理实施的过程	大数据治理实施各阶段的重点
1	机遇识别	企业文化、组织架构和岗位职责
2	现状评估	标准和规范
3	制定阶段目标	实施目标
4	制定实施方案	组织架构和岗位职责
5	执行实施方案	合规管理和控制、标准和规范
6	运行与测量	合规管理和控制、岗位职责
7	监控与评估	标准和规范

3) 大数据治理实施框架

综合以上分析的大数据治理的三个方面,最终形成了大数据治理实施框架,涵盖了过程、各阶段的工作重点和解决的关键问题,希望借此为大数据治理的实施人员提供一份蓝图。具体如图 8-7 所示。

图 8-7　大数据治理实施框架

◇ **参** ◇ **考** ◇ **文** ◇ **献** ◇

［1］ 王宇德. 企业大数据治理研究［J］. 互联网天地，2014(2)：20 - 24.

［2］ Soares，S. IBM 数据治理统一流程［M］. Ketchum：MC Press Online，LLC. 2010.

［3］ 杨冰伦. 论金融机构金融风险管理中的数据治理［J］. 辽宁公安司法管理干部学院学报，2012：143 - 144.

［4］ 斯蒂芬，P·罗宾斯(Stephen P. Robbins)，玛丽·库尔特(Mary Coulter). 管理学［M］. 北京：中国人民大学出版社，2004.

［5］ IBM，大数据治理：成熟度评估框架［EB/OL］.（2012 - 04 - 17）http://www. ibm. com/developerworks/cn/data/dmmag/1204/Big_Data_Governance. pdf.

［6］ Kordel，L. IT Governance Hands - on：Using COBIT to implement IT Governance［J］. Journal of Information Systems Control，2004，2.

［7］ 巨克真，魏珍珍. 电力企业级数据治理体系的研究［J］. 电力信息与通信技术，2014，12(1)：7 - 11.

［8］ 高汉松，桑梓勤. 医疗行业大数据生命周期及治理［J］. 医学信息学杂志，2013，34(9)：7 - 11.

［9］ 程普升. 面向数据与数据治理：商业银行信息化建设的转型方向［J］. 中国金融电脑，2011(12)：36 - 40.

第9章

大数据治理审计

开展大数据治理审计,对大数据治理战略、风险控制、运营管理及绩效提升等进行评价,发现潜在的风险并提出改进意见,有利于促进大数据治理的规范性,保证大数据的真实性、完整性、可靠性、有效性和安全性,进一步提升大数据的分析、利用价值,为组织的战略决策提供可靠依据。

9.1 大数据治理审计概述

9.1.1 大数据治理审计面临的机遇与挑战

当前,社会已进入一个创新密集和快速更新的时代,一些特大型组织已经开始运用大数据、云计算、互联网等技术,着手建设以"信息共享、互联互通、整合创新、智慧管理、价值创造"为特点的信息化组织:实现统一数据标准、整合信息系统;在更大范围内掌握内外部数据,并通过不断创新的挖掘技术从大数据中寻找业务机会,发现潜在风险,在竞争中保持战略优势。这为大数据治理审计的发展提供了难得的机遇,更提出了全新的挑战。

1) 大数据治理审计面临的机遇

(1) 伴随大数据治理的产生而出现 大数据治理审计是大数据治理的检查、监督和评价手段。大数据治理工作需要借助大数据治理审计的开展,对大数据治理战略、风险控制、运营管理及绩效提升等进行评价,发现潜在的风险并提出改进意见,以便于促进大数据治理的规范性,保证大数据的真实性、完整性、可靠性、有效性和安全性,进一步提升大数据的分析、利用价值,为组织的战略决策提供可靠依据。

(2) 有利于组织治理层全面掌握风险概况 在未来复杂的经营业态下,组织治理层将不再满足于单一领域的风险报告,更期望能随时获得"全景式的风险视图"、"关联性的风险表现"和"建设性的审计意见"。大数据治理审计业务可对组织大数据管理、持续分析和深入挖掘的整个过程,从更高层面、更广范围、更加综合的视角为组织治理层提供更具战略性、系统性、前瞻性和价值性的审计建议,有利于组织治理层全面掌握风险概况。

2) 大数据治理审计面临的挑战

(1) 缺少大数据分析思路和工具 大数据分析是大数据审计的核心。当前主要存在两方面问题:一是在大数据环境下,利用跨多部门、多业务、多层次、多领域的审计数据,从广度和深度上探索新的大数据分析方法还在起步阶段,没有较多可供借鉴的成功经验,审计人员在大数据分析上缺少思路;二是目前可供审计人员开展大数据分析的工具只有 OA 和数据库查询软件,只能实现一般性关系型查询分析,要想真正从多源异构、纷繁复杂的大数据中挖掘出其蕴含的关联性及异常情况,亟需引入大数据综合分析软件或整合的大数据审计平台。

（2）缺少大数据治理审计专业人才　虽然在审计人员培训上取得了一定成效,但审计人员的专业素质与信息化发展水平还不匹配,缺乏大数据治理审计专业人才,特别是缺乏大数据分析专家。

（3）审计范围、审计模式需要拓展或创新　随着信息化和网络化的发展,对大数据仅依靠抽样分析及静态分析难以发现异常与例外风险,必须进行全量数据信息的关联和动态分析。这意味着审计要同步构建起以大数据分析为基础、以风险控制为导向的全新审计监测模式,建立起对组织业务全量数据的审计覆盖机制,才能保持有效的审计监督。

（4）需要增加资金投入　开展大数据审计需要一定的资金投入,如审计人员的福利待遇、现代化审计设备的更新、现场审计期间各项费用开支等,仅按传统审计做法进行少量的资金投入已无法满足要求。

9.1.2　大数据治理审计的基本概念

1）大数据治理审计的含义

大数据治理审计是指由独立于审计对象的审计人员,以第三方的客观立场对大数据治理过程进行综合检查与评价,向审计对象的最高领导层提出问题与建议的一连串活动。

2）大数据治理审计的目的

大数据治理审计的目的是了解组织大数据治理活动的总体状况,对组织是否实现大数据治理目标进行审查和评价,充分识别与评估相关治理风险,提出评价意见及改进建议,促进组织实现大数据治理目标。

3）大数据治理审计的特点

大数据治理审计除了具备传统审计的权威性、客观性、公正性等特点之外,还具备一些独有的特点,主要包括:

（1）与传统审计的目的不同　传统审计的目的是"对被审计单位会计报表的合法性、公允性及会计处理方法的一贯性发表审计意见"。大数据治理审计的目的是对组织是否实现大数据治理目标进行审查和评价,充分识别与评估相关风险,提出评价意见及改进建议。

（2）是事前、事中和事后审计的结合体　传统审计中的财务报表审计往往是年度审计,属于事后审计,而大数据治理审计是事前、事中和事后审计兼而有之。由审计人员所进行的大数据治理规划审计属于事前审计,大数据治理实施过程中的审计属于事中审计,而对其在一定期间的运作情况所进行的审计属于事后审计。

（3）突破了物理区域的限制　计算机技术和网络技术的发展和应用,使得审计过程中获取证据的方式拓宽了,远程非现场审计变为现实。审计人员利用网络技术可以获取大数据,并开展通过视频会议进行人员访谈等。

(4) 促使传统审计模式发生改变 抽样审计是传统的审计模式,即在不可能收集和分析被审计单位全部数据的情况下,主要依赖于抽样技术,针对抽取的样本进行审计,并由此推断审计对象的整体情况。大数据时代能够收集和分析组织的所有相关数据,审计模式发生了改变,已从抽样审计模式向总体审计模式发展:即对大数据总体进行多角度的深层次分析,以发现其中隐藏的更具价值的信息及判断总体的特征,克服了抽样审计模式的不足。

(5) 运用了大数据分析技术 运用大数据分析技术是大数据治理审计特征之一,即依托大数据分析平台,开展组织内部业务数据与财务数据、组织数据与行业数据,以及跨行业、跨领域数据的综合比对分析,实现审计从单点向多点、从局部向整体、从离散向连续性等的过渡。通过对大数据进行分析快速确定审计重点,审计人员可有针对性地进行审计,既节约了时间,又提升了效果。

(6) 更重视大数据的安全性 信息化高度发展的时代,大数据的安全性关系着组织的命运、社会的稳定及国家的安全。组织应采取各种措施(如管理措施、技术措施及物理措施)保护大数据的安全。

(7) 对审计专业人才的要求更高 开展大数据治理审计,要求审计团队中既要有懂业务、懂IT治理与管理,又要有懂大数据分析知识等的专业审计人才,不同专业背景及知识的融合才能实现审计的飞跃,满足大数据治理审计的要求。

(8) 审计成果更加丰富 传统审计成果主要是提供给被审计单位的审计报告,格式固定、内容单一、信息有限。随着大数据分析技术在审计中的广泛应用,审计成果除了审计报告外,大数据挖掘、分析和处理的结果,可以提供给组织用于改进经营管理,促进审计成果的综合利用。

4) 大数据治理审计面临的风险

大数据治理审计面临的风险主要包括固有风险、控制风险、检查风险和总体审计风险。大数据治理固有风险、控制风险、检查风险的内容见表9-1。

表9-1 大数据治理固有风险、控制风险、检查风险

类别	描 述
固有风险	(1) 大数据治理固有风险的含义:是指大数据治理活动不存在相关控制的情况下,易于导致重大错误的风险; (2) 大数据治理固有风险的特点:是大数据治理活动本身所具有的,审计人员只能评估,却无法控制或影响它;大数据治理固有风险的衡量是主观的、复杂的,不同的大数据治理活动其固有风险水平不同
控制风险	(1) 大数据治理控制风险的含义:是指与大数据治理活动相关的内部控制体系不能及时预防或检查出存在的重大错误的风险; (2) 大数据治理控制风险的特点:与大数据治理内部控制制度执行的有效性有关,与审计无关,属于内部控制的范畴。审计人员只能评估其风险水平,而不能对其实施控制和影响。其风险水平的衡量由于需要兼顾传统内部控制的思想和计算机系统管理的知识,因而较为复杂且难以准确计量

类别	描 述
检查风险	(1) 大数据治理检查风险的含义：是指通过预定的大数据治理审计程序未能发现重大、单个或与其他错误相结合的风险； (2) 影响大数据治理检查风险的因素：由于大数据治理审计规范不完善、审计人员自身或者技术原因等造成影响审计测试正确性的各种因素

大数据治理总体审计风险是指针对单个控制目标所产生各类大数据审计风险的总和。制定良好的大数据治理审计计划，以尽可能评估和控制大数据治理审计风险，减少或控制所检查领域的审计风险，如采取合适的审计工具，在完成大数据治理审计时，把总体审计风险控制在足够低的水平之内，以达到预期的保证水平。

大数据治理审计风险也用于描述审计人员在执行审计任务时准备接受的风险水平。审计人员可通过设定目标风险水平并调整审计工作量，以合适审计成本满足最小化总体审计风险的要求。

5) 大数据治理审计对象与范围

大数据治理审计的对象也称为审计客体，一般是指参与审计活动并享有审计权力和承担审计义务主体所作用的对象。纵观中外审计史，审计对象伴随着审计目的不同而发生变化。一般来说，审计对象包含两层含义：一是外延上的审计实体，即被审计单位；二是内涵的审计内容或审计内容在范围上的限定。

由大数据治理审计的定义及分析可知，大数据治理审计的对象涉及大数据治理的整个生命周期，不仅强调对大数据生命周期的审计，还应涵盖大数据治理整个活动和中间产物，并包括大数据治理实施相关的治理环境。

6) 大数据治理审计与 IT 审计的关系

大数据治理审计与 IT 审计既存在不同，同时又有一定的联系。

(1) 两者的审计目的及审计范围不同　大数据治理审计的目的是对组织是否实现大数据治理目标进行审查和评价，充分识别与评估相关风险，提出评价意见及改进建议。IT 审计也称为信息系统审计，其目的是对组织是否实现 IT 目标进行审查和评价，充分识别与评估相关 IT 风险，提出评价意见及改进建议。

大数据治理审计的对象涉及大数据及其相关控制，包括大数据生命周期、大数据治理整个活动和中间产物及大数据治理实施相关的治理环境。IT 审计的对象涉及信息系统及其相关控制，包括软硬件、整个信息系统所有活动和中间产物及信息系统实施相关的治理环境。

(2) 两者均是信息技术发展的必然结果　无论是大数据治理审计还是 IT 审计，均是信息化发展到一定阶段的必然结果。

各类信息系统产生了各种各样的数据流和信息流，信息技术的迅猛发展促进了信息系统规模的壮大,信息系统不再是孤立的系统,而是集财务、业务(产、供、销)、人事、办公等为一体的综合性信息系统,迎来了大数据时代;同时,大数据时代反过来又催生了更加复杂、规模更加庞大的信息系统,对信息技术提出了更高的要求。由此使组织面临一定的信息系统风险及因大数据安全等引发的风险。越来越多的组织,如银行、证券、期货、保险、航空、电信及电力等,迫切需要进行大数据治理审计及 IT 审计,了解组织在相关方面存在的薄弱环节,采取措施提高组织大数据治理风险控制能力及信息系统风险控制能力,满足行业监管、社会稳定及国家安全的需要。

9.1.3　大数据治理审计的重要意义

大数据治理审计能够全面评价组织的大数据治理情况,客观评价大数据治理生命周期管理水平,从而提高组织大数据治理风险控制能力,满足社会和行业监管的需要。大数据治理审计的实施具有重要的社会价值和经济意义,符合审计工作未来的发展趋势。

1) 提高组织大数据治理水平

大数据治理审计从更高层面、更广范围、更综合的视角为组织提供系统性、综合性、前瞻性的审计意见和建议,有利于提高组织大数据治理水平。

2) 满足社会和行业监管的需要

各国政府和组织认识到需要对大数据治理的规范性和合法性开展审计,实施大数据治理审计能够满足社会和行业监管的需要。目前,国内已开展大数据共享和交易业务,开展大数据治理审计可发现组织在大数据安全、隐私、合规等管理方面存在的薄弱环节和问题,有针对性地提出改进意见和建议,以促进组织在大数据安全、隐私、合规等方面的规范管理。

3) 开辟了全新的审计领域

未来审计技术发展的动力来自 IT 审计的发展,这是国外审计界的一个共识。IT 审计将扩展审计的领域,这为审计提供了十分广阔的发展空间。大数据治理审计是一个全新的审计领域,也代表了审计行业未来发展的一个重要方向。

总之,随着信息技术的发展,信息资源在经济发展过程中的作用与日俱增,大数据治理审计将成为确保大数据治理活动安全、可靠及高效运行的新审计模式。随着我国以"信息化带动工业化"战略的全面实施,国民经济信息化被提到了前所未有的高度,加快发展我国的大数据治理审计事业具有重要意义。

9.1.4　大数据治理审计的前提与基础

开展大数据治理审计的前提与基础,建议从以下方面考虑:
(1) 转变传统的审计观念。

（2）制定大数据治理审计战略。

（3）建立大数据治理审计制度。

（4）制定大数据治理审计标准。

（5）建设集中统一的大数据审计平台。

（6）完善大数据审计人才机制等。

9.2 大数据治理审计内容

审计是组织成功实施大数据治理的一个重要角色，通过特殊的视角对大数据治理进行监督、风险分析和评价，并给出审计意见，有助于对大数据治理工作的改进。

大数据治理审计的内容包括战略一致性审计、风险可控审计、运营合规审计、绩效提升审计、大数据组织审计、大数据架构审计、大数据安全、隐私和合规管理审计、大数据质量管理审计和大数据生命周期管理审计等。

9.2.1 战略一致审计

大数据治理战略一致的审计目标是指通过对大数据治理战略规划是否符合企业战略的评价，向管理层提供大数据治理战略规划制定及实施过程得到控制、监督并遵循最佳实践要求的合理保证。审计内容举例如下：

（1）是否制定了大数据战略及大数据架构？是否符合组织的状况？是否得到及时更新？

（2）是否明确了把业务和大数据战略转化成运营或战术计划的需求？

（3）大数据战略规划的内容是否全面、合理？

（4）是否明确了大数据治理更新和沟通的需求？

9.2.2 风险可控审计

大数据治理风险可控的审计目标是通过对大数据治理过程中风险管理机制的评价，向管理层提供风险管理机制得到控制、监督并遵循最佳实践要求的合理保证。审计内容举例如下：

（1）组织是否根据大数据治理活动及其面临的风险建立风险管理机制？

（2）是否明确了风险偏好及风险容忍度？

（3）是否制定大数据相关的风险管理方针及目标？是否明确、合理并符合组织的实际情况？是否及时更新？

（4）是否明确了大数据相关风险管理职责及人员分工？是否配备足够、适合的大数据风险管理人员？

（5）是否制定了大数据相关风险管理策略和原则？

（6）是否制定大数据风险管理制度及流程？内容是否全面、合理，并符合组织的实际情况？是否及时更新？

（7）是否对大数据风险管理监控、评价及改进？

9.2.3　运营合规审计

大数据治理运营合规审计目标是通过对大数据治理过程中合规管理机制的评价，向管理层提供大数据合规管理机制得到控制、监督并遵循最佳实践要求的合理保证。审计内容举例如下：

（1）组织是否根据法律法规对大数据的要求建立合规管理机制？

（2）是否制定与大数据合规管理相关的方针及目标？

（3）是否明确了大数据合规管理职责及人员分工？

（4）是否制定了大数据合规管理策略和原则？

（5）是否制定了大数据合规管理的制度及流程？

（6）是否对大数据合规管理进行持续的监控、评价及改进？

9.2.4　绩效提升审计

大数据治理绩效提升的审计目标是组织对大数据治理的绩效、内部控制和合规性等进行监督，确保大数据治理、管理的持续改进。审计内容举例如下：

（1）组织是否根据大数据治理的目标、企业战略目标和利益相关者的需求建立大数据治理的绩效管理机制？

（2）是否制定大数据治理绩效相关的方针及目标？

（3）是否明确了大数据治理绩效管理职责和人员分工？

9.2.5　大数据组织审计

大数据治理组织的审计目标是指通过对大数据治理组织架构设计的评价，向管理层提供大数据治理组织架构设计工作得到控制、监督并遵循最佳实践要求的合理保证。审计内容举例如下：

（1）是否设立了大数据治理组织架构？是否符合组织的实际状况？

（2）是否设立大数据治理的决策和规划机构？职责是否明确？职责履行情况如何？

（3）是否设立大数据治理的执行与实施机构？职责是否明确？职责履行情况如何？

（4）是否设立大数据安全、隐私和合规管理机构？职责是否明确？职责履行情况如何？

（5）是否设立大数据质量管理机构？职责是否明确？职责履行情况如何？

（6）是否设立大数据审计监督机构？职责是否明确？职责履行情况如何？

9.2.6　大数据架构审计

通过对大数据构架组成及管理的评价，向管理层提供大数据架构的组成及管理得到控制、监督并遵循最佳实践要求的合理保证。审计内容举例如下：

（1）组织建立的大数据架构是如何组成的？

（2）大数据架构是否满足业务发展的要求？是否与业务目标保持一致，并适应业务的调整和外部环境的变化？

（3）大数据技术架构组成如何？采取了哪些大数据关键技术？

9.2.7　大数据安全与隐私管理审计

通过对大数据安全、隐私管理机制的评价，向管理层提供大数据安全与隐私管理机制得到控制、监督并遵循最佳实践要求的合理保证。审计内容举例如下：

（1）组织是否建立大数据安全与隐私管理机制？

（2）是否制定大数据安全与隐私相关的管理方针及目标？

（3）是否明确了大数据安全与隐私的管理职责及人员分工？

（4）是否制定了大数据安全与隐私相关风险管理策略和原则？

（5）是否制定大数据安全与隐私管理制度及流程？内容是否全面、合理，并符合组织的实际情况？是否及时更新？

（6）是否持续的监控、评价及改进大数据安全与隐私管理？

9.2.8　大数据质量管理审计

大数据质量管理审计目标是通过对大数据质量管理机制的评价，向管理层提供大数据质量管理机制得到控制、监督并遵循最佳实践要求的合理保证。审计内容举例如下：

（1）组织是否建立大数据质量管理机制？

（2）是否制定大数据质量相关的管理方针及目标？

（3）是否明确了大数据质量的管理职责及人员分工？

（4）是否制定了大数据相关质量管理策略和原则？

（5）是否制定大数据质量管理制度及流程？内容是否全面、合理，并符合组织的实际情况？是否及时更新？

（6）是否持续的监控、评价及改进大数据质量管理？

9.2.9 大数据生命周期管理审计

大数据生命周期管理审计目标是通过对大数据生命周期管理机制的评价，向管理层提供大数据管理周期管理机制得到控制、监督并遵循最佳实践要求的合理保证。审计内容举例如下：

（1）组织是否建立大数据生命周期管理机制？

（2）是否制定大数据生命周期相关的管理方针及目标？

（3）是否明确了大数据生命周期的管理职责及人员分工？

（4）是否制定了大数据生命周期相关风险管理策略和原则？

（5）是否制定大数据生命周期管理制度及流程？内容是否全面、合理，并符合组织的实际情况？是否及时更新？

（6）是否持续的监控、评价及改进大数据生命周期管理？

9.3 大数据治理审计方法和技术

大数据治理审计内容，需要有相应的审计方法和技术加以支撑。本节分别从大数据治理审计标准、审计方法、审计技术和审计工作基础等几个方面加以阐述。

9.3.1 大数据治理审计相关标准

有关大数据治理审计的相关标准，目前还处于研制的起步阶段，也就意味着目前没有直接对应的标准加以支撑。尽管如此，如果在现有条件下开展大数据治理审计工作，还是有间接对应的标准来支持。为了方便读者了解目前大数据治理审计标准方面的现状，本节分别从与大数据治理审计有关的大数据标准及IT治理审计标准两个层面加以介绍。

9.3.1.1 大数据相关标准

目前，大数据技术相关标准的研制还处于起步阶段，但国际和国内的各类机构，包括ISO/IEC、ITU等国际标准化组织、NIST、国内全国信标委，都已经相继开始进行梳理大数据技术体系标准化工作，并依据大数据技术体系，从基础、技术、产品、应用等不同角度及进行分析,形成了大数据标准体系框架。

1) 国际大数据标准化工作

国际上目前开展大数据标准开发的机构包括 ISO/IEC JTC 1/SG 2(大数据研究组)、ISO/IEC JTC1 SC32(数据管理和交换分技术委员会)、ITU(国际电信联盟)、NIST(美国国家标准与技术研究院)等,其中 ISO/IEC JTC 1/SG2 是国际标准化组织专门为大数据标准而设立的研究组(Study Group,SG)。

目前,国际各标准化组织对于大数据的标准仍在研究阶段。例如,ISO/IEC JTC1 SC32 于 2012 年成立了下一代分析技术与大数据研究组(SG Next Generation Analytics and Big Data),并在 2013 年形成了正式的研究报告。ISO/IEC JTC1/SG2 也于 2014 年完成提交大数据建议的技术报告。关于 ITU,与大数据最为密切相关的是提出了一项题为"基于大数据的云计算的需求和能力"的新工作项目,以来自中国、韩国和波兰的专家为主研制。NIST 方面,建立了大数据公共工作组(NBD-PWG),目前正在研制《大数据定义》、《大数据术语》、《大数据需求》、《大数据安全和隐私需求》、《大数据参考体系结构》和《大数据技术路线图》等输出物,均已经形成了初步版本。

2) 国内大数据标准化工作

国内方面大数据标准化工作的主力是全国信息技术标准化技术委员会(SACTC28,全国信标委)下设的大数据标准工作组。该工作组的成立标志着我国大数据标准化工作迈上了一个新台阶,工作组将通过大数据标准化工作支撑大数据领域产业、应用和服务等各方面的有序、规模化发展。

与国际情况类似,国内的大数据标准也正处于研究阶段。全国信标委大数据标准工作组目前正在从事大数据相关标准的研究工作,已立项的大数据标准包括:

(1)《多媒体数据语义描述要求》(20141172-T-469)。

(2)《数据能力成熟度评价模型》(20141184-T-469)。

(3)《信息技术大数据技术参考模型》(20141190-T-469)。

(4) 信息技术大数据术语(20141191-T-469)。

(5) 信息技术科学数据引用(20141194-T-469)。

(6) 信息技术数据交易服务平台交易数据描述(20141200-T-469)。

(7) 信息技术数据交易服务平台通用功能要求(20141201-T-469)。

(8) 信息技术数据溯源描述模型(20141202-T-469)。

(9) 信息技术数据质量评价指标(20141203-T-469)。

(10) 信息技术通用数据导入接口规范(20141204-T-469)。

此外,全国信标委下设的 SOA 分技术委员会开展了《大数据应用、技术、产业与标准化调研》,作为下一步大数据标准化研究的基础。中国电子工业标准化技术协会信息技术服务分会(ITSS)下设的服务管控组正在推进《数据治理》标准。全国信息安全标准化委员会(SACTC260,全国信安标委)也在开展大数据信息安全方面的标准研制工作,包括大数据安全技术、产业和标准研究，为大数据的安全保障提供支撑。

9.3.1.2　IT 审计相关标准

目前，IT 审计标准是较为成熟的领域，国际上常用来作为 IT 审计的框架、模型和标准包括 COBIT、ISO27000 系列标准、ISO20000 系列标准、CMMI、TOGAF 等。

1) 国际 IT 审计相关标准

(1) COBIT　信息及相关技术控制目标（Control Objectives for Information and related Technology，COBIT）是目前国际上通用的信息及相关技术控制规范，由信息系统审计与控制协会在 1996 年公布。这是一个在国际上公认的、权威的安全与信息技术管理和控制的规范，目前已经更新至 5.0 版。它在商业风险、控制需要和技术问题之间架起了一座桥梁，以满足管理的多方面需要。该规范体系已在世界上 100 多个国家的重要组织与企业中运用，指导这些组织有效利用信息资源，有效地管理与信息相关的风险。

COBIT 是一个基于 IT 治理概念的、面向 IT 建设过程的 IT 治理实施指南和审计规范。

(2) ISO27000 系列标准　ISO27000 系列标准关注于信息安全管理体系，其核心标准 ISO27001 的前身为英国的 BS7799 标准，该标准由英国标准协会（BSI）于 1995 年 2 月提出，并于 1995 年 5 月修订而成的。1999 年 BSI 重新修改了该标准。BS7799 分为两个部分：BS7799 - 1 信息安全管理实施规则和 BS7799 - 2 信息安全管理体系规范。这两个标准后来演化为 ISO27002 和 ISO27001。

ISO27001 是建立、实施和维护信息安全管理体系（ISMS）的标准，是国际最具权威的适用于各类组织的信息安全整体解决方案。

(3) ISO20000 系列标准　20 世纪 80 年代后期，"英国国家计算机与电信局"（CCTA）组织了世界上 IT 管理领域的有关专家、组织和政府部门开发并于 1989 年发布了按流程（Process）组织的 IT 服务管理的最佳实践-信息技术基础架构库（ITIL）。

基于 ITIL 的成功实施，英国在 2000 年将其经验进一步总结，形成了英国国家标准 BS15000，而国际标准化组织 ISO 及国际电工委员会 IEC 于 2005 年也基于 BS15000，发布了 ISO20000IT 服务管理标准。该标准发布后，立即成为国际 IT 服务行业的从业规范，全球越来越多的 IT 服务公司与机构正在按照 ISO20000 标准的要求建立、实施其服务管理体系，并寻求依据 ISO20000 标准的国际认证。

IT 服务管理国际标准 ISO/IEC 20000 - 1：2011 新版于 2011 年 4 月 12 日正式发布，新版融入了 ISO20000 至 2005 年发布以来业界的实践经验和行业新的变化（云计算、绿色 IT 新技术新理念的出现，ITIL v3、ISO9000 改版、ISO27000 等的改版），从整体到细节对 ISO/IEC 20000 - 1：2005 版进行了修订。

(4) CMMI　CMMI 全称是 Capability Maturity Model Integration，即软件能力成熟度模型集成（也有称为软件能力成熟度集成模型），是美国国防部（United States Department of Defense）的一个设想，1994 年由美国国防部与卡内基-梅隆大学（Carnegie-Mellon

University)下的软件工程研究中心(Software Engineering Institute,SEISM)以及美国国防工业协会(National Defense Industrial Association)共同开发和研制的。他们计划把现在所有现存实施的与即将被发展出来的各种能力成熟度模型集成到一个框架中去,申请此认证的前提条件是该企业具有有效的软件企业认定证书。

其目的是帮助软件企业对软件工程过程进行管理和改进,增强开发与改进能力,从而能按时、不超预算地开发出高质量的软件。CMMI 为改进一个组织的各种过程提供了一个单一的集成化框架,新的集成模型框架消除了各个模型的不一致性,减少了模型间的重复,增加透明度和理解,建立了一个自动的、可扩展的框架。因而能够从总体上改进组织的质量和效率。CMMI 主要关注点就是成本效益、明确重点、过程集中和灵活性四个方面。

(5) TOGAF TOGAF 由国际标准权威组织 The Open Group 制定。The Open Group 于 1993 年开始应客户要求制定系统架构的标准,在 1995 年发表 The Open Group Architecture Framework(TOGAF) 架构框架。TOGAF 的基础是美国国防部的信息管理技术架构(Technical Architecture for Information Management, TAFIM)。它是基于一个迭代(Iterative)的过程模型,支持最佳实践和一套可重用的现有架构资产。它可让您设计、评估、并建立组织的正确架构。TOGAF 的关键是架构开发方法(Architecture Development Method, ADM):一个可靠的,行之有效的方法,以发展能够满足商务需求的企业架构。

(6) CSA CSA(Cloud Security Alliance)在 2012"安全云"大会上正式发布了其开放认证框架(Open Certification Framework,OCF),以帮助云服务提供商提升其云安全实践的透明度,提高云服务的市场可信度,增强云服务于用户的安全信心,以便企业和个人用户接受和使用所提供的云服务。OCF 包括安全、信任和保证注册(Security, Trust and Assurance Registry,STAR)三个方面的内容。

自从 2011 年 CSA 启动 STAR 项目以来,得到了许多云服务商的积极响应。CSA 鼓励云服务提供商实施自我评估,并在 CSA STAR 网站上进行注册公示。2013 年 9 月,CSA 正式启动 STAR 云安全认证业务。

2) 国内 IT 审计相关标准

(1) 信息安全相关标准。

① 信息安全等级保护标准。为推动我国信息安全等级保护工作,全国信息安全标准化技术委员会和公安部信息系统安全标准化技术委员会组织制定了信息安全等级保护工作需要的一系列标准,为开展安全工作提供标准保障。

信息安全等级保护标准体系从技术和管理两方面对信息安全管理提出 10 个方面的要求。技术方面有物理安全、网络安全、主机安全、应用安全、数据安全与备份恢复,管理方面有安全管理机构、安全管理制度、人员安全管理、系统建设管理、系统运营维护管理。

② 灾难恢复规范标准。2005 年 4 月,国务院信息化办公室联合银行、电力、民航、铁路、证券、税务、海关、保险等国内八大重点行业,制定发布了《重要信息系统灾难恢复指

南》,对国内各行业的灾难备份与恢复工作的开展和实施提供了指导和参考。

2007 年 7 月,经过两年的实施以及广泛征求意见,《重要信息系统灾难恢复指南》升级成为国家标准《信息系统灾难恢复规范》(GB/T20988—2007),并于 2007 年 11 月 1 日开始正式实施。

该规范规定了信息系统灾难恢复应遵循的基本要求,适用于信息系统灾难恢复的规划、审批、实施和管理。

(2) 信息技术服务标准 ITSS　ITSS(Information Technology Service Standards)是在工业和信息化部软件服务业司的指导下,由信息技术服务(以下简称"IT 服务")标准工作组组织研究制定的,是对我国 IT 服务行业最佳实践的总结和提升,也是对我国从事 IT 服务研发、供应、推广和应用等的各类组织自主创新成果的固化。

ITSS 是一套体系化的信息技术服务标准库,全面规范了信息技术服务产品及其组成要素,用于指导实施标准化的信息技术服务,以保障其可信赖。

ITSS 主要由 IT 服务的组成要素和生命周期的相关标准组成。IT 服务的组成要素包括人员(People)、流程(Process)、技术(Technology)和资源(Resource),简称 PPTR。IT 服务的生命周期包括规划设计(Planning & Design)、部署实施(Implementing)、服务运营(Operation)、持续改进(Improvement)和监督管理(Supervision),简称 PIOIS。

如果将上述两个方面与传统的工业、农业产品相比较,则 IT 服务的组成要素相当于"生产要素",而 IT 服务的生命周期就相当于"生产过程和方法"。因此,ITSS 主要由 IT 服务的组成要素和生命周期的相关标准组成,解决了"生产要素"和"生产过程和方法"的标准化问题。

(3) 机房建设相关标准　与机房建设相关的标准如下:

① GB50174—2008《电子信息系统机房设计规范》。该规范由中国电子工程设计院会同有关单位对原国家标准《电子计算机机房设计规范》进行修订的基础上编制完成的。主要内容包括总则、术语、机房分级与性能要求、机房位置及设备布置、环境要求、空气调节、电气、电磁屏蔽、机房布线、机房监控与安全防范、给水排水、消防等内容。

② GB2887—2000《计算站场地技术条件》。该标准由国家技术监督局于 2000 年 1 月 3 日发布,自 2000 年 8 月 1 日起正式实施。规定了电子计算机场地定义、要求、测试方法与验收规则,适用于各类电子计算机系统的场地,其他电子设备系统的场地可参照本标准执行。

③ GB9361—2011《计算站场地安全要求》。该标准由国家质量监督检验检疫总局和国家标准化管理委员会于 2011 年 12 月 30 日发布,自 2012 年 5 月 1 日起正式实施。规定了计算机场地的安全要求,适用于新建、改建和扩建的各类计算机场地。主要内容包括安全分级、选址、场地抗震、场地楼板荷重、防火、内部装修、供配电设备、空气调节系统、安全等内容。

(4) 其他相关标准　与信息技术相关的其他标准还有很多,如信息系统的开发、测试等,因篇幅关系,本书不再一一介绍。

9.3.2 大数据治理审计方法

大数据治理审计仍然是一种审计,在审计方法的选择方面,仍然可以采用传统审计的方法。同时,大数据治理审计是属于 IT 范畴,可以参考 IT 审计的一些方法。此外,大数据治理审计需要考虑与大数据特点相关的特殊审计方法。

1) 传统审计方法

审计的具体方法主要是收集审计证据,分为审查书面资料的方法和证实客观事物的方法,此外还包括审计调查方法。

(1) 审查书面资料的方法　按审查书面资料的技术,可分为核对法、审阅法、复算法、比较法、分析法;按审查资料的顺序,分为逆查法和顺查法;按审查资料的范围,分为详查法和抽查法。

(2) 证实客观事物的方法　除了收集书面资料方面的信息,审计工作还必须取得实物存在方面的资料,即证明落实客观事物的形态、性质、存在地点、数量、价值等,以审核是否账目相符,有无错误和弊端。这类方法主要有盘点法、调节法和鉴定法。

(3) 审计调查方法　审计调查是审计方法中不可缺少的一个重要组成部分。审计实施过程除了审查书面资料和证实客观事物外,还需要对经济活动及其活动资料以内或以外的某些客观事实进行内查外调,以判断真相,或查找新的线索,或取得审计证据,这就需要审计人员深入实际进行审计调查。审计调查方法包括观察法、查询法、函证法、专题调查法。

2) IT 审计方法

在 IT 审计过程中除了会采用通用的审计调查方法外,基于信息技术的特点,还会采用 IT 审计的方法。

(1) 按 IT 审计的对象可以分为:

① 对信息系统组织控制的审计。

A. 对 IT 治理的组织和工作机制进行审计,判断组织 IT 战略与业务战略的有效匹配。

B. 对全面的 IT 风险管理框架的审计,判断是否能把 IT 风险控制在组织可接受范围内。

C. 对 IT 内部沟通渠道的审计,判断是否能实现 IT 与管理层、业务部门、职能部门的有效沟通。

D. 对监控管理与报告系统的审计,判断监控反馈与跟踪处理程序的有效性。

② 对信息系统一般控制的审计。

A. 对 IT 组织架构、管理制度的审计。

B. 对 IT 规划与架构的审计。

C. IT 投资与项目管理的审计。

D. 对应用系统开发、测试与上线等的审计。

E. 对 IT 基础设施及运维的审计。

F. 对 IT 外包管理的审计。

G. 对信息安全管理的审计。

H. 对应急计划和业务连续性的审计。

③ 对信息系统应用控制的审计。应用控制是存在于应用系统中,用于保证记录的完整性和准确性及人工或自动数据录入正确性的控制措施,应用控制是针对输入、处理和输出功能的控制。

(2) 从 IT 审计的实施方法可以分为:

① 文档收集与复审。

A. 组织的基本信息、组织架构图。

B. 组织人员名单、机构设置、岗位职责说明书。

C. 业务特征或服务介绍。

D. 与信息安全管理相关的政策、制度和规范。

② 问卷调研。

A. IT 控制的差距分析调研问卷。

B. IT 日常管理运维现状调研问卷等。

③ 现场访谈。

A. 安排与相关人员的面谈。

B. 对员工工作现场的观察。

C. 加强项目组对企业文化的感知。

④ 技术评估。

A. 现场技术调查。

B. 安全扫描。

C. 人工评估。

D. 渗透测试。

E. 源代码审查。

3) 大数据审计方法

大数据的审计可以参考基于数据式审计的方法。数据式审计是以被审计单位底层数据库中原始数据为切入点,在对信息系统内部控制测评的基础上,通过对底层数据的采集、转换、整理、分析和验证,形成审计中间表,并且运用查询分析、多维分析、数据挖掘等多种技术方法构建模型进行数据分析,发现趋势、异常和错误,把握总体,突出重点,精确延伸,从而收集审计证据,实现审计目标的审计模式。

这种审计模式关注的重点是数据,而不是传统意义上的账目,也不是一般审计人员望而生畏的信息系统。

与传统的审计模式相比,数据式审计模式扩大了审计对象,它包括信息系统的内部控制和电子数据。核心审计方法也由传统的抽样和测试方法,改变为对所有采集的数据进行清理、转换,并建立审计中间表和审计分析模型,对数据进行分析。在审计技术方面,则包括如数据采集、清理和转换、中间表及审计分析模型技术等。这种模式下的审计程序要求审前调查充分而细致,而审计准备和实施阶段的界限则变得不是很明显。在审前调查阶段,审计组对被审计单位进行摸底,并且通过对电子数据的采集、清理、转换、分析等步骤,确定审计重点和线索,进而以后可以直接根据线索延伸调查,审计思路明确,效率也得到了提高。

数据式审计主要在于分析既定结果数据的合理性,但难以解释数据在信息系统中变化的过程。数据在系统中如何形成、是否被正确处理,则必须依靠信息系统审计中的软件测试来验证。

此外,考虑到大数据治理审计的特点,在大数据治理审计过程中,要根据事前、事中和事后审计阶段的不同特点,选择相应的审计方法。除了上述提到的审计方法外,还应关注下述大数据所特有的审计方法,包括数据挖掘、智能分析、自动算法等。

9.3.3 大数据治理审计技术

(1) 大数据的审计技术可以参考数据审计的最佳实践方法论:

① 发现:定位和分类企业数据库中的敏感信息。

② 弱点和配置评估:评估数据库漏洞和配置缺陷。

③ 加固:执行安全建议,如安全补丁。

④ 变更审计:设置"黄金"安全防护基线,对偏离基线的事件提供全面可视性。

⑤ 数据库活动监控:监控敏感数据访问、特权用户行为、变更控制、应用用户活动和安全性异常(如登录失败),并实施对应安全策略(如实时报警)。

⑥ 审计:针对合规要求,如 SOX 等,预先配置报告,自动化整个遵从性审计流程,包括向监督团队分发报告、报告签署和上报。

⑦ 认证、访问控制及权限管理:确保每个用户拥有权限赋予访问范畴,并通过管理特权来限制对数据的访问。

⑧ 加密:使用加密技术呈现敏感数据,阻止攻击者从数据传输过程中获取信息。

(2) 在技术层面,建议在以下四个领域进行探讨:

① 识别和分类。

A. 识别发现所有数据库、应用系统和客户端。

B. 识别关键敏感数据并对其分类。

② 评估和加固。

A. 漏洞/弱点评估管理。

B. 配置评估。

C. 行为评估。

D. 配置锁定和跟踪变化。

③ 监测和加强。

A. 100％的可视性。

B. 基于规范的行为。

C. 对异常情况的识别。

D. 细微的访问存取控制。

E. SIEM 整合。

F. 监测内部访问存取和加密连接(Oracle ASO，SSL……)。

G. 监测大型机 Mainframe 连接(CICS，MQ，IMSTM，TSO，CAF……)。

④ 审计和报告。

A. 中心化管治报表。

B. 签发(Sign-off)管理。

C. 自动化问题升级。

D. 安全审计库。

E. 用于事件分析的数据开掘。

F. 长期保存。

(3) 除了上述数据审计常见的审计方法和领域之外，根据大数据治理审计的特点，还应关注下述审计的方法和技术：

① 远程审计的技术。随着计算机技术和网络技术的发展，在大数据治理审计时，远程审计逐渐成为现实。审计人员可以充分利用互联网技术，通过远程接入、语音/视频会议等方式开展远程审计。

② 大数据分析技术。大数据分析技术的特点是全样本分析，并从可视化分析、数据挖掘算法、预测性分析能力、语义引擎、数据质量和数据管理等方面开展深入分析。

③ 安全审计技术。由于大数据的审计可以通过远程方式进行，也将开展全样本分析，意味着大数据治理审计过程中的信息安全保障格外重要。

9.3.4　大数据治理审计工作基础

大数据治理审计工作的基础与常规审计一致，均为以下几个方面的问题：

1) 审计证据

审计证据是指审计单位和审计人员获取的，用以证明审计事实真相，形成审计结论的证明材料。

2) 审计工作底稿

审计工作底稿(Audit Working Papers)，是指审计人员在审计工作过程中形成的全部审计工作记录和获取的资料。它是审计证据的载体，可作为审计过程和结果的书面证明，也是形成审计结论的依据。审计工作底稿,是指审计人员对制定的审计计划、实施的审计程序、获取的相关审计证据,以及得出的审计结论做出的记录。

审计工作底稿通常包括总体审计策略、具体审计计划、分析表、问题备忘录、重大事项概要、询证函、回函、管理层声明书、核对表、有关重大事项的往来信件(包括电子邮件),以及对被审计单位文件记录的摘要或复印件等。此外,审计工作底稿通常还包括业务约定书、管理建议书、项目组内部或项目组与被审计单位举行的会议记录、与其他人士(如其他注册会计师、律师、专家等)的沟通文件及错报汇总表等。

3) 审计报告

审计报告是指审计人员根据有关规范的要求,在对约定事项实施必要的审计程序后出具的,用于对被审计单位大数据治理工作发表审计意见的书面文件。

审计报告是审计人员在完成审计工作后向委托人提交的最终产品。审计人员只有在实施审计工作的基础上才能报告。

9.4 大数据治理审计流程

审计流程是指审计人员在具体审计过程中采取的行动和步骤。通常,审计流程的含义有广义和狭义之分。广义的审计流程是指审计机构和审计人员对审计项目从开始到结束的整个过程采取的系统性工作步骤,一般分为审计准备、审计实施、审计终结及后续审计四个阶段,每个阶段又包含若干具体内容;狭义的审计流程是指审计人员在取得审计证据、完成审计目标、得出审计结论过程中所采取的步骤和方法。本书中大数据治理审计流程是广义审计流程。

9.4.1 大数据治理审计准备阶段

大数据治理审计准备阶段是指大数据治理审计项目从计划开始,到发出审计通知书为止的期间。准备阶段是整个审计过程的起点和基础,准备阶段的工作是否充分、合理、细致,对提高审计工作效率,保证审计工作质量至关重要。

准备阶段的工作一般包括:

1) 明确审计目的及任务

审计机构在承担审计项目时,通常需要明确审计目的,其次需要明确审计范围及内容等任务。

2) 组建审计项目组

审计目标及任务确定以后,审计机构应根据工作量大小、工作的强度与难度等,配备审计活动所需的审计人员,组成大数据治理审计项目组。由于项目经理将主导审计工作的全过程,并对审计工作起着关键的作用,因此必须选派技术能力强、审计经验丰富的专业人员担任项目经理。

3) 搜集相关信息

项目组应搜集被审计单位所在行业的相关信息,以及被审计单位的业务信息、管理信息、近期的大数据治理相关信息及大数据治理相关规定等。

4) 编制审计计划

审计计划是项目质量控制的基础,完善的审计计划从根本上规定了项目的方向,是指导审计人员现场作业的"路线图",对实施项目起着全面控制的作用。同时,审计计划规定了执行审计和质量检查的标准,从而最大限度地减少审计人员的随意性。

每一个独立的大数据治理审计项目都应当有充分的计划。项目经理应当理解可能影响到总体审计方法的其他事项,如法律法规的要求、定期的风险评估结果、技术应用的变更、涉及隐私问题等。另外,项目经理还需考虑当前和未来技术、大数据所有者的需求及资源限制等。

在制定项目审计计划时,审计人员必须对被审计的环境进行总体了解,主要包括：了解审计对象大数据治理的流程和职能,支持这些活动的技术和工具的类型,熟悉大数据治理的法规环境等。

9.4.2　大数据治理审计实施阶段

大数据治理审计实施阶段是审计人员将项目审计计划付诸实施的期间。此阶段的工作是审计全过程的中心环节,是整个审计流程的关键阶段,关系到整个审计工作的成败。实施阶段主要应完成好以下几项工作：

1) 深入调查并调整审计计划

审计项目组实施审计时,应深入了解被审计单位的大数据治理情况,如大数据治理战略、组织架构、职责、风险管理、制度建设、安全、隐私及生命周期管理等。还应对大数据治理相关制度进行评估,根据评估结果确定审计范围和采用的方法。必要时,应调整原来制订的项目审计计划(或审计工作方案)。

2) 了解并初步评估大数据治理内部控制

健全有效的大数据治理内部控制,是大数据真实、完整、可靠、有效和安全的保证。因此对大数据治理内部控制进行充分、深入的理解,有利于审查与评价大数据治理内部控制的健全性和有效性。

在对大数据治理内部控制进行初步评价时,审计人员应确定哪些控制对于总体审计目标来说是必不可少的,并制定对被审计领域的详细了解程序。为实施这些程序,审计人员需要对被审计单位主要人员进行访谈,了解相关政策、方法、活动等,并根据需要补充调查相关信息。

3）进行符合性测试

符合性测试是在对大数据治理内部控制进行了解的基础上，为确定内部控制政策和程序的设计及执行是否有效而实施的审计程序。

符合性测试的目的在于通过对内部控制要素进行评价以确定控制风险。为了达到此目的，审计人员需要对被审计单位的大数据治理内部控制进行识别、测试和评价，从而确定后续实质性测试的性质、时间和范围。符合性测试的主要目标是为审计提供合理的保证，即审计人员准备信赖的特定控制正如其在初步评估中所理解的方式正常运行。

审计人员测试组织对控制程序的符合性而收集证据，验证控制的执行是否符合管理政策和规程要求。应当采用抽样执行的符合性测试包括：变更控制流程、文档记录、例外跟踪、日志检查、软件许可审计等。

审计人员需要理解被测试控制的目标及符合性测试的目标。

符合性测试的步骤如下：

（1）内部控制的识别。

（2）内部控制的测试。

（3）内部控制的评价。

4）进行实质性测试

实质性测试是为评价大数据的质量而收集证据。其目的是证实大数据的完整性、真实性、有效性。在对控制进行初步评价时，如果结果表明控制执行不可靠或根本不存在时，审计人员也应当执行一些实质性测试。

审计人员应根据符合性测试结果确定实质性测试的性质、时间和范围。符合性测试着重审查被审计单位大数据治理内部控制的健全性和有效性。被审计单位大数据治理内部控制程度越强，出现违规的概率越小，审计人员则可以相应地减少实质性测试的工作量。反之，大数据治理内部控制越弱，出现违规的概率越大，审计人员则应该加大实质性测试的工作量。

根据符合性测试的结果，如果存在某个领域没有采取任何内部控制措施，或采取的内部控制措施无效，以及内部控制虽然有效但没有得到一贯执行的情况时，审计人员应加大实质性测试的工作量，以证实所有与大数据相关的控制活动都得到有效控制。反之，如果在某个领域采取的内部控制措施有效且得到一贯执行，则可以进行有限的实质性测试。在进行实质性测试时，审计人员需要根据情况确定审计方法及测试的领域。

最后，审计人员应根据实质性测试结果，评价大数据相关控制活动是否达到控制目标。如果测试结果显示达到了预期的控制目标，则可以合理保证大数据治理内部控制的目标得以实现；如果测试结果显示没有达到控制目标，则不能合理保证大数据治理内部控制的目标得以实现。

9.4.3 大数据治理审计终结阶段

大数据治理审计终结阶段是整理审计工作底稿、总结审计工作、编写审计报告、做出审计结论的期间。审计人员应运用专业判断,综合分析所收集到的相关证据,以经过核实的审计证据为依据,形成审计意见,出具审计报告。

本阶段的工作一般包括:

1) 整理与复核审计工作底稿

审计工作底稿的全部内容,是审计人员形成审计结论、发表审计意见的直接依据。审计人员在整理审计工作底稿时,应首先编制工作底稿目录,并将审计中编制或获取的各种审计工作底稿按类别、内容进行分别整理、分析,查看文档是否齐全,证据是否完整、有效。然后把审计资料装订成册,作为编制审计报告的依据,同时也便于存档。已经编制完成的审计工作底稿必须进行复核,以保证审计意见的正确性和审计工作底稿的规范性。

2) 整理审计证据

为了使收集到的分散、个别、不系统的审计证据变成充分、适当、具有证明力的证据,审计人员必须按照一定的方法对审计证据进行分类整理与分析,使之条理化、系统化,然后对各种审计证据进行合理的归纳,并在此基础上形成恰当的整体审计结论。

3) 评价相关大数据治理控制目标的实现

审计人员应当评价审计中所收集的证据,以确定被审计的运营流程是否受到良好控制并有效运行。这些工作要求审计人员必须具备一定的经验,并进行专业判断。在进行评价时,审计人员应当评价相关大数据治理控制的强弱,以确定它们是否满足审计计划中的控制目标和要求。

4) 判断并报告审计发现

审计人员应对审计发现进行分析,但并非每一项审计发现都向管理层报告。同样的审计发现对不同的管理层来说,其重要性是不同的。

5) 沟通审计结果

审计结束时进行的退出会谈,使审计人员有机会与管理层直接讨论审计目标、审计范围、审计过程、审计结果及建议等。

6) 出具审计报告

审计人员在完成对审计证据的整理、归纳、评价及确定审计发现后,应形成审计意见,并以适当的格式提交审计报告。

7) 归档管理

审计任务完成后,为便于复审或审查等工作的需要,按规定必须将审计工作的所有资料(纸质及电子)归档保存。

9.4.4 大数据治理审计后续跟踪

出具审计报告并不意味着审计的终结。对于审计中发现的重大问题和控制缺陷,审计人员根据要求可对被审计单位所采取的纠正措施及其效果进行后续审计,俗称"回头看"。后续审计是在审计报告发出后的一定时间内,审计人员为检查被审计单位对审计问题和建议是否已经采取了适当的纠正措施,并取得预期效果的跟踪审计。后续审计并不是一次新的审计,而是前一次审计的有机组成部分。

审计阶段主要应完成的主要工作:实施后续审计,可不必遵守审计流程的每一过程和要求,但必须依法进行检查、调查,收集审计证据,写出后续审计报告。

第 10 章

大数据服务

本章是大数据治理的一个结果呈现——大数据资产通过服务实现其价值。通过对大数据服务的创新途径分析，揭示了大数据服务的商业价值；并站在大数据生态圈里，详细介绍了面向业务的大数据服务和面向技术的大数据服务内容，给出了大数据服务的参考。

10.1　大数据的服务创新

10.1.1　大数据的服务创新途径

大数据需要和创新方法进行融合，才能在组织的业务创新中体现出来，这就需要能够清晰地认识到大数据与业务服务的关系。

互联网特别是移动互联网的发展，加快了信息化向社会经济各方面、大众日常生活的渗透，人们在互联网以及物理空间上的行为轨迹、检索阅读、言论交流、购物经历等都可能被捕捉并形成大数据，这些大数据宝藏的开发与应用存在巨大的挑战与机遇。

大数据应用的挑战体现在以下四个方面。一是数据收集方面。要对来自网络包括物联网和机构信息系统的数据附上时空标志，去伪存真，尽可能收集异源甚至是异构的数据，必要时还可与历史数据对照，多角度验证数据的全面性和可信性。二是数据存储。要达到低成本、低能耗、高可靠性目标，通常要用到冗余配置、分布化和云计算技术，在存储时要按照一定规则对数据进行分类，通过过滤和去重，减少存储量，同时加入便于日后检索的标签。三是数据处理。有些行业的数据涉及上百个参数，其复杂性不仅体现在数据样本本身，更体现在多源异构、多实体和多空间之间的交互动态性，难以用传统的方法描述与度量，处理的复杂度很大，需要将高维图像等多媒体数据降维后度量与处理，利用上下文关联进行语义分析，从大量动态而且可能是模棱两可的数据中综合信息，并导出可理解的内容。四是可视化呈现。使结果更直观以便于洞察。

恰恰是大数据应用的挑战给大数据企业带来了巨大的服务创新机遇。企业需要将大数据与业务融合，通过创新的方式发现新的模式、新的产品、新的服务。将大数据应用于企业内部时，用大数据解决企业遇到的问题、提升产品的质量、整合企业内外部数据为企业的战略决策提供依据。将大数据应用于企业外部时，发挥企业自身优势，为其他企业提供创新服务，帮助其他企业解决问题与困难，增加企业收益。基于大数据的服务创新如图 10 - 1 所示。

大数据不仅是一种海量的数据存储和相应的数据处理技术，更是一种思维方式，一项重要的基础设施，一场由技术变革推动的社会变革。大数据技术可运用于各行各业，如在制造行业，企业可以分析产品质量情况、市场销售状况及如何提升产品质量；在服务行业，企业可以分析客户满意度，然后对服务过程进行改进，也可用大数据分析客户的需求，创造新的服务模式，增加客户黏度或者提升品牌口碑。大数据服务创新应以用户需求为中心，在大数据中蕴藏的巨大价值引发了用户对于数据处理、分析、挖掘的巨大需求。大数据服务创新可通过以下几个途径实现：

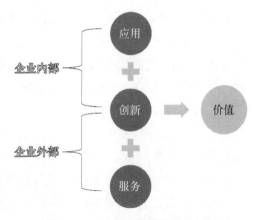

图 10-1　基于大数据的服务创新

（1）使用大数据技术从解决问题的角度进行服务创新。大数据技术提供了一种分析问题、解决问题的思路。当企业在发展的过程中遇到问题，但通过一些尝试无法解决时，可以考虑采用大数据技术进行系统全面细致的分析，找到问题的症结，对症下药解决问题，在解决问题的过程中获得基于大数据创新。通过大数据创新可以找到生产流程中最优化的步骤，提高成品率；也可以通过大数据创新找到合理的物料配比，生产出高质量的产品。

（2）使用大数据技术从整合数据的角度进行服务创新。大数据技术的宗旨是从多个数据源海量、多样的数据中快速获得有价值的信息。通过引入、研发数据挖掘、分析工具，加强数据资源的整合，为企业内外提供高质量的信息服务。在整合企业内外部数据时，不仅要重视结构化数据的采集，更要重视非结构化数据的采集、分析管理与服务。非结构化的数据（图片、声音、视频、地理位置信息等）已经成为数字资源的主体，约占数据总量的80%以上。通过整合进行大数据服务创新机遇较多，较容易成功，如跨行业整合。世界上行业数以万计，两个或者两个以上行业整合在一起即可出现多个服务方案，并且这样的整合多数是借用两个行业的优势，因此创新的服务较容易成功。

（3）使用大数据技术从深入洞察的角度进行服务创新。商业或经济领域的触角一般来说是最灵敏的，通过大数据可以深入洞察商业产生的微妙变化。通过深入洞察还能找到特色资源，从新的视角来看待大数据，利用大数据挖掘个性化服务价值。大数据环境下，用户生成内容体现了用户的行为特征，加强用户数据的研究和交互数据的利用，服务创新应以用户需求为中心，基于对用户行为数据的分析，针对不同用户的特点和需求，提供满足客户需求的服务，提升个性化服务的水平，如开展跟踪服务、精准服务、知识关联服务、宣传推广服务等。大数据时代，最大的服务创新就在于，通过大数据分析来解读大脑无法处理的关系，大数据相对理性的分析结合大脑感性的思维方式，人们在决策和判断时，会得出性价比更高的结论。

（4）从大数据安全、个人隐私的角度进行服务创新。大数据的发展，信息开放度加大，新的信息采集、数据分析、数据挖掘技术以及海量数据存储技术和设备将不断涌现，带来的副作用是 IT 基础架构将变得越来越一体化和外向型,对数据安全和个人隐私、商业利益甚至公共安全构成较大的风险。过度使用大数据,个人隐私的泄漏和滥用的可能性在变大,导致隐私保护难度加大。随着移动互联网、搜索信息、社交网络、物联网、电子商务等技术的迅速发展,人们在互联网及物理空间上的行为轨迹、搜索阅读、言论交流、购物经历等都可能被捕捉。因此数据共享、数据公开的大趋势下,数据安全和个人隐私成为服务创新的发力点,如数据物理安全、数据容灾备份、数据访问授权、数据加解密、数据防窃取等都需要新的服务来保证。

(5)从纯大数据技术的角度进行服务创新。信息爆炸时代,大数据普遍存在,需要的是对信息更明晰的呈现、更准确的分析和更深层的解读。如趋势预测性服务、数据驱动型服务、数据呈现服务、分析与解读能力服务。数据呈现的服务创新是将数值型和文本型的信息形象化、可视化的一种方式,主要表现为呈现数据、提示要点、图解过程、梳理进程、揭示关系、展现情状、整合内容、表达意见、分析解读等,现已市面上已经有不少公司提供数据呈现服务与工具。

10.1.2　大数据服务的商业价值

大数据商业价值转化可分为两大类:一类是业务视角,通过大数据与市场、行业等融合实现商业价值的转换,典型的应用包括战略决策、数据整合、精准营销、提升品质等;另一类是技术视角,也即是从大数据本身的处理加工实现商业价值,内容包含数据、技术、处理、应用等。图 10-2 所示为大数据转化为商业价值的框架图。

图10-2　大数据转化为商业价值的框架图

大数据商业价值实现的业务视角实质上是大数据与市场、行业融合,通过大数据技术整合企业内外部数据,加之快速处理分析能力,为企业的高层提供分析报表以实现制定正确的战略决策,并帮助企业提升产品质量、服务满意度;通过大数据技术还可对顾客的特征进行分析与洞察,针对不同的顾客采用不同的营销手段,推销不同的产品和服务,让顾客感觉贴心服务,增强客户黏度,从而提升成单率,实现企业增收。根据 IDC 和麦肯锡对大数据研究的总结,大数据主要从四个方面体现巨大的商业价值:一是运用大数据预测市场趋势,科学制定战略决策,发掘新的需求和提高投资回报率;二是运用大数据整合与集成业务数据,联通数据孤岛,促进大数据成果共享,提高整个管理链条和产业链条的投资回报率;三是通过大数据实现精准营销,对顾客细分,然后针对每个顾客群体采取独特的营销策略;四是企业实施大数据促进商业模式、产品和服务的质量提升与创新。

运用大数据预测市场趋势，科学制定战略决策。大数据分析技术使得企业可以在成本较低、效率较高的情况下，实时地把数据连同交易行为的信息进行储存和分析，获取准确的市场趋势走向，并将把这些数据整合起来进行数据挖掘，通过模型模拟来判断何种方案投入回报最高，企业据此可做出合理的战略决策，从而使企业在市场竞争中处于有利位置。通常而言，买家在采购商品前，会对比多家供应商的产品，反映到阿里巴巴网站统计数据中，是查询点击的数量和购买点击的数量会保持一个相对的数值，综合各个维度的数据可建立用户行为模型。因为数据样本巨大，用户行为模型具有极高的准确性，当询盘数据下降，自然导致买盘的下降。2008 年初，阿里巴巴平台上整个买家询盘数急剧下滑，说明欧美对中国采购在下滑，马云从询盘上推断出世界贸易发生变化了，故马云提前半年时间成功预测 2008 年的中国经济危机。政府依据该预测提出了 4 万亿元经济刺激计划，使中国抵御了经济危机；而相反的是，有些企业并未提前采取有效的措施，而导致企业倒闭，其中受经济危机影响倒闭企业最多的是汽车行业。

运用大数据整合与集成业务数据，联通数据孤岛，促进大数据成果共享，提高整个管理链条和产业链条的投资回报率。通过大数据技术整合企业内外部数据，分析企业在市场竞争中的优势，预测市场存在的风险，合理规避风险，为企业健康稳健发展提供大数据依据。通过大数据能够处理多种数据类型数据的能力集成企业多个数据源，联通数据孤岛，使一盘散沙的各色数据形成合力，为企业的战略决策、精细化管理提供数字依据。

通过大数据实现精准营销，对顾客细分，然后针对每个顾客群体采取独特的营销策略。通过大数据深入洞察客户需求，精准营销产品，提供更为贴心的服务，提升客户黏性，增加企业销售额，获取更多的利润。瞄准特定的顾客群体进行营销和服务是商家一直以来的追求，大数据可以将顾客依据行为特征进行分组，同一组的顾客具有相同的行业喜好，这组顾客会同样的产品有需求。

企业实施大数据促进商业模式、产品和服务的质量提升与创新。互联网企业具有形成大数据的网络条件和用户基础，因此大数据在互联网行业应用的商业价值已经凸显，互联网行业也成为大数据在商业模式创新、产品创新、服务创新的领跑者，如电商平台的小额信贷服务，搜索引擎的关键字销售，社交网络的广告服务等。因此，互联网行业也成为金融、电信、实体零售等行业追学赶超的对象。

电商平台通过分析用户的历史交易记录，评估用户的信用等级，计算信用额度，为用户提供无抵押的贷款服务，并且将贷款审批时间缩短为几分钟，还支持随时还款，为用户解决了交易中资金不足的燃眉之急，电商平台因提供小额信贷服务也获得了丰厚利息回报。同样，搜索引擎企业通过卖关键词排名获取高额利润，社交网络通过投放广告实现巨额利润，如微博、微信朋友圈等广告。

企业通过实施大数据，实现精细化管理，从而提升产品质量，提升服务满意度，提高投资回报率。

从大数据商业价值的技术视角看，大数本身就蕴藏着商业价值，可以从数据、技术、处理、应用四个方面挖掘大数据的商业价值。如通过数据交易实现收益；有些企业因有大量数据但缺乏大数据技术，而购买大数据挖掘工具，弥补大数据实施的不足，典型代表如金融企业；还有一些企业有大数据，也有大数据技术，但缺少满足市场需求的应用解决方案，如数字营销、战略决策、精细化管理等，因此围绕大数据周边的咨询、培训等解决方案供应商如雨后春笋般大量涌现。

10.2　大数据的服务内容

随着互联网的迅速普及，WEB 2.0 技术的兴起，每个人都可以在网上表达自己的思想，上传自己的资料，包括内容、图片、视频等，互联网信息爆炸式增长，人们获取信息方式与交流方式发生了重大改变，对人们的生产、生活产生了重大影响。同时促进了中国经济的快速发展，带动了新产业的兴起，如电子商务、网游、社交网络、物流等产业。随着技术的发展、互联网应用的深入，对互联网公司或者企业产生了新的机遇与挑战。互联网的蓬勃发展，消除了时间、空间的限制，信息的获取更快速，产品的营销范围更广，辅以物流快递可以实现全球的范围销售，基于此企业看到了无限商机，各家企业纷纷上网营销宣传自己企业的服务与产品。

随着互联网技术的发展，同时促进了其他的产业的升级与改造，典型的代表是智能手机的出现及迅速普及，人们可以随时随地上网，获取信息、发布信息，导致信息的爆炸式增长，导致企业的传统流程或工具无法处理或分析信息，超出企业的正常处理能力，迫使企业必须采用非传统处理的方法。大量的信息对企业的 IT 运行环境、网络带宽、数据能力等都提出新的要求。人们称这样的大量信息、大量数据为"大数据"。

面对互联网数据信息的快速增长，快速检索、快速收集、快速分析处理等问题凸显，谷歌公司率先提出了有效的解决方案，其中比较有代表性的三篇论文是 Google File System (GFS)、MapReduce 和 BigTable 等，描述大量的数据收集与储存，还涵盖了大数据分析处理的速度，这些技术主要解决了互联网的快速发展，网页数量爆炸式增长，信息检索不方便的问题。这些技术开启了大数据收集、存储、分析、处理的新篇章，这些技术被称为大数据技术。针对大数据的特点，后续又出现了内存计算技术 Spark、实时计算技术 Storm、机器学习算法等大数据技术。

伴随着大数据技术的出现，并且大数据技术是具有复杂度的新兴技术，使用上有一定的难度，在各个行业还缺少成功的经验与参考的模式下，各大行业还在摸索大数据行业应用经验。2015 年是大数据技术行业应用年，各个大数据企业渴望充分发挥企业的大数据优势，在市场竞争中夺取有利的地位，因此产生了大量基于大数据服务的需求，如大数据实施方案、大数据实施、大数据培训、数据中心建设及方案、数据安全方案等。

企业有了大数据，有了大数据技术，更重要的是发挥大数据的价值，为企业增加营收、带来利润，而非成为企业的负资产。通过大数据技术在企业中的应用，可以解决企业决策难、企业管理疏漏等问题，降低企业成本，促进企业科学化、数据化决策，并且及时准确把握市场走向，为企业的市场竞争保驾护航。

大数据的数据量大，需要 PB 级别的存储，并且为保证数据的安全性、可靠性、易维护性，采用多份复本机制，并且大数据存储采用商用 x86 服务器，实现大数据实时在线，方便检索与快速访问，因此需要管理成百上千台，甚至上万台的服务器。如此之多的商用服务器会产生两个方面的问题：一是这些服务器放在哪里的问题，企业是自建数据中心还是租用机房；二是如何管理这些服务器的问题，是人工管理还是自动化管理。为此，云计算必然成为大数据的底层支撑，并已经为以上的问题提供了解决方案。

通过以上介绍，可以总结出大数据生态体系，如图 10-3 所示。云计算为大数据提供了基础设施，以及基础设施的运维与管理；大数据技术为大量数据提供了大数据存储、大数据处理、大数据分析等能力；大数据又为企业的精细化管理、战略决策、互联网营销、物联网、互联网金融等提供了商业支撑，以便企业高层管理者在做决策时有据可依，通过大数据敏锐地洞察市场趋势、企业经营状况等细微变化，为企业做出正确有前瞻性的决策提供数据依据。

图 10-3 大数据生态体系

从图 10-3 还可以看出，互联网金融的核心是数据，数据的规模、有效性和运用分析数据的能力是决定互联网金融成功与否的关键，并且数据的真实性关乎互联网金融下所有衍生商业模式的风险。在互联网金融发展的过程中，必须将数据列为互联网金融的核心竞争力，以数据转化为信用来评价人或者产业的价值，降低金融行业经营风险、扩大金融服务受众。

通过采用大数据技术，企业可以在以下几个方面获益：数据集成、精细化管理、战略决策、互联网营销等。

10.2.1 面向业务的大数据服务

10.2.1.1 战略决策

在传统的企业经营活动中,企业管理者依据独立的内部信息和对外部世界的简单直觉制定企业战略决策,而科学地预测市场并制定战略决策是极为困难的事情。随着互联网时代的到来,尤其是社交网络、电子商务与移动互联的快速发展,导致传统的决策方式受到极大的挑战,甚至已经无法做出正确的判断,典型的代表 Nokia,坚持自己企业设计理念,不关注市场需求的变化,没有做出适当的战略调整,最终被竞争者超越,2013 年 9 月 2 日被微软以 71.7 亿美元收购 Nokia 手机业务。其实在 2011 年初就已经有业内有人士预测到 Nokia 的倒闭风险,并且在网上公开发表文章分析 Nokia 倒闭的原因,如果 Nokia 能够准确把握市场需求,从 2011 年初至 2013 年末用两年多时间进行战略目标、战略布局调整,不至于走向倒闭。

大数据时代,传统的企业经营管理与决策方法无法处理如此大量的"非结构数据"所呈现出的信息。《时代杂志》曾经断言:"依靠直觉与经验进行决策的优势急剧下降,在政治领域、商业领域、公共服务领域等,大数据决策的时代已经到来。"在大数据技术的支撑下,科学决策并非难事,企业管理者的决策方式将不可避免地发生改变。

企业外部的市场环境、企业内部的管理环境的日益复杂,迫使企业管理者要能够快速、正确地制定战略决策。

无论企业还是政府都离不开正确的战略决策,战略决策通俗地讲,就是组织依据国际、国内市场信息,结合自身优势,综合分析市场走势,制定有利于组织发展的长期规划,并做出相应的市场布局与资金投入。长期规划的制定即战略决策,依赖于对市场信息的收集、及时的分析,以及正确地理解市场趋势,预测未来,顺势而为。

企业通过合作,可以组建信息供应链,获取可执行的信息,从而促进创新和战略转变,获得竞争优势。可执行的信息包括公司、环境、竞争对手和客户的整体数据,使决策者能够对动态的竞争环境做出快速反应。

在宏观层面,大数据使经济决策部门可以更敏锐地把握经济走向,制定并实施科学的经济政策。事实表明,电子商务集团阿里巴巴就从其掌握的大量交易数据中更早预测了 2008 年下半年的国际金融危机的到来,也为制定并实施经济政策提供了重要参考。2008 年初,阿里巴巴平台上买家询盘数急剧下滑,欧美对中国采购在下滑,提前半年时间从询盘上推断出世界贸易发生了变化。马云对未来的预测是建立在对用户行为分析的基础上。通常,买家在采购商品前,会比较多家供应商的产品,反映到阿里巴巴网站统计数据中,就是查询点击的数量和购买点击的数量会保持一个相对的数值,综合各个维度的数据可建立用户行为模型。因为数据样本巨大,用户行为模型的准确性有所保证。因此在这个案例中,询盘数据的下降,自然导致买盘的下降。

　　而在微观方面,大数据可以提高企业经营决策水平和效率,推动创新,给企业、行业领域带来价值。一是增加收入。零售商可通过对海量数据的实时分析掌握市场动态并迅速做出应对,通过精准营销增加营业收入。二是提高效率。在制造业,通过整合来自研发、工程和制造部门的数据以便实行并行工程,可以显著缩短产品上市时间,并提高质量;在市场和营销方面,大数据能够帮助消费者在更合理的价格范围内找到更合适的产品来满足自身的需求,提高附加值。三是推动创新。企业可从产品开发、生产和销售的历史大数据中找到创新的源泉,从客户和消费者的大数据中寻找新的合作伙伴,以及从售后反馈的大数据中发现额外的增值服务,从而改善现有产品和服务,创新业务模式。

　　战略决策的制定并非是一成不变的。因市场竞争激烈,瞬息万变,需要有敏锐的洞察力,随着市场的变化及时调整企业战略目标和战略布局。机遇转瞬即逝,风险随时存在,利用大数据的敏锐洞察力,先知先觉,采取有效方案,发挥优势,避开风险,使企业在市场竞争的大潮中,乘风破浪,茁壮成长,永续经营。同样,只注重市场而不注重企业自身特点,或者只注重企业自身特点而不注重市场,企业战略决策将会失去平衡,因此制定企业战略目标的前提是收集大量的数据,综合分析业务,企业内部管理、企业外部市场要全面考虑。不难想象如此宏大的数据,数据安全存储、数据及时分析都是传统 IT 解决方案无法满足的,这正是大数据的优势,大数据为企业战略决策提供了可行的解决方案。

　　大数据给企业战略决策提供了新思路和新方法,为企业战略决策提供了大量、全面的数据支持,帮助企业准确、快速预测市场趋势,制定战略决策,调整企业战略布局,发挥企业优势,使企业处于有利的地位,为企业制定合理、成功、理智的战略决策提供了保证。

10.2.1.2 精细化管理

　　随着世界经济的快速发展,市场竞争越来越激烈,人们意识到早些年的粗放式发展方式已经不再适应当今激烈竞争的市场环境,随着物质资源变得稀缺,人力成本提升,企业需要通过严格精准的业务流程、产品质量、服务模式,充分发挥物质资源、人力资源的价值,减少不必要的消耗与浪费,因此 20 世纪 50 年代在一些发达国家提出了精细化管理的理念。

　　在 20 世纪 50 年代及以后的一段历史时期,精细化管理理念的确解决了大多数企业的部分管理问题,并且在世界各国快速普及,得到深入的应用,随着精细化管理的在企业实践中的应用与改进,发展成为一套完整的现代管理学体系。现代管理学认为,科学化管理有三个层次:第一个层次是规范化,第二层次是精细化,第三个层次是个性化。精细化管理是建立在常规管理的基础上,是社会分工精细化、服务质量精细化的管理理念,是一种以最大限度地减少管理所占用的资源和降低管理成本为主要目标的管理方式,并将常规管理引向深入的基本思想和管理模式。

　　随着企业对精细化管理的应用,管理专家总结了企业精细化管理实施方案,实施方案分为以下几个步骤:

　　(1) 利用平衡记分卡方法实现企业战略目标管理。

（2）目标的 SMART 原则。

（3）流程优化和管理的目视化。

（4）有效的业绩管理机制。

（5）学习型组织的建立。

（6）员工参与和持续改进的文化。

没有大数据支撑的精细化管理是一个伪命题。大多数企业实施了精细化管理，但是企业还是原来的状态与能力，并且没有得到质的飞越，在企业中已经实施了先进的管理理念和管理体系，只能解决表面上的某些问题，而不能将绩效、业绩有本质的提升，甚至有些业务采用了精细化管理反而导致工作效率的降低。跟踪业务流程，分析各个环节，发现企业战略被层层分解，分解为员工的事务性工作，员工完成工作后提交，领导大多数会看一下，主观地给出是否完成的结论，而不是依据工作完成的质量数据或者验收数据为基础做出判断。而在系统整合集成时或者投入市场后出现各种问题，市场无法接受低品质的产品与服务，导致企业绩效、业绩无法提升。造成以上问题的主要原因有两个：一是 20 世纪 50 年代提出精细化管理是一种理念，是理想的状态，在理想与现实之间存在鸿沟，而这个鸿沟持续多年均未找到有效的解决方案；二是管理者意识到能够准确地判断事务性工作的质量，并给出合理的判断与评价，需要参考历史成功能案例，而因历史原因这些数据并未得到有效的收集与管理，在需要时无法及时获取，管理者只能通过主观或者凭借经验给出结论。更多时候，在没有历史数据参考的情况下，很难给出验收标准；并且碍于同事之间的感情，人为的感情因素占据上风，甚至给出错误的验收结果，对公司、企业的整个战略实现埋下隐患。

如何弥补鸿沟和提升工作质量呢？解决问题的方式就是充分利用企业多年积累的数据。收集业务数据，并且通过分析与挖掘，找到成功的或者优化的解决方案，形成标准，形成经验库，为将来的准确控制提供数据依据，如验收标准、整合标准、战略分解经验库等。在做战略分解时，直接使用经过多年使用已经完善的分解方案，提升工作效率，提升战略达成率；尤其对政府企业事业经常更换领导，避免乱指挥的现象，形成政府管理经验积累。

大数据为精细化管理提供了收集数据、管理数据的优秀解决方案。企业在实施精细化管理时，很想收集业务数据信息，这些数据量很大，并且还包含半结构化、非结构数据，在当时无法分析与处理，并且占用昂贵的存储，因技术限制与成本问题企业都没有收集。随着大数据技术的出现与发展，为企业收集大量的数据提供了条件，无论数据类型，无论数据多少，大数据都可以低成本地收集与存储，并且提供高效的分析处理与挖掘技术，为企业的精细管理提供 IT 技术保障，弥补精细化管理理念与战略实现之间的鸿沟。

案　　例

中石油管道设计院的项目中采用了精细化管理和大数据，解决了工作量无法评估的问题。管道设计院设计师需要依据建设方案绘制图纸，因为项目不同，绘制图纸不同,采用的零配件数量也不同,设计师绘图经验也有很大的差异,绘制同样的一份图纸不同的人花费的时间也不尽相同。基于以上问题,解决方案是企业实施一套 OA 系统,所有绘图工作的派发、收回都走 OA 系统,通过 OA 系统记录员工打开这个任务和提交这个任务的时间日志,收集大量数据。通过对这些数据进行分析,并结合绘图的复杂度,可以了解每一位设计师的工作效率,建立一个业务模型,综合评估绘图的复杂度和职工的工作效率,最终可以预测某位设计师完成某张图纸的时间,合理调度图纸的分配方案。现在该方案已经上线使用两年多,初见成效,可以准确地预测职工的工作效率。在该项目中对大量的日志数据进行分析,然后准确评估工作完成的工时,当日志数据量越大时,这个模型预测会更准确。

大数据是精细化管理理念落地的最佳方案。

10.2.1.3 精准营销

收集用户行为日志,互联网具有天生优势。广泛互联网接入,用户群广泛,接入方式多样,如 PC 、智能终端、移动设备等;用户行为数据容易捕捉,如点击操作、查看操作、聊天内容、询盘记录、交易记录、文件存储、搜索内容等;而其他的行业却难以做到用户行为信息收集,如金融行业等,原因在于双方达成协议之后,发生金融交易时,才会进行账务交易,金融行业收到的只是结果,甚至双方交易的原因也是无法获取的,而大部分交易是通过现金完成的,金融行业是无法捕捉这部分信息的,而这部分信息恰恰是占有着很高的比重。相对于金融行业来讲,电信行业更有优势,通过通话记录、短信记录、信令机制、流量数据等可以了解用户的行为,如通过信令机制可以知道用户的行动轨迹、开关机时间等,流量数据可以知道用户常用的软件等。不过这些对于单个用户来讲是用户隐私,在做数据采集与分析时,要保证用户的隐私安全,防止信息泄漏,对业务造成影响,导致客户流失。

大数据时代的来临,为互联网精准营销提供了技术基础。商业信息积累得越多,价值也越大,大数据战略不仅要掌握庞大的数据量,而且还要对有价值的数据进行专业化处理。大型互联网企业通过收集用户操作日志,进行分析处理、大数据挖掘,从而获取用户的个人偏好,建立用户网络肖像,将推荐结果与个人网络肖像相结合生成个性化推荐结果,因此所有的推荐结果都是客户最想要的,为客户节约大量的时间,客户的体验更好,会更喜欢访问网站,进而提升客户留存率。其中,大数据应用最好的大型互联网企业典型的代表有电商平台、搜索引擎、社交网络、内容网络等,下面对这些企业一一介绍。

1) 大数据电商

电商平台的大数据技术应用最为成功、最为深入。电商平台通过使用大数据,能够做到精准营销,提升转化率,预测市场趋势,提升流量为商家提供客源等。充分利用电商平台的海量数据,支持商家营销,使卖家准确找到自己的买家,管理自己的客户,直接提升营销效果。

　　用户在使用电商平台的过程中，搜索了什么产品，点击了什么产品，看了什么产品，在产品页面上停留了多少时间，最终购买了什么产品，这些数据都会被系统记录。电商平台也会利用用户的从众心理，推荐当前热销的产品，从而增加成交机会，提升转化率。

　　电商平台还会通过一些活动来引导用户说出喜好和需求。例如，针对是否喜欢情人节发起投票，多数喜欢情人节的用户是热恋中的人，亚马逊可能会推荐各种礼物，如情侣装、戒指、鲜花等。而失恋和单身的人一般不喜欢情人节，亚马逊则推荐失恋疗伤的书籍，如游戏机之类自娱自乐的商品。电商平台正是通过不断的数据收集、整理和分析用户行为数据和偏好，挖掘用户的潜在需求，并以此为依据进行精准营销。

2）大数据搜索

　　第一批将大数据技术实现并应用于生产环节的代表是搜索引擎企业。最早的应用公司是谷歌公司，谷歌最初想建立万维网的索引，因此通过网络爬虫捕捉网页内容，并将这些大量的网页内容进行存储。谷歌不仅存储了网页内容，还储存了人们搜索关键词的行为，精准地记录下搜索的时间、内容和方式。这些数据能够让谷歌优化广告排序，并将搜索流量转化为盈利模式。谷歌不仅能追踪人们的搜索行为，而且还能够预测出搜索者下一步将要做什么。换言之，谷歌能在用户意识到自己要找什么之前预测出用户的意图。抓取、存储并对海量人机数据进行分析和预测的能力，就是大数据最初在搜索引擎行业的应用。

　　搜索技术对于用户需求的捕捉是割裂的，没有连续性。而大数据则可以有效"洞察"消费者的下一个需求。搜索营销是借助用户搜索、浏览过的网站记录下用户的行为习惯，并在下一次主动推荐给用户，它是一种先"记录"后"营销"的逻辑，它比过去的广告模式先进，但有可能用户在第一次搜索后消费就已经发生过了，再次营销时，已经不存在需求了。而大数据营销则完全是"预测式"，它根据用户之前的行为，预测将要发生的事件，然后给用户推荐当下需要的"东西"，由此产生的营销显然将价值挖掘到了极致。

　　传统的搜索引擎将广告内容简单排列，而如今通过大数据技术，搜索引擎已经转变为更懂人性和生活的科技营销平台。

3）大数据社交网络

　　随着移动互联网时代的到来，社交网络（Social Network）已经普及，并对人们的生产生活产生重大影响，人们可以随时随地在网络上分享内容，获取新资讯，由此产生了海量的用户数据。社交网络的海量数据中蕴含着很多实用价值，需要采用大数据对其进行有效的挖掘。

　　基于社交网络加上做品牌营销、市场推广、产品口碑分析、用户意见收集分析等数字营销应用，将会是未来大数据应用的热点和趋势。而且互联网还有一个很大的优势，就是获取数据很方便，只要使用爬虫技术，就可以很快获取互联网上海量的用户数据，再结合文本挖掘技术，就能够自动分析用户的意见和消费倾向。同时，因为这些数据都是已公开数据，这就规避了大数据分析的一个非常大的障碍——用户隐私问题，为大数据分析的商用化落地铺平了道路。

帮助其通过客户的社交关系网络进行数据挖掘,发现相似类型的潜在客户社群,针对客户群进行不同类型的产品促销;并且通过重点客户的供应链、销售等上下游关系,金融转账和交易数据,客户与同行及竞争对手之间的关系等,进行客户资产的分析排名,预测其潜在经营实力,帮助金融企业挖掘潜在的大客户。

通过对社交网络数据进行爬取和分析,可视化展示企业在社交网络中的用户口碑和用户对各种产品的意见,及时动态显示某个重点事件在网络中传播路径和范围,帮助企业监听热点事件,及时响应网络上的用户意见,及时准确地改善服务质量,提升企业的品牌形象。

大数据与社交网络的结合与深入应用,将会为企业带来更多的收益,为企业和社会带来大价值。

10.2.1.4 信息服务

1)信用及信用体系服务

对信息提供资源性整合、提取、分类、分析出售是信息经济时代一个新型的商业模式。在大数据技术的驱动下,电商公司擅长数据挖掘分析技术,利用数据挖掘技术帮助客户开拓精准营销,公司业务收入来自与客户增值部分的分成。

另外,最典型的是小额信贷公司,如果有大量的数据支持,有数据挖掘分析、行为预测能力,可以很好地开展小额贷款业务。传统模式下,小额信贷需要抵押品或者担保人。但是在大数据时代,通过分析这些企业往来交易数据、信用数据、客户评价数据等,就可以降低放贷风险。目前,基于数据分析的小额贷款公司(如阿里、京东等电子商务公司)都成立了基于信用分析的小额贷款公司。

用技术打破信息壁垒,以数据跟踪信用记录,互联网技术优势正在冲破金融领域的种种信息壁垒,互联网思维正在改写金融业竞争的格局,"互联网+金融"的实践,正在让越来越多的企业和百姓享受更高效的金融服务。随着信用大数据库的不断完善,对用户做信用风险的常规审核,而且会将风险审核做到价值链的深处,以更好地给出风险评价,为投资用户提供更多的风险保障和透明化信息评估。未来这不仅惠及互联网金融平台,也将会成为全社会金融投融资理财的征信标准之一。

2015年初国家发布八家征信企业,其中两家是互联网企业:一个是阿里旗下的芝麻信用管理有限公司;另一个是腾讯旗下的腾讯征信有限公司。这两家都是大数据企业,一个是电商大数据,体现企业或者个人的交易信用数据,另一个是社交网络大数据,体现个人与个人之间的信用信息。可见大数据对社会的影响力,信用就是财富,没有信用将寸步难行;征信企业可通过对外提供信用服务获得收益。

2)社交网络信息服务

所谓社交网络是一种在信息网络上由社会个体集合及个体之间的连接关系构成的社

会性结构。社交网络的诞生使得人类使用互联网的方式从简单的信息搜索和网页浏览转向网上社会关系的构建与维护，以及基于社会关系的信息创造、交流与共享。它不但丰富了人与人的通信交流方式，也对社会群体的形成与发展方式带来了深刻的变革。

互联网社交网络信息处理构成了一个典型的大数据系统，面向社交网络的大数据管理分析与服务综合运用搜索引擎技术、文本处理技术、自然语言处理和智能分析等技术，对互联网海量社交网络信息自动获取和分析，提供面向互联网的热点话题监测、分析、挖掘、溯源及报表展示等功能。面向社交网络的大数据管理分析与服务适用于广告推广、政企宣传、国家安全等，也适用于企业进行产品口碑跟踪、技术情报收集和精准营销。

企业利用拥有的社交网络的用户量、信息量，利用数据挖掘技术帮助客户开拓精准营销或者新业务，如把数据、信息作为资产直接进行销售。例如，Twitter 把它的数据都通过两个独立的公司授权给别人使用；VISA 和 MasterCard 收集和分析了来自 210 个国家和地区的 15 亿信用卡用户的 650 亿条交易记录，用来预测商业发展和客户的消费趋势，并把这些分析结果卖给其他公司。

10.2.1.5　产品创新

产品创新是指开发创造某种产品或服务，或者对这些产品和服务功能或内容的进行创新。产品和服务往往是一个组织对外业务核心的交付物，常常关系着组织的战略或商业的成败。产品和服务的开发，当面对外部复杂的市场和生存环境时，会变成一个非常高风险的事，服务和产品的失败案例比比皆是。服务和产品创新离不开对客户和服务对象精准的需求满足，按照需求研制，以期提高成功概率。

著名调研机构 Ovum Research 的分析师托尼·贝尔（Tony Baer）表示，大数据和产品开发"最易见效"的方面就是客户情绪分析：公司密切关注社交媒体帖子、Twitter 消息及其他在线信息，了解人们的所思所想。可以看出，大数据的应用将助力服务与产品的创新，这是因为大数据可以挖掘分析大量的各种信息，完善客户需求划分感受分析，以便在各种问题和想法完全被意识到之前，及早发现它们，并用于改善服务与产品。

大数据应用于服务和产品的创新主要呈现以下两种形态：

1) 现有服务于产品赋予新含义

大多数组织都有资质的客户服务及产品管理系统，如客户关系管理（CRM）或企业关系管理（ERM）系统，这些系统为组织积累了大量已经发生和正在发生的客户数据，这些往往是组织优化产品和服务创新的基础数据。

当产品和服务在市场上出现波动时，就需求去整合分析客户满意度及需求的变化，实施产品功能优化或服务内容优化等。许多组织有大量的内部数据（现在基本上没有利用起来），可用来指导创新。

呼叫中心是组织服务的窗口，常常也是个重要的大数据资源。许多组织能够有效利用跟客户之间服务过程的对话内容，搜寻可能表明需要推出新产品或改进旧产品的常见词，从而满足未得到满足的客户需求。

2）大数据应用于服务与产品生命周期

将大数据应用于产品与服务的创新比较复杂，需要组织选择合适的数据，许多人没有认识到，大数据的关键不是使用海量数据，而是深入分析数据流，解读这些海量数据，从中推断出正确的结论。与此同时，还需要内部协调达到较高的水平。例如，客户服务和市场营销部门的数据，因为这些部门的数据常常出现标准不一和维度差异等现象，这就需要依托大数据技术实现异构数据的挖掘与整合。

10.2.2 面向技术的大数据服务

通过对大数据服务价值的分析，可以看到大数据无论在新兴的互联网行业，还是在传统的生产制造行业，都有重要的实际价值，甚至大数据是各行各业成长的催化剂。对于企业来说，谁先掌握大数据，谁将在竞争中处于有利位置，在同行业中脱颖而出，成为领跑者。

大数据是近几年新兴的技术，是一套与传统 IT 研发完全不同的技术，而当企业管理者还没有做好思想准备迎接大数据时代时，大数据时代却已经迅速到来。当管理者要应用大数据时，发现大数据存在着众多技术和前提，如分布式存储技术，分布式计算技术，应用大数据前提是企业需要有海量数据也要有足够的经济实力等，这时才发现企业没有数据积累，企业没有经济实力，企业没有技术积累。

那么，在各种条件不具备的情况下，企业就不做大数据实施了吗？看着同行业者超越自己蓬勃发展，而自己企业在市场竞争中处于不利的位置吗？如何应对大数据给企业带来的机遇和挑战呢？结合企业的自身优势，在大数据的不同层面、不同角度提供服务，帮助企业应对大数据的机遇与挑战。企业通过整合外部服务，将自身的弱势与风险转嫁给专业的大数据服务公司，实现合作共赢。

目前，在大数据产业链上有三种大数据公司：

（1）基于数据本身的公司（数据拥有者）：拥有数据，不具有数据分析的能力。

（2）基于技术的公司（技术提供者）：技术供应商或者数据分析公司等。

（3）基于思维的公司（服务提供者）：挖掘数据价值的大数据应用公司。

不同的产业链角色有不同的盈利模式。按照以上的三种角色，对大数据的商业模式做了梳理和细分。

大数据还在发展中，大数据技术、大数据服务还在变化的过程中，暂时还未出现通用的大数据平台或者工具，但是各大 IT 厂商正在探讨与研发中。专业的大数据服务公司从以下几个角度提供面向技术的大数据服务：

10.2.2.1 大数据存储服务

选择大数据存储时需要考虑应用特点和使用模式。传统数据存储是结构化数据和数据文件为主,对数据的存储为了安全采用 RAID 或者高端存储设备,或者人工手动备份的方式。数据的存储设备和运维成本都很高,但是存储的数据在需要时不能及时的处理与分析,数据无法发挥价值,尤其文件数据更是无法使用。

而大数据既包含结构化数据,也包括半结构化数据和非结构化数据,并且可以从各种数据中提取有用的信息,如邮件、日志文件、社交网络、多媒体、商业交易及其他数据。大数据应用的一个主要特点是实时性或者近实时性。如金融类的大数据应用,能为业务员从数量巨大、种类繁多的数据里快速挖掘出相关信息,能帮助业务员领先于竞争对手做出交易的决定。

大数据是海量、高增长率和多样化的信息资产,需要使用新的处理模式才能发挥更强的决策力、洞察力。大数据通常以每年 50% 的速度快速增长,尤其是非结构化数据。随着科技的进步,有越来越多的传感器、移动设备、社交网络、多媒体等采集大数据,大数据需要非常高性能、高吞吐率、大容量的基础设备。

大数据通过采用大量廉价的商用 x86 服务器或者存储单元,多个连接在一起的存储节点构成的集群,而且存储容量和处理能力会随着节点的增加而提升,支持横向线性扩展,支持 PB 级存储的分布式文件系统。数据存储采用多个复本机制,提升数据安全,如果一部分节点遇到故障,失败的任务将会交给另一个备份节点,保证数据的高可用。典型的大数据分布式文件系统如 HDFS、GFS 等。

另外,一个适合处理大量数据的技术是对象存储。对象存储有可能替代传统的树形文件系统。对象存储支持平行的数据结构,所有文件都有唯一的 ID 标识,典型的对象存储系统如 Amazon S3、OpenStack Swift 等。

新兴的大数据存储技术对使用者有一定的技能要求,而对于一些技术薄弱的企业来说存在一定的困难,企业可与大数据服务公司合作,由大数据服务公司协助完成大数据环境的实施工作,如 Cloudera 公司,发行 Hadoop 商业化版本的公司;同时也要求企业有集群的硬件环境,而对于一些资金不足的中小型企业来说,没有必要搭建自己的数据中心,可以租用存储服务的方式,实现大数据的存储,如租用 Amazon 的 S3 或者块存储设备。

10.2.2.2　大数据计算服务

大数据计算就是海量数据的高效处理,数据处理层要与数据分布式存储结构相适应,满足海量数据存储处理上的时效性要求,这些都是数据处理层要解决的问题。MapReduce 分布式计算的框架实现了真正的分布式处理能力,该框架让普通程序员可以编写复杂度高、难于实现的分布式计算程序,得到 IT 产业界的认可与重视。MapReduce 最终目标是简单,支持分布式计算下的时效性要求,提升实时交互式的查询效率和分析能力。正如 Google 论文中提到:动一下鼠标就可以在秒级操作 PB 级别的数据。

大数据计算的最终目标是从大数据中发现价值。大数据的价值由分析层实现,根据数据需求和目标建立相应的数据模型和数据分析指标体系,对数据进行分析,产生价值。分析层是真正挖掘大数据的价值所在,而价值的挖掘核心又在于数据分析和挖掘,传统的 BI 分析内容在大数据分析层仍然可用,包括数据的维度分析、数据切片、数据上钻和下钻、数据立方体等。传统的 BI 分析通过大量的 ETL 数据抽取和集中化,形成一个完整的数据仓库,而基于大数据的 BI 分析,可能并没有形成数据仓库,而每次分析都是读取原始数据,通过大数据的强大计算能力实现快速分析,这是人们常说的无限维立方体,满足 BI 的灵活大数据分析需求。BI 分析的基本方法和思路并没有变化,但是落地到执行的数据存储和数据处理方法却发生了很大变化。

大数据分析工具很多,如 Hive、Pig 等,企业可以依据自身具体情况进行选择;或者有技术实力可基于 Hadoop MapReduce 框架编程,对企业数据进行分析处理。商业化大数据服务软件也是不错的选择,如 Oracle、Cloudera、阿里的 ODPS 等。

10.2.2.3 大数据集成服务

有效地解决数据孤岛问题,整合数据。不同的软件系统管理不同的数据,如财务系统管理财务数据,CRM 系统管理客户数据,销售系统管理销售数据,ERP 系统管理生产数据等。同一个企业不同的系统由不同的供应商开发,采用不同的语言平台,采用不同的数据库,导致企业的数据整合、系统之间的业务对接十分困难,出现软件系统之间的数据孤岛;并且拥有大数据的企业常常有多个业务部门,而且不同业务部门的数据往往孤立,导致同一企业的用户各种行为和兴趣爱好数据散落在不同部门,出现部门间的数据孤岛。耗费大量的人力、财力维护无法兼容的数据孤岛,然而并不能从本质上解决问题,导致企业的数据资产不能很好地整合,发挥数据价值。

如何从本质上解决数据孤岛问题呢? 通过采用大数据技术,将系统间的数据和部门间的数据整合在一起,形成数据仓库或者数据集市,然后利用大数据的分析挖掘能力解决数据孤岛问题,从企业的大数据中发现新知识、新模式,为企业带来收益。

当然实施大数据解决数据孤岛的问题,需要企业高层重视,有意识强有力地推动实施大数据技术,整合大数据,解决数据孤岛问题,为商业智能、大数据挖掘提供管理上支持。随着企业越来越关注潜伏在大数据中的价值信息,越来越多的公司开始设立数据治理委员会,由业务干系人所组成,这些部门关注数据源、技术方向、数据质量、数据保留度、数据整合、数据安全性和信息隐私,尤其企业 CIO 也要说服企业高层提供多方面的支持,如人才、技术、流程等方面,或者培训员工大数据技能,或者招聘数据科学家、分析师和架构师等。

随着大数据的普及,数据孤岛问题逐渐消失。因早些年的技术限制,如服务器处理能力、网络带宽、数据存储量等,企业在信息化的过程中,为了分摊服务器压力、网络分流、存储细分减少数据量,有意拆分不同的子系统,如此发展下去无形中形成了数据孤岛。但是随着技术水平的提升,大数据技术的出现,通过集群化技术提升服务器处理能力、存储能力,企业的所有业务软件都可以规划到一个大数据系统中,并且实现了资源共享、分时复用,充分利用企业在 IT 基础设施上的投入,数据集中存储与管理,降低运维成本,无形当中消除了数据孤岛。当然这需要企业内部要有自己的 IT 治理部门,对企业的信息化做全局规划,逐步实施。如果企业对 IT 治理、信息化全局规划、实施路线没有独立完成能力,可以采用外包的形式,让专业的服务公司提供完善的建设方案,现在市场已经有多家公司围绕着大数据方案、大数据实施、大数据存储、大数据挖掘、大数据可视化、大数据销毁等提供解决方案。

在信息化高速发展和新兴业务不断出现的今天,许多企业或机构中,都已经存在各种业务系统,而且往往不止一个业务系统。例如,ERP 系统,CRM 系统,HR 人力资源系统,电子商务系统,OA 办公系统等。虽然各个系统都有着自己的数据,以及查询、分析、报表等功能,但是想要集中地对数据进行整合和管理,进行查询、分析会非常困难,因这些系统采用的技术平台各不相同,或者因项目由不同公司承接,为了利益人为设置系统间隔离,所以这些软件系统之间几乎都是独立隔离的,没有业务对接接口,数据也是独立存储的,并且存储的数据格式各不相同。以一个大型国企数据集成项目为例,这家企业有 108 套不同的软件系统。由于历史原因导致企业内部形成数据孤岛,数据零散存储,分散在不同的软件系统中,企业数据之间有着密切的关联,因软件系统之间的壁垒导致这些数据无法发挥应有的价值。随着应用中数据库数目的增多,如何整合数据,让散落的数据可以访问变得日益重要,在这种情况下很多企业和机构都有着强烈地对数据进行采集和整合的需求,将不同业务系统的数据进行统一的整合和管理,从而能够进行综合查询、分析。

另外,随着互联网的快速普及,互联网上的数据信息爆炸式增长,这些大量的信息蕴含着巨大的商机与价值,谷歌公司通过建立互联网搜索引擎,掌握互联网的搜索入口,成为世界上的顶级 IT 公司,并且获得了丰厚的收益。现在人们都已经意识到互联网数据的价值,因此有些公司通过互联网对外提供数据服务以获取收益,如地图服务、市场调研报表等。因此,抓取互联网上的公开数据,集成专业公司提供的数据服务,并对数据进行存储与分析挖掘,获取数据信息中蕴含的价值为企业的战略决策、市场规划所用。可见,这些数据的集成与利用已经成为企业发展、精准营销等的必然趋势。

大数据正在改变着商业游戏规则,为企业解决传统业务问题带来变革的机遇。通过大数据技术实现数据集成,可低成本存储所有类型和规模的数据。大数据开源实现 Hadoop,采用商用 x86 服务器集群存储和分析数据,可存储各种类型的数据,实现低成本存储和计算,并支持存储容量和计算能力横向扩展。因此,大数据技术为大规模数据集成提供了底层支撑。

市场是动态的,生成的数据是一直变化的,从这些原始数据可以获取全新的洞察力。存储来自组织外部和内部的所有数据——结构化数据、半结构化数据、非结构化数据和流数据。允许公司用户借助工具分析数据,获取深入的洞察力,以便可以通过大数据解决方案在更短的时间内做出更明智的决策。

随着一些平台和服务商的数据共享和开放,为精准网络营销提供了极大的便利。大数据集成服务可以整合共享和开放的数据,解决了数据分散化的问题,营销行为可以更加精准地锁定一个人,在综合数据分析的基础上,可以发现一些普通的无法发现的营销秘密:营销主要人群分布在哪儿,年纪多大,都买什么东西,这些人群在不同平台有哪些不同偏好,变化是怎样的,结果是使个性化定向投放更加精准。

数据集成是分析挖掘数据的前提。ETL从多种异构的数据库中抽取数据,把数据迁移至数据仓库或数据集市,迁移时可考虑优化方案,如数据网格、数据缓存、数据批量及增量复制等。进而支持各种商业应用,挖掘数据中蕴含的商业价值,为企业制定战略计划提供依据,为企业发明创新提供源泉和动力。总结多年的数据管理经验,在数据集成方面可以参考如下两个方面解决数据集成中遇到的问题。

然而,设计一个能涵盖大多数企业业务需求的数据模型并不简单,而建立一个面向用户查询、分析为主的商业智能应用的数据仓库模型就更复杂了。这些复杂性所带来的就是ETL实施过程的复杂性和实施难度。而且,即使企业能够在设计之初就完成复杂的数据仓库模型设计和ETL建设,随着企业新业务的拓展,新的业务、新的需求又会再一次摆在企业面前,企业又会再一次面临数据仓库模型的设计和ETL实施的问题。这对于在激烈的市场竞争中的企业来说是无法接受的。

1)元数据集成

在传统数据集成实施时,难点在于相同数据信息在不同的数据源中都存在,数据格式各异并且没有对应关系,因此不规范的数据格式对数据集成造成了巨大困难。在这种情况下,数据集成的前提是制定数据规范,正所谓的元数据定义。通过定义元数据标准,约束各个数据源在ETL过程提供符合规范的数据,将不同数据源的相关数据整合到一起,并且可以去除冗余数据,为后续的数据分析挖掘做好准备。采用元数据定义方案,企业要对现在有的软件系统进行统计分析,抽取数据共性,制定元数据规范。该规范要有一定的包容能力和扩展能力,如某个字段的最大长度设计,如果某个字段在制定规范时没有考虑进来,后续如何增加进来。

通过采用元数据定义数据集成解决方案,帮助企业灵活可靠获取数据,并对企业的各类需求快速做出反应,降低数据集成的总体成本。

通过元数据定义可以帮助企业在数据集成时扫除大部分障碍,但是元数据定义的数据集成方案存在着固有的缺陷,ETL过程会依据规范化过滤数据信息,导致数据信息丢失,而恰恰是这些异常的数据内容蕴含了市场的变化信息。如果这些信息丢失,必然导致对市场变化的洞察力下降,无法捕捉市场趋势。那么,如何解决传统数据集成存在的问题呢?针对这种情况大数据却做得很好,通过采用大数据技术实现数据集成。因为大数据的存储规模足够大,计算能力强,处理的是全量数据,不用担心数据冗余的问题,可以将所有系统的原始数据都导入至大数据集群中,每次分析全量数据,也消除了数据仓库中维的限制,企业可以从不同的角度、不同层面对数据进行分析与挖掘,数据细微的变化可以洞察市场的趋势,对市场做出准确预测。

2)异构数据集成

在传统数据集成方案中,包括现在知名的数据仓库软件系统,都是针对关系型数据库的,如前面介绍的元数据集成方案。而随着互联网的快速发展和智能设备的普及,导致非关系型数据的数据量爆发式增长。据不完全统计,非关系型数据的数据量已达世界数据总量的 85%,非关系型数据包含半结构化数据、非结构化数据。

因此必然要对非关系型数据进行存储、分析、挖掘,那么传统的数据仓库、数据集市则对此却无能为力,而大数据在设计初期就考虑到了结构化数据、半结构化数据、非结构化数据的存储与分析,所以大数据技术对处理各种异构数据的存储、集成、分析、挖掘都能胜任。

通过大数据技术处理异构数据集成,在各行业已经有深入应用。例如,某公司会对大量的语音文件进行识别,并且与相关的客户信息进行关联,分析营销效果,然后再做聚类分析,挖掘客户喜好进行产品推荐。

10.2.2.4　大数据挖掘服务

数据挖掘是将隐含的、尚不为人知的同时又是潜在有用的信息从数据中提取出来,信息是记录在事实数据中所隐藏的一系列模式。大数据中蕴藏了大量具有潜在重要性的信息,这些信息尚未被发现和利用,大数据挖掘的任务就是将这些数据释放出来。为此大数据挖掘专家需要编写计算机程序,在数据库中自动筛选有用的规律或模式。假如能发现一些明显的模式,则可以将其归纳出来,以对未来的数据进行准确预测。

在大数据挖掘实践中,用以发现和描述数据中的结构模式而采用的机器学习算法和技术。机器学习为数据挖掘提供了技术基础,可将信息从大数据的原始数据中提取出来,以可以理解的形式表达,并可用做多种用途。机器学习包含常用算法,如决策树、关联规则、分类算法、预测算法、聚类算法等。大数据挖掘洞察隐匿于大数据中的结构模式,有效指导商业运行,着眼于解决实际问题。机器学习算法足够的健壮性以应付不完美的数据,并能提取出不精确但有用的规律。

大数据挖掘对挖掘人员技能要求较高,如要求挖掘人员具有高等数学知识、业务专家、编程能力、机器学习算法等,企业内部培养大数据挖掘专家成本很高,甚至可能是无法做到的,企业可以与行业专家合作或者购买专业的大数据挖掘企业的服务,实现企业的数据挖掘的目标。

10.2.2.5　大数据可视化服务

大数据可视化可帮助人们洞察数据规律和理解数据中蕴含的大量信息。数据可视化旨在借助于图形化手段,清晰有效地传达与沟通信息。大数据可视化可展示为传统的图表、热图等。为了有效地传达思想观念,美学形式与表达内容需要双重并重,通过直观传达关键的方面与特征,从而实现对于相当稀疏而又复杂的数据集的深入洞察,方便相关干系人理解业务信息。

大数据可视化工具简单易用,为企业业务人员分析大数据提供了可能,如美国的 Tableau 可视化工具。

推荐语

数据正在成为最基础的战略资源和重要资产被世界各国和经济体所重视。对数据的获取、占有、控制、分配和使用能力成为未来一个国家和地区经济发展水平和社会阶段的重要标志。了解大数据、管理大数据、驾驭大数据，从《大数据治理与服务》开始吧。

国务院发展研究中心国际技术经济研究所副所长、博士，陈宝国

不管人们承认与否，我们已经步入大数据时代。铺天盖地的数据迎面而来，让我们眼花缭乱、一时手足无措。这是一个"知识超前、智慧滞后"的年代，我们应该正确认识并积极应对，早些补上滞后的智慧。历史的经验告诉我们，面对新时代的到来，约定便于沟通的新语系，形成确保质量的新标准，十分必要。学习了解数据治理的思想方法，能帮助我们在新时代少走曲折路，少花冤枉钱。《大数据治理与服务》一书为我们开启了数据治理的大门，介绍了数据治理的若干话题，是很好的入门读物。

清华大学数据科学研究院执行副院长，韩亦舜

大数据应用进入了广泛而快速的发展阶段，对经济运行、社会发展和城市治理产生着深刻的影响。这种基于近乎全样本并实时获取的海量数据，正在不断积累并形成了有着巨大价值的社会资产。如何发挥好这份新兴资产的作用，需要从应用层面加快研究，形成大数据治理的标准规范和服务指引，以促进大数据的健康发展。

北京市经济信息中心副主任，林明金

大数据是云计算支撑下最有价值的资产，从数据资产、数据管理、数据治理的基本概念到做好数据治理的关键要素是什么，从基础概念到项目实施，从治理到管理，到大数据的架构，大数据的服务和应用，尤其是数据质量一章，突出了大数据质量的特色，也给出了管理工具，有实践意义。这本书也适合大学生学业补充。

清华大学计算机系副主任，冯建华

一个创意是否有价值，一个产品功能用户是否喜欢，要事实说话。数据就是事实。互联网和计算机技术的发展让快速搜集和处理海量的数据成为现实。大数据让决策科学、有效和及时。在移动互联网时代，没有大数据，就好像盲人摸象。《大数据治理与服务》对大数据战略、组织管理、技术和规范有很好的介绍，对一个组织如何变身成"数据驱动"很有帮助。

> 微软（亚洲）互联网工程院副院长，方黎江

百年公司治理，互联网时代遭遇新挑战，感谢《大数据治理与服务》新思维、新利器。

> 连城国际董事长、中国公司治理知名专家、产学研第一人，王中杰

大数据不仅成为云计算之后的技术和产业热点，而且对人们的工作生活方式、学习思考模式、科学研究范式产生越来越重大的改变和影响。同时，伴随而来的数据安全和隐私保护等问题层出不穷，这些问题与其所带来的巨大价值同样引人关注。从治理的视角不仅能够更好地发挥大数据的价值，也能够全面构建大数据的安全防护体系。《大数据治理与服务》在这方面做了深入的阐述，从框架、范围、架构、技术、合规、质量、生命周期等多个角度进行了说明分析，能为组织机构的大数据应用和安全防护提供很好的参考和指南。

> 公安部第三研究所所长助理、首席科学家，公安部信息网络安全重点实验室主任，中国计算机学会大数据专家委员会常务委员，金波

大数据时代来临，数据已成为企业重要资产，如何管好、用好大数据，使其发挥最大价值，《大数据治理与服务》系统地回答了这个问题，无论对理论研究，还是实践操作，此书都值得一读。

> 国家开发银行信息科技局局长，谭波

近年来，随着信息化的不断推进以及云计算、数据挖掘技术和物联网的广泛应用，促使互联网＋技术兴起，所有这些技术都是以多样化的巨量数据为基础实现的。数据不仅仅在我们的地球海量地汇集，更延伸到太空宇宙，在这样的背景下如何看待大数据和应用大数

据是我们面临的重要课题。本书从大数据的概念到数据的汇集、架构及如何应用,再从数据治理到数据安全,以及数据的生命周期内如何管理和利用等方面进行了较为深入的分析,并提出了自己的观点和见解。本书可读性及实用性强,从中可以看到作者试图利用自己的经验和对大数据探索的思路引导大家共同研究。在此诚心的祝愿本书发行成功。

中国人民银行金融信息中心副总经理,康少康

大数据蕴含丰富的价值,已经成为社会治理和经济发展的重要战略资源。大数据治理和服务的研究,有利于推动大数据在各行各业的发展和应用。加强大数据治理,创新大数据服务,将促进大数据更安全、更有效地发挥价值。

中国华融资产管理股份有限公司信息科技部总经理,陈忠德

不言而喻,我们正生活在信息时代,各种信息充斥在我们的周围,人们已不再缺乏广泛的信息,而越来越需要有价值的信息。大数据技术的应运而生,为我们获取有效的信息开启了新的航帆。该书围绕上述理念,全面阐述了利用大数据技术获取有效信息的理论与实践,完整地提出了大数据治理的概念、框架、机制以及大数据服务所涉及的各个环节,既有广度,又有深度。同时,该书的亮点还在于从管理学和数据治理的角度给予大数据技术以完整的论述和诠释,这与市场上单纯描述大数据技术的书有本质上的区别,对于企业和机构,特别是大企业的信息管理和大数据运用有着重要的指导意义。

中国银行首席信息经理,刘宁

《大数据治理与服务》一书通过梳理大数据应用的相关概念,由浅入深地为读者拉开了大数据治理的神秘面纱,提供了开展大数据应用的方法。该书系统地描述了大数据治理应坚持的原则和框架体系建设等内容,对读者开展大数据应用前期规划与顶层设计,以及规范应用大数据、创造价值具有很好的学习参考作用。

中国电子工程设计院副总工程师,谢卫

信息科技从 IT 向 DT 发展过程中,数据已经成为基础性、战略性资源和新一轮科技产

业革命的核心驱动力,而如何对数据进行有效的管理和应用,读者可以从《大数据治理与服务》一书中获得启发,形成思路,得到答案。本书由浅入深地从数据实际应用出发,围绕数据的组织、管理、安全、质量、审计及服务等领域进行了系统性阐述,对大数据从业人员具有非常好的指导作用。

中国电信上海理想信息产业(集团)有限公司总经理,

上海互联网大数据工程技术研究中心主任,陆晋军

本书是一套集最佳实践的系统化大数据治理工具,不但从治理层,也从管理层、技术层面给予了相应指导,提供了全面数据治理和项目型单一目标数据治理的方法论。要成为大数据的优质保管仓库和处理中心,数据中心面临诸多挑战。例如,根据数据的不同热度采取不同的存储技术,提高业务访问处理效率;如何在大数据环境下保护客户的个人隐私;等等。同时,将大数据运用于数据中心管理,也为管好数据中心提供了前所未有的机遇。

招商银行股份有限公司数据中心总经理,高旭磊

P2P 依靠传统线下信贷方式,经营成本高,难以规模化;依靠线上行为痕迹,征信大数据,可以大大提高风险管理的有效性。而如何建立一套反欺诈体系和风控指标,这些风险数据的采集、监控标准化都离不开风险导向的数据治理体系的建设。

东方邦信金融科技有限公司董事长,孙洋